普通高等院校土木建筑类专业"十三五"规划教材

测 量 学

主　编 ◎ 张燕茹　蔡庆空
　　　　　汤　俊　林友军
副主编 ◎ 徐　靓　李长春

西南交通大学出版社
·成　都·

图书在版编目（ＣＩＰ）数据

测量学 / 张燕茹等主编. —成都：西南交通大学
出版社，2019.11（2021.1 重印）

普通高等院校土木建筑类专业"十三五"规划教材

ISBN 978-7-5643-7238-5

Ⅰ.①测… Ⅱ.①张… Ⅲ.①测量学－高等学校－教材 Ⅳ.①P2

中国版本图书馆 CIP 数据核字（2019）第 272380 号

普通高等院校土木建筑类专业"十三五"规划教材

Celiang Xue

测 量 学

主编 张燕茹 蔡庆空
汤 俊 林友军

责任编辑	陈 斌
封面设计	原谋书装

出版发行 西南交通大学出版社

（四川省成都市金牛区二环路北一段 111 号

西南交通大学创新大厦 21 楼）

邮政编码	610031
发行部电话	028-87600564　028-87600533
网址	http://www.xnjdcbs.com
印刷	成都蓉军广告印务有限责任公司

成品尺寸	185 mm × 260 mm
印张	20.75
字数	515 千
版次	2019 年 11 月第 1 版
印次	2021 年 1 月第 2 次
定价	49.00 元
书号	ISBN 978-7-5643-7238-5

课件咨询电话：028-81435775

图书如有印装质量问题　本社负责退换

版权所有　盗版必究　举报电话：028-87600562

前　言

　　伴随测绘科学技术的飞速发展，测量领域中新技术的应用越来越广泛，许多测绘的方法发生了改变。本书是编者在总结多年的测绘教学和实践经验的基础上，按照高等院校测绘工程和土木工程类教学大纲的要求而编写的。全书系统地阐述了测量学的基础理论、基本知识，注重学生基本技能的培养，增加了基础例题讲解和习题训练；在测量学传统内容的基础上，作为高等学校测绘工程专业规划教材，更加侧重新技术、新方法的介绍。本书可作为土木工程类本科教育以及相关专业教材，也可以作为工程施工技术人员的参考用书。

　　全书共分为13章，参加编写的人员有：华东交通大学张燕茹（第8、10、12、13章）；华东交通大学汤俊（第7章）；陕西理工大学林友军（第2、3章）；河南工程学院蔡庆空（第6、9章）；河南工程学院徐靓（第1、4、5章）；华东交通大学李长春（第11章）。全书由张燕茹统稿。

　　由于编者水平所限，书中难免有疏漏之处，敬请广大读者、专家批评指正。

编　者

2019 年 7 月

目 录

第1章 绪 论

> 本章要点：主要目标是了解测量工作的基本内容。了解地球形状和大小、测量工作应遵循的原则、地球曲率对测量工作的影响。掌握地面点位置的表示方法。本章难点为高斯投影的相关知识。

1.1 测量学概述

1. 概 述

测绘学是研究地球形状和大小、地球重力场以及地球表面（包括空中、地表、地下和海洋）物体的空间位置，以及对这些空间位置信息进行处理、储存、管理的科学。它包括测量和制图两项主要内容。

测绘学的应用范围很广。在城乡建设规划、国土资源的合理利用、农林牧渔业的发展、环境保护以及地籍管理等工作中，必须进行土地测量和绘制各种类型、各种比例尺的地图，以供规划和管理使用。在地质勘探、矿产开发、水利、交通等国民经济建设中，则必须进行控制测量、矿山测量和线路测量，并绘制大比例尺地图，以供地质普查和各种建筑物设计施工用。在国防建设中，除了为军事行动提供军用地图外，还要为保证火炮射击的迅速定位和导弹等武器发射的准确性，提供精确的地心坐标和精确的地球重力场数据。在研究地球运动状态方面，测绘学提供大地构造运动和地球动力学的几何信息，结合地球物理的研究成果，解决地球内部运动机制问题。

测绘学的研究对象是地球及其表面的各种形态。为此，首先要研究和测定地球的形状、大小及其重力场，并在此基础上建立一个统一的坐标系统，用以表示地表任一点在地球上的准确几何位置。

2. 学科分类

测绘学按照研究对象及采用技术的不同，又可分为下列学科：

（1）大地测量学。

研究和测定地球形状、大小和地球重力场，以及测定地面点几何位置的学科。

在大地测量学中，测定地球的大小，是指测定地球椭球的大小；研究地球形状，是指研究大地水准面的形状；测定地面点的几何位置，是指测定以地球椭球面为参考面的地面点位置。将地面点沿法线方向投影于地球椭球面上，用投影点在椭球面上的大地纬度和大地经度表示该点的水平位置，用地面点至投影点的法线距离表示该点的大地高程。点的几何位置也可以用一个以地球质心为原点的空间直角坐标系中的三维坐标来表达。大地测量工作为大规模测制地形图提供地面的水平位置控制网和高程控制网，为用重力勘探地下矿藏提供重力控制点，同时也为发射人造地球卫星、导弹和各种航天器提供地面站的精确坐标和地球重力场资料。

（2）摄影测量学。

研究利用摄影或遥感的手段获取被测物体的信息（影像的或数字的），进行分析和处理，以确定被测物体的形状、大小和位置，并判断其性质的一门学科。摄影测量学包括航空摄影测量、航天摄影测量、水下摄影测量和地面立体摄影测量等。航空摄影测量是摄影测量学的主要内容。摄影测量的特点是通过图像对被摄目标进行间接测量，无须接触被摄物体本身。摄影测量主要用于测制地形图，但它的原理和基本技术也适用于非地形测量。自从出现了影像的数字化技术以后，被测对象可以是固体、液体，也可以是气体；可以是微小的，也可以是巨大的；可以是瞬时的，也可以是变化缓慢的。这些特性使摄影测量方法得到广泛的应用。

（3）工程测量学。

研究工程建设在设计、施工和管理各阶段汇总进行测量工作的理论、技术和方法的学科，又称实用测量学或应用测量学。它是测绘学在国民经济和国防建设中的直接应用。工程测量学所研究的内容，按工程测量所服务的工程种类，分为建筑工程测量、线路测量（如铁路测量、公路测量、输电线路测量和输油管道测量等）、桥梁测量、隧道测量、矿山测量、城市测量和水利工程测量等。按工程建设进行的程序，又可分为规划设计阶段的测量、施工兴建阶段的测量和竣工后运营管理阶段的测量，每个阶段测量工作重点和要求各不相同。

（4）海洋测量学。

以海洋水体和海底为对象所进行的测量和海图编制工作。主要包括海道测量、海洋大地测量、海底地形测量、海洋专题测量，以及航海图、海底地形图、各种海洋专题图和海洋图集等的编制。海洋测绘是海洋事业的一项基础性工作，其成果广泛应用于经济建设、国防建设和科学研究的各个领域。例如海上交通，海洋地质勘探，海洋资源开发，海洋工程建设，海底电缆和管道的敷设，海洋疆界的勘定，海洋环境保护和地壳变迁、板块构造等理论的研究，都离不开海洋测量。海洋测量的基本理论、技术方法和测量仪器设备等，同陆地测量相比，有它自己的许多特点。主要是测量内容综合性强，需多种仪器配合施测，同时完成多种观测项目；测区条件比较复杂，海面受潮汐、气象等影响起伏不定；大多为动态作业，精确测量难度较大。

（5）地图制图学。

研究地图及其编制和应用的一门学科。它是研究用地图图形反映自然界和人类社会各种现象的空间分布、相互联系及其动态变化，具有区域性学科和技术性学科的两重性，亦称地图学。传统的地图制图学由地图学总论、地图投影、地图编制、地图设计、地图制印和地图应用等部分组成。地图制图学同许多学科都有联系，尤其同测量学、地理学和数学的联系更为密切。

3. 发展简史

测绘学有着悠久的历史。古代的测绘技术起源于水利和农业。古埃及尼罗河每年洪水泛滥，淹没了土地界线，水退去以后需要重新划界，从而开始了测量工作。公元前 2 世纪，中国的司马迁在《史记·夏本纪》中叙述了禹受命治理洪水的情况，"左准绳，右规矩，载四时，以开九州、通九道、陂九泽、度九山"。说明在很久以前，中国人为了治水，已经会使用简单的测量工具了。

人类对地球形状的科学认识，是从公元前6世纪古希腊的毕达哥拉斯（Pythagoras）最早提出大地是球形的概念开始的。两个世纪后，亚里士多德（Aristotle）做了进一步论证，支持这一学说，称为地圆说。又一个世纪后，亚历山大的埃拉托斯特尼（Eratosthenes）采用在两地观测日影的办法，首次推算出地球子午圈的周长，以此证实了地圆说。世界上有记载的实测弧度测量，最早是中国唐代开元十二年（724 年）南宫说在张遂（一行）的指导下在今河南省境内进行的，根据测量结果推算出了纬度的 $1°$ 子午弧长。17 世纪末，英国的牛顿（I. Newton）和荷兰的惠更斯（C. Huygens）首次从力学的观点探讨地球形状，提出地球是两级略扁的椭球体，称为地扁说。1743 年法国 A. C. 克莱洛证明了地球椭球的几何扁率同重力扁率之间存在着简单的关系。19 世纪初，随着测量精度的提高，通过对各处弧度测量结果的研究，人们发现测量所依据的垂线方向同地球椭球面的法线方向之间的差异不能忽略。1849 年 Sir G. G. 斯托克斯提出利用地面重力观测资料确定地球形状的理论。1873 年，利斯廷（J. B. Listing）创用"大地水准面"一词，以该面代表地球形状。自那时起，弧度测量的任务，不仅是确定地球椭球的大小，而且还包括求出各处垂线方向相对于地球椭球面法线的偏差，用以研究大地水准面的形状。

地图的出现可追溯到上古时代，那时大概由于人类活动范围扩大的需要，就产生了地图。据文字记载，中国春秋战国时期地图已用于地政、军事和墓葬等方面。公元前 3 世纪，埃拉托斯特尼最先在地图上绘制经纬线。1973 年，在中国湖南省马王堆汉墓中发现的绘制在帛上的地图，是公元前 168 年之前制作的。公元前 2 世纪，古希腊的 C. 托勒密所著《地理学指南》一书，提出了地图投影问题。100 多年后，中国西晋的裴秀总结出"制图六体"的制图原则，从此地图制图有了标准，提高了地图的可靠程度。16 世纪，地图制图进入了一个新的发展时期。中国明代的罗洪先和德国的 G. 墨卡托以编制地图集的形式，分别总结了 16 世纪之前中国和西方在地图制图方面的成就。从 16 世纪起，随着测量技术的发展，尤其是三角测量方法的创立，西方一些国家纷纷进行大地测量工作，并根据实地测量结果绘制国家规模的地形图，这样测绘的地形图，不仅有准确的方位和比例尺，具有较高的精度，而且能在地图上描绘出地表形态的细节，还可按不同的用途，将实测地形图缩制编绘成各种比例尺的地图。现代地图制图的方法有了巨大的变革，地图制图的理论也不断得到丰富，特别是 20 世纪 60 年代以来，又朝着计算机辅助地图制图的方向发展，使成图的精度和速度都有很大的提高。17 世纪之前，人们使用简单的工具进行测量。这些测量工具都是机械式的，而且以用于量测距离为主。17 世纪初发明了望远镜。1617 年，荷兰的斯涅耳（W. Snell）为了进行弧度测量而首创三角测量法，以代替在地面上直接测量弧长，从此测绘工作不仅量测距离，而且开始了测量角度。约于 1640 年，英国的加斯科因（W. Gascoigne）在两片透镜之间设置十字丝，使望远镜能用于精确瞄准，用以改进测量仪器，这可算是光学测绘仪器的开端。约于 1730 年，英国的西森（Sisson）制成测角网用的第一架经纬仪，大大促进了三角测量的发展，使它成为建立各种等级测量控制网的主要方法。

19 世纪初，随着测量方法和仪器的不断改进，测量数据的精度也在不断提高，精确的测量计算就成为研究的中心问题。1806 年和 1809 年法国的勒让德（A. M. Legendre）和德国的高斯分别发表了最小二乘准则，这为测量平差计算奠定了科学基础。19世纪50年代初，法国洛斯达（A. Laussedat）首创摄影测量方法。随后，相继出现立体坐标量测仪、地面立体测图仪等。到20世纪初，则形成比较完备的地面立体摄影测量法。可以说，从17世纪末到20世纪中叶，测绘仪器主要在光学领域内发展，测绘学的传统理论和方法也已发展成熟。从20世纪50年代起，测绘技术又朝电子化和自动化方向发展。首先是测距仪器的变革，与此同时，电子计算机出现了，并很快应用于测绘学中。这不仅加快了测量计算的速度，而且还改变了测绘仪器和测绘方法，使测绘工作更为简便和精确。

自1950年起，中国的测绘事业有了很大的发展。主要成就有：在全国范围内建立了国家大地网、国家水准网、国家基本重力网和卫星多普勒网，并对国家大地网进行了整体平差。为了发展卫星大地测量技术，相继研制了卫星摄影仪、卫星激光测距仪和卫星多普勒接收机，并已投入实际应用。在摄影测量技术上已普遍应用电子计算机进行解析空中三角测量，并正在研制解析测图仪、正射投影仪，研究自动测图系统和航天遥感技术在测绘上的应用。在海洋测绘方面，采用了新的海洋定位系统。这些新技术和新仪器的使用，进一步推动了中国测绘事业的发展。

4. 测量学的任务

测量学主要是面向土木建筑、环境、道路、桥梁、水利等学科，其主要任务如下：

（1）研究测绘地形图的理论和方法。

地形图是土木工程勘察、规划、设计的依据。土木工程测量是研究确定地球表面局部区域建筑物、构筑物、天然地物和地貌、地面高低起伏形态的空间三维坐标的原理和方法。研究局部地区地图投影理论，以及将测量资料按比例绘制成地图或电子地图的原理和方法。

（2）研究地形图在规划、设计中的应用方法。

地形图的应用十分广泛，在土木工程建设过程中，常常遇到区域规划、道路选线、场地平整等问题。

（3）研究建筑物施工放样、质量检验的技术和方法。

施工放样是施工测量的主要工作，它的主要任务是将设计好的建筑物位置在实地上标定出来。另外，在施工过程中，为保证工程的施工质量，必须对施工结果分阶段进行检查验收。

（4）研究变形监测的基本理论和方法。

在土木工程施工过程中或竣工后，为确保工程的安全，应进行工程的变形监测。

1.2 测量的基准面和基准线

1. 地球的形状和大小

测量工作是在地球表面上进行的，要确定地面点之间的相互关系，将地球表面测绘成地形图，需了解地球的形状和大小。对地球形状的研究是大地测量学和固体地球物理学的一个共同课题，其目的是运用几何方法、重力方法和空间技术，确定地球的形状、大小、地面点的位置和重力场的精细结构。

地球表面是极其不规则的，有山地、丘陵、平原、盆地、海洋等起伏变化，陆地上最高处珠穆朗玛峰高出海平面 8 844.43 m，海洋最深处马利亚纳海沟深达 11 022 m，看起来起伏变化非常之大，但是这种起伏变化和庞大的地球（半径约 6 371 km）比较起来是微不足道的；同时，就地球表面而言，海洋的面积约占 71%，陆地仅占 29%，所以海水所包围的形体基本上代表了地球的形状和大小。

2. 大地水准面

由于地球的自转运动，地球上任一点都同时受到两个力的作用，即离心力和地球引力，它们的合力即为重力，重力的作用线称为铅垂线。铅垂线是测量工作的基准线。处于静止状态的水面称为水准面，例如，平静湖泊中的水面就是一个水准面。水准面处处与重力方向（即铅垂线）垂直，在地球表面上重力作用的范围内，任何高度的点上都有一个水准面，因此，水准面有无数多个。

根据上面所述，由于水准面有无数多个，而野外测量工作将在不同的水准面上进行，因此，产生了对于同一个观测对象（角度、距离、高程），如果选用不同的水准面作为测量工作基准面，所得出的观测结果是否相同的问题。研究表明，对于两个方向之间的夹角，在不同高度的水准面上，其大小可以认为是不变的，但对于距离和点的高程而言，其结果将随着所选取的基准面的不同而发生变化。因此，为了使不同测量部门所得出的外业成果能互相比较、互相统一、互相利用，有必要选择一个最有代表性的水准面作为外业作业的共同基准面。这个基准面是如何确定的呢？

假想把这个静止的平均海平面延伸，穿过大陆和岛屿所形成的闭合曲面称为大地水准面。由于大地水准面的形状和大地体的大小均接近地球的自然表面的形状和大小，因此，可选取大地水准面作为测量工作的基准面，如图 1.1（a）所示。

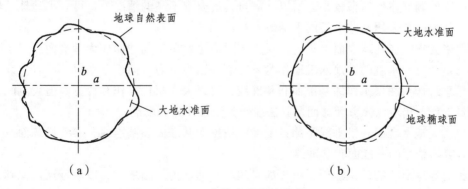

图 1.1　大地水准面的确定

3. 参考椭球面

虽然将大地水准面作为测量工作的基准面可使观测结果有了共同的标准，但是测量的最终目的是要精确测定地球表面的位置，而要计算点的位置必须知道所依据的基准面的形状是否能用数学模型准确表达出来。由于地球内部物质构造分布的不均匀，地球表面起伏不平，所以大地水准面是一个略有起伏的不规则的物理表面，无法用数学公式精确表达出来，因而也就无法进行测量数据的处理。

为了便于正确地计算测量成果，准确表示地面点的位置，测量上选用一个大小和形状都非常接近于大地体的旋转椭球体作为地球的参考形状和大小，这个旋转椭球体称为参考椭球体，又称地球椭球。它是一个规则的曲面体，可以用较简单的数学公式来表达。它的大小和形状可以用长半径 a（或短半径 b）和扁率 α 来表示，如图 1.1（b）所示。其中扁率 α 的计算式为：

$$\alpha = \frac{a-b}{b} \tag{1.1}$$

为了将观测成果准确地化算到椭球面上，各国都根据本国的实际情况，采用与大地体非常接近于自己国家的椭球体，并选择地面上一点或多点进行椭球定位。具体参数见表 1.1。

表 1.1 地球椭球参数

椭球名称	长半轴 a(m)	短半轴 b(m)	扁率 α	推算年代和国家
白塞尔	6 377 397	6 356 564	1：299.2	1841 年德国
克拉克	6 378 249	6 356 515	1：293.5	1880 年英国
德福特	6 378 388	6 356 912	1：297.0	1909 年美国
克拉索夫斯基	6 378 245	6 356 863	1：298.3	1940 年苏联
IUGG-75	6 378 140	6 356 755.3	1：298.257	1979 年国际大地测量与地球物理联合会
WGS-84	6 378 137	6 356 752	1：298.257 223 563	1984 年美国

我国在 1980 年以后，国家大地坐标系采用国际大地测量协会与地球物理协会在 1975 年推荐的 IUGG-1975 地球椭球为基准。其参数为：

$$a = 6\ 378\ 140\ \text{m} \qquad \alpha = 1 : 298.257$$

由于旋转椭球体的扁率较小，所以在测量精度要求不高的情况下，可以把地球近似地当作圆球，其半径 R 采用地球半径的平均值 6 371 km。

按严格要求，在地球表面上进行测量工作时应选取参考椭球面作为基准面，但实际上大多采用与重力方向垂直的大地水准面作为基准面，因为重力方向便于获得。所以，以大地水准面和铅垂线作为测量工作的基准面和基准线，可以大大简化操作和计算。但大范围、高精度的测量工作，仍应以参考椭球面及其法线作为测量计算的基准。

所以，大地水准面和铅垂线是测量专业所依据的基准面和基准线，参考椭球面及其法线是测量计算所依据的基准面和基准线。

人类对地球形状的认识经历了很长的时间。初期认为天圆地方，以后逐渐认识到地球是个圆球。17 世纪法国人发现地球不是正圆而是扁的，牛顿等根据力学原理，提出地球是扁球的理论，这一理论直到 1739 年才为南美和北欧的弧度测量所证实。其实，在此之前中国为编绘《皇舆全图》，就曾进行了大规模的弧度测量，并发现纬度愈高，经线的弧长愈长的事实。这同地球两极略扁，赤道隆起的理论相符。1849 年英国的 Sir G. G. 斯托克斯提出利用地面重力观测确定地球形状的理论。经过 100 多年的努力，特别是人造卫星等先进技术的应用，使地球形状的测定越来越精确。

利用地面观测来研究地球形状的经典方法是弧度测量，即根据地面上丈量的子午线弧长，推算出地球椭球的扁率。以后，人们广泛地使用建立天文大地网的方法确定同局部大地水准面最相吻合的参考椭球。但是这些纯几何测量的方法都由于不能遍及整个地球而有很大的局限性。近代空间技术的发展为研究地球形状提供了新手段，如干涉测量、激光测距和多普勒测量等。

1.3　测量坐标系

测量工作的基本任务是确定地面点的位置，为此测量上要采用投影的方法加以处理，即一点在空间的位置需要三个量来确定，这三个量通常采用该点在基准面上的投影位置和该点沿投影方向到基准面的距离来表示，如图 1.2 所示。这种确定地面点位的方法又与一定的坐标系统相对应。在测绘工作中，常用的坐标系统有大地坐标系、高斯投影平面坐标系、独立平面直角坐标系等。

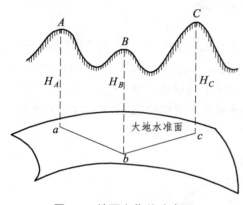

图 1.2　地面点位的确定图

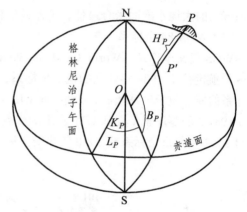

图 1.3　大地坐标系

1. 大地坐标系

大地坐标系是以参考椭球面为基准面。地面点在参考椭球面上的投影位置用经度 L 、纬度 B 和大地高 H 表示。如图 1.3 所示，NS 为椭球的旋转轴，N 表示北极，S 表示南极。通过椭球旋转轴的平面称为子午面，其中通过格林尼治天文台的子午面称为起始子午面。子午面与椭球面的交线称为子午线。某点的大地经度就是通过该点的子午面与起始子午面的夹角。通过椭球中心且与椭球旋转轴正交的平面称为赤道面，它与椭球面相截所得的曲线称为赤道。其他平面与椭球旋转轴正交，但不通过球心，这些平面与椭球面相截所得的曲线称为纬线。

国际规定，通过格林尼治天文台的子午面为零子午面，向东经度为正，向西为负，其域值为 0°～180°。大地纬度就是在椭球面上的 P 点作一与椭球体相切的平面，然后过 P 点作一垂直于此平面的直线，这条直线称为 P 点的法线，它与赤道的交角就是 P 点的大地纬度。向北，称为北纬；向南，称为南纬，其域值为 0°～90°。椭球体的大地高为零。沿法线在椭球体面外为正，在椭球体内为负。

20 世纪 50 年代之前，一个国家或一个地区都是在使所选择的参考椭球与其所在地区的大地水准面最佳拟合的条件下，按弧度测量方法来建立各自局部大地坐标的。由于当时除海洋上只有稀疏的重力测量外，大地测量工作只能在各个大陆上进行，而各大陆的局部大地坐标系间几乎没有联系。不过在当时的科学发展水平上，局部大地坐标系已能基本满足各国大地测量和制图工作的要求。

目前，我国常用的大地坐标系统有：

（1）1954 年北京坐标系。

20 世纪 50 年代我国采用克拉索夫斯基椭球建立的坐标系。由于该坐标系的大地远点在苏联，便利用我国东北边境的三个大地点与苏联大地网联测后的坐标作为我国天文大地网的起算数据，通过天文大地网坐标计算，推算出北京一点的坐标，故命名为 1954 年北京坐标系。该坐标系在我国的经济建设和国防建设中发挥了重要作用，但也存在着点位精度不高等许多问题。

（2）1980 年国家大地坐标系。

为了克服 1954 年北京坐标系存在的问题，我国于 20 世纪 70 年代末，对原大地网重新进行了平差。该坐标系采用 IUGG-75 地球椭球，大地原点选在陕西省泾阳县永乐镇，椭球面与我国境内的大地水准面密合最佳，平差后的精度明显提高。

（3）WGS-84 坐标系。

WGS 英文全称是"World Geodetic System"（世界大地坐标系），它是美国国防局为进行GPS 导航定位于 1984 年建立的地心坐标系，1985 年投入使用。WGS-84 坐标系的几何意义是：坐标系的原点位于地球质心，z 轴指向 BIH 1984.0 定义的协议地球极（CTP）方向，x 轴指向BIH 1984.0 的零度子午面和 CTP 赤道的交点，y 轴通过右手规则确定。WGS-84 地心坐标系可以与 1954 年北京坐标系或 1980 年西安坐标系等地心坐标系相互转换。

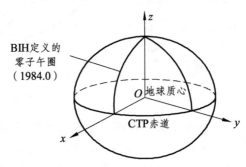

图 1.4　WGS-84 坐标系

2. 高斯平面直角坐标系

以上介绍的是大地坐标系。它是以椭球面和法线为基准，将地面观测元素归算至椭球面进行计算的。在实际进行测量时，量距、测角或高程都是在水准面上以铅垂线为准，因此所测得的数据若以大地坐标表示，必须精确地换算成大地坐标系。实践证明，在它上面进行计算是相当复杂和烦琐的，若将其直接用于工程建设规划、设计、施工等，则很不方便。为了便于测量计算和生产实践，要将椭球面上大地坐标按一定数学法则归算到平面上，并在平面直角坐标系中采用人们熟知的简单计算公式计算平面坐标。由椭球面上的大地坐标向平面直角坐标转化时采用地图投影理论，我国采用高斯 克吕格投影，简称高斯投影。

根据高斯-克吕格投影所建立的平面坐标系称为高斯平面直角坐标系。它是大地测量、城市测量、普通测量、各种工程测量和地图制图中广泛使用的一种平面坐标系。

　　高斯-克吕格投影理论是德国的 C. F. 高斯于 1822 年提出的，后经德国的克吕格于 1912 年加以扩充而完善。

　　高斯-克吕格投影属于横轴圆柱正形投影，它的投影函数是根据以下两个条件确定的：第一，投影是正形的，即椭球面上无穷小的图形与它在平面上的表象相似，故又称等角投影；投影面上任一点的长度比（该点在椭球面上的微分距离与其在平面上相应的微分距离之比）与方位无关。第二，椭球面上某一子午线在投影平面上的表象是一直线，而且长度保持不变，即长度比等于 1。该子午线称为中央子午线，或称轴子午线。这两个条件体现了高斯-克吕格投影的特性。

　　高斯投影是设想一个横椭圆柱套在参考椭球的外面，如图 1.5（a）所示，横椭圆柱的轴线通过椭球心 O，并与地轴 NS 垂直，这时椭球面上某一子午线正好与横椭圆柱面相切，这条子午线称为中央子午线。然后在椭球面上的图形与椭圆柱面上的图形保持等角的条件下，沿椭球柱的 N、S 点母线将椭球切开，并展成平面，即为高斯投影平面。至此便完成了椭球面向平面的转换工作。在此高斯投影平面上，中央子午线经投影面展开成一条直线，以此直线作为纵轴，即 x 轴；赤道是一条与中央子午线相垂直的直线，将它作为横轴，即 y 轴；两直线的交点作为原点 O，就组成了高斯平面直角坐标系统，如图 1.5（b）所示。

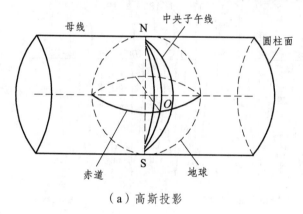

（a）高斯投影　　　　　　　　　　　　（b）高斯平面直角坐标系

图 1.5

　　高斯投影虽然不存在角度变形，但存在长度变形，除中央子午线外都要发生变形。离开中央子午线愈远，投影后变形愈大，这种变形将会影响测图和施工精度。为了把投影后长度变形控制在允许的范围内，测量时要采用分带投影的办法来解决这一问题。这种方法是将地球划分成若干投影带，如图 1.6 所示，即把投影区域限制在中央子午线两旁的狭窄区域内，这个区域的范围常选用 6° 或 3°。这样就能把长度变形限制在一定的范围内。国际上统一把椭球体分成许多 6° 或 3° 带形，并且依次编号。6° 带投影从英国格林尼治子午线起算，自西向东，每隔经差 6° 投影一次，将地球划分成经差相等的 60 个带，并从西向东进行编号，带号用阿拉伯数字 1，2，3，…，60 表示。位于各带中央的子午线，称为该带的中央子午线。第一个 6° 带的中央子午线的经度为 3°，任意带的中央子午线经度为：

$$L_0^6 = 6N - 3 \qquad\qquad (1.2)$$

式中　N——带号；

　　　L_0^6——6°带中央子午线经度。

　　当要求变形更小时，还可以按经差 3° 或 1.5° 划分投影带。3°带是在 6°的基础上划分的，其中央子午线在奇数带时与 6°带中央子午线重合，每隔 3° 为一带，共 120 带，各带中央子午线经度为：

$$L_0^3 = 3n \qquad\qquad\qquad\qquad (1.3)$$

式中　n——3°带的带号；

　　　L_0^3——3°带中央子午线经度。

　　将投影后具有高斯平面直角坐标系的 6°带一个个拼接起来，如图 1.6 所示。我国幅员辽阔，含有 11 个 6°带，即在 13～23 带范围；21 个 3°带，即在 25～45 带范围。北京位于 6°带的第 20 带，中央子午线经度为 117°。

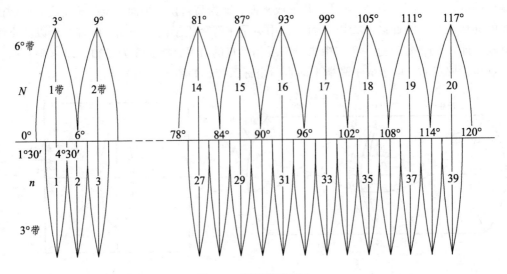

图 1.6　投影带的划分

　　在高斯平面直角坐标系中，纵坐标的正负方向以赤道为界，向北为正，向南为负；横坐标以中央子午线为界，向东为正，向西为负。由于我国位于北半球，所有纵坐标 x 均为正，而各带的横坐标 y 有正有负。如图 1.7 所示，为了使用方便，使纵坐标 y 不出现负值，规定将纵坐标轴向西平移 500 km，作为使用坐标，即相当于在实际纵坐标 y 值上加 500 km。例如，$y_A=123\,210$ m，$y_B=-103\,524$ m，各加 500 km 后，分别成为 $y_A=623\,210$ m，$y_B=396\,476$ m。每一个 6°带都有其相应的平面直角坐标系。为了表明某点位于哪一个 6°带，规定在横坐标 y 值前面加上带号，如 A 点在 20 带时应表示为 $y_A = 20\,623\,210$ m。

　　高斯直角坐标系中规定的 x、y 轴与数学中定义的笛卡儿坐标系的坐标轴不同。高斯直角坐标系纵坐标为 x 轴，横坐标为 y 轴。坐标象限为顺时针划分四个象限，角度起算是从纵坐标轴 x 的北方向开始的，顺时针旋转，形成与起始轴的夹角，这也与数学坐标系的转角相反，这样做是为了能将数学上的三角和解析几何公式直接用到测量的计算上。

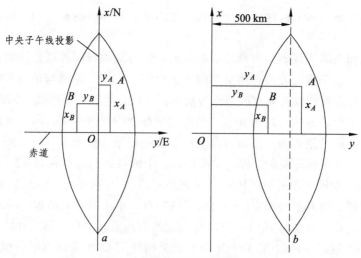

图 1.7　高斯平面直角坐标系

中国于 20 世纪 50 年代正式决定在大地测量和国家地形图中采用高斯-克吕格平面直角坐标系。中国除了天文大地网平差采用椭球面上的大地坐标之外，高斯平面直角坐标系被广泛应用于其他各大地控制网的平差和计算中。为此，一般先将椭球面上的方向、角度、长度等观测元素经方向改化和距离改化，归化为相应的平面观测值，然后在平面上进行平差和计算，这要比直接在地球椭球面上进行简单得多。

3. 独立平面直角坐标系

在小范围内进行测量工作(测区半径小于 10 km)时，可以将大地水准面当作水平面看待，即可直接在大地水准面上建立平面直角坐标系和沿铅垂线投影地面点位。为使坐标系内的点位坐标不出现负值，可在测区的西南角以外选定坐标原点。过原点的子午线即为 x 轴；通过原点并与子午线相垂直的直线即为 y 轴，如图 1.8 所示。建立坐标系后，可假定测区西南角 A 点的坐标值为：$x_A = 1\ 000$ m，$y_A = 2\ 000$ m。这样，整个测区的假定坐标均为正值，以便于使用。

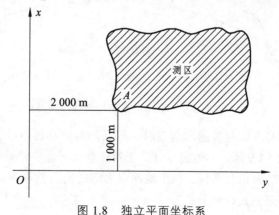

图 1.8　独立平面坐标系

4. 地面点的高程

为了确定地面点位，除了要知道它的平面位置外，还要确定它的高程。地面点的高程是指地面点至某一高程基准面的垂直距离。高程基准面选择不同，会有不同的高程系统。测量上常用的高程基准面有参考椭球面和大地水准面两种。其相应的高程为大地高和绝对高程或海拔高。

大地高是地面点沿法线到参考椭球面的距离；绝对高程或海拔高是地面点沿铅垂线到大地水准面的距离。由于重力方向可用简单的方法得到，实用上采用与重力方向垂直的大地水准面，因此，一般高程均以大地水准面作为基准面，以铅垂线为基准线。如图 1.9 所示，A、B 为地面上的两个点，H_A、H_B 为 A、B 至大地水准面的铅垂距离，即为 A 点和 B 点的绝对高程或海拔高。我国的绝对高程是以青岛验潮站历年记录的黄海平均海水面为基准面，其高度作为高程零点，并在青岛观象山建立水准原点。全国各地高程以它为基准进行测算。

1980 年以前，我国主要采用"1956 年黄海高程系"，它利用青岛验潮站 1950—1956 年观测的潮位成果求得的黄海平均海水面作为高程的零点，水准原点的高程为 72.289 m，因观测时间短，准确性较差。后改为 1953—1979 年的观测资料重新进行计算，并将计算结果命名为"1985 年国家高程系统"（1987 年 5 月 26 日正式公布使用），水准原点的高程为 72.260 m。由于高程基准面发生了变化，因此这两个高程系统存在一定的差异，它们的关系如下：

$$H_{85} = H_{56} - 0.029 \tag{1.4}$$

我国在 1949 年以前曾采用过许多高程系统，如废黄河高程系统、吴淞口高程系统等，有的高程系统现在还在沿用。由于高程基准面不同，其实际代表的高程也不一样。因此，在使用高程资料时，应注意水准点所在的高程系统，以避免发生错误。

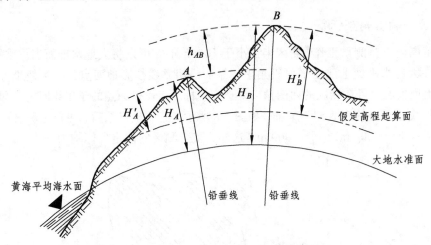

图 1.9　不同水准面的高程

当测区附近没有从基准面起算的水准点时，可采用假定高程系统，以任意假定水准面为起算高程的基准面。如图 1.9 所示，地面点 A、B 到任意水准面的铅垂距离称为假定高程或相对高程。图中，H'_A、H'_B 为相对高程。两个地面点之间的高程差称为高差，用 h 表示，h_{AB} 为地面点 A 与 B 之间的高差，其计算公式为：

$$h_{AB} = H_B - H_A = H'_B - H'_A \tag{1.5}$$

由式（1.5）可知，不同的高程基准面所得的高差相等。这种假定高程，需要用国家高程基准表示时，只要与国家高程控制点联测，再经换算即可得到绝对高程。

1.4 地球曲率对测量工作的影响

前面提到，在测区范围较小时，可以将大地水准面当作水平面看待，直接将地面点沿铅垂线投影到平面上，进行几何计算或绘图，这样既简化了测量的计算工作，又不致因曲面和平面的差异过大而产生较大测量误差。问题是在多大范围内可将曲面作为平面，而所产生的误差不超过工程地形图和施工放样的精度要求。下面仅就地球曲率对距离和高程的影响进行分析，据以限制其使用范围。为简便起见，将地球作为圆球看待，取其平均半径为 6 371 km。

1. 对距离的影响

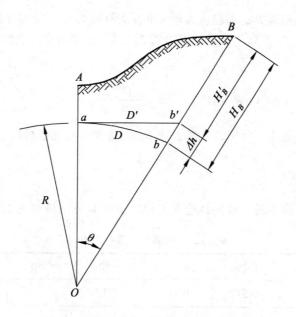

图 1.10   地球曲率对距离或高程的影响

如图 1.10 所示，设地面两点 A、B 在水平面上的投影分别为 a、b'，其长度为 D'；在大地水准面上的投影分别为 a、b，其弧长为 D，D 所对圆心角为 θ，地球半径为 R。D' 与 D 之差为 ΔD，ΔD 表示为：

$$\Delta D = D' - D = R\tan\theta - R\theta = R(\tan\theta - \theta) \tag{1.6}$$

已知 $\tan\theta = \theta + \dfrac{1}{3}\theta^3 + \dfrac{5}{12}\theta^5 + \cdots$，因 θ 角很小，取其前两项代入（1.6）式，设 $\theta = \dfrac{D}{R}$，得：

$$\Delta D = \frac{D^3}{3R^2} \text{ 或 } \frac{\Delta D}{D} = \frac{D^2}{3R^2} \tag{1.7}$$

将地球半径 R=6 371 km 和不同的 D 值代入（1.7）式，计算结果如表 1.2 所示。从表中所列数值可看出，随着距离的增加，曲面上的弧长与水平面上的长度之差增大，在弧长为 10 km 时所产生的长度之差为其长度的 1/1 200 000。而目前测量工作中最精密的距离丈量的容许误差为其长度的 1/1 000 000。由此可得出结论：在半径为 10 km 的测区内进行测量工作时，可以把大地水准面当作水平面看待。

表 1.2 地球曲率对距离的影响

D/km	$\Delta D/\text{cm}$	$\Delta D/D$
10	0.8	1：1 200 000
20	6.6	1：300 000
50	102.6	1：49 000
100	821.2	1：12 000

2. 对高程的影响

如图 1.9 所示，地面点 B 的高程从大地水准面起算时为 H_B，从水平面起算时为 H_B'。由于起算面不同，引起高程误差 Δh。而 Δh 的大小是与弧长 l 的平方成正比的，受弧长的影响很大，现推证如下。

$$(R^3 + \Delta h^2) = R^2 + D'^2 \qquad \Delta h = \frac{D'^2}{2R + \Delta h} \qquad\qquad (1.8)$$

由于 D' 与 D 相差甚小，可用 D 代替 D'，同时 Δh 与 R 相比也可略去 Δh。故上式可写为：

$$\Delta h = \frac{D^2}{2R} \qquad\qquad (1.9)$$

现以 $R=6\ 371$ km 和不同的弧长 D 代入（1.9）式，计算结果如表 1.3 所示。

表 1.3 不同弧长对高程的影响

D/km	0.10	0.20	0.30	0.40	0.50	1	2
$\Delta h/\text{cm}$	0.08	0.31	0.71	1.3	2	8	31

从表 1.3 可以看出，用水平面代替大地水准面，对高程有较大的影响。距离为 200 m 时就有 0.31 cm 的高程误差，已超过误差允许范围。因此，就高程测量而言，即使距离较短，也应考虑地球曲率对高程的影响。

1.5 测量工作概述

1. 测量工作的基本内容

测量工作的实质是确定地面点的位置。一个点的位置由其平面坐标（$x，y$）和高程 H 三个数值来确定。在实际工作中，常常不是直接测量点的坐标和高程，而是观测坐标和高程已知的点与坐标、高程未知的待定点之间的几何位置关系，然后计算出待定点的坐标和高程。

如图 1.11 所示，地面点 A、B 是已知点。为了得到 P_1、P_2 点的坐标和高程，可先观测出水平角 β_1、β_2，水平距离 S_1、S_2 以及高差 h_{BP_1}、$h_{P_1P_2}$，再根据已知点 B 的坐标、方向 $A \rightarrow B$ 和 B 点的高程 H_B，便可推算出 P_1 和 P_2 点的位置。

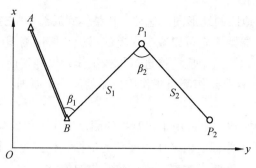

图 1.11　地面点位的确定

地面点间的位置关系是以水平距离、水平角度和高差来确定的，所以距离测量、角度测量和高差测量是测量工作的三项基本工作。

2. 测量工作的基本原则

虽然要测绘的地球表面的形态以及要测设的建筑物复杂多样，但可将其分为地物和地貌两大类。地物：地面上固定性物体，如河流、湖泊、道路和房屋等。地貌：地面上高低起伏的形态，如山岭、谷地和陡崖等。

地物、地貌按其形状和大小均可看作是由一些特征点的位置所决定的，这类特征点又称为碎部点。

测定碎部点的平面位置和高程一般分两步进行。第一步是控制测量，如图 1.12 所示，先在测区内选择若干具有控制作用的点 A、B、C…称为控制点，并精确测出这些点的平面位置和高程。控制点不仅要求测量精度高，而且要经过统一严密的数据处理，在测量中起着控制误差累积的作用。

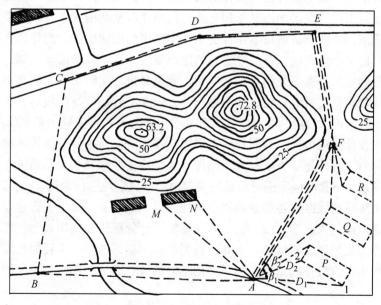

图 1.12　测量工作的程序

第二步进行碎部测量，根据控制点的坐标，测定周围碎部点的平面位置和高程。例如，在控制点 A 上测出房屋的角点 M、N 等的数据，然后根据所测数据，按一定比例及相应符号描绘到图上，即得到所测地区的地形图。这种"从整体到局部""先控制后碎部"的方法是组织测量工作应遵循的基本原则，它可以减少误差的累积，保证测图的精度，而且可以分幅测绘，加快测图进度。另外，测量中应严格进行检核工作，做到"前一步测量工作未做检核，不进行下一步测量工作"，这是组织测量工作应遵循的又一个原则，它可以防止错误发生，保证测量成果的正确性。

上述测量工作的组织原则，也适用于建筑物的测设工作。如图 1.12 所示，欲将图上设计好的建筑物 P、Q、R 在实地标定出来作为施工的依据，也应先进行控制测量，然后将仪器安置在控制点 A 和 F 上，根据测设数据，进行建筑物的测设。

1.6　测量学在工程实践中的应用

测量学是从人类生产实践中发展起来的一门历史悠久的科学，是人类与大自然做斗争的一种手段，古有"陆行乘车，水行乘船，泥行乘橇，山行乘轿，左准绳，右规矩，载四时，以开九州，通九道，陂九泽，度九山"的记载，实际都是工程测量在实践中的作用。

随着国民经济的发展、城乡建设步伐的加快，测量学在各项工程建设中的应用愈来愈重要，工程测量学是研究地面、地下、水下、空中等具体几何实体的测量描绘和抽象几何实体的理论方法和技术的一门应用性学科。它是直接为国民经济建设和国防建设服务，是测绘学中最活跃的一个分支学科。

测量学在工程实践中的应用由来已久，可追溯到公元前 27 世纪建设的埃及金字塔，它的形状与方向都很准确，说明当时已有放样的工具和方法。在中国两千多年前的夏商时代，开始了水利工程测量工作。秦代李冰父子领导修建的都江堰水利枢纽工程以及举世闻名的万里长城和京杭大运河，这些都是测量学在社会生产实践中的成功应用。此外，在修建宫殿、陵墓和建造城市时的中心线定向、开挖地道时的定向定位定高，以及南水北调、三峡大坝、小浪底等大型工程的实施都离不开测量学的应用。就拿身边的实践来说：巩义市新城区的建设是在一个地形地貌高低交错的丘陵台地上进行的，因此不管是前期的规划方案阶段，还是后期的勘察设计、施工运营阶段，测量学在工程建设中都起着不可或缺的重要作用。

首先，勘测设计阶段为选线测制带状地形图。在本阶段，主要是提供各种比例尺的地形图与地形数字资料。另外还要为工程地质勘探、水文地质勘探及水文测验进行测量。对于重要的工程或地质条件不良的地区进行建设还要对地层的稳定性进行观测。

其次，施工阶段把线路和各种建筑物正确地测设到地面上。每项工程建设的设计经过讨论审查和批准之后即进入施工阶段，这时首先要将设计的建筑物或构筑物，按施工要求在现场标定出来，作为实地建设的依据。为此，根据工程现场的地形、工程的性质，建立不同的施工控制网，作为定线放样的基础，然后采用不同的放样方法，逐一将设计图纸转化为地上实物。

再次，竣工测量阶段对建筑物进行竣工测量。竣工测量是规划管理竣工验收的一项重要程序，竣工测量形成的成果报告是规划竣工验收审核的重要依据，竣工测量既有工程测量的普遍性要求，也有规划管理的特殊性要求，不仅涉及影响测绘管理部门掌握现状地理信息的正确性，而且涉及影响规划管理部门规划审批的落实和监督管理，因此竣工测量是关系到城市建设管理和规划实施落实的一项重要测绘工作。

最后，运营阶段进行变形观测。为改建、扩建而进行的各种测量以及为安全运营，防止灾害进行变形测量。由于各种因素的影响，建筑物及其设备在运营过程中，都产生变形。这种变形在一定限度之内，应认为是正常现象，但如果超过了规定的限度，就会影响建筑物的正常使用，严重时还会危及建筑物的安全。因此在工程建筑物的施工和运营期间，必须进行监视观测，通过变形观测取得第一手的资料，可以监视工程建筑物的状态变化和工作情况，在发现不正常现象时，应及时分析原因，采取措施，防止事故发生并改善运营方式以保证安全。另外，通过在施工和运营期间对工程建筑物原体进行观测，分析研究，可以验证地基与基础的计算方法、工程结构的设计方法，对不同的地基与工程结构规定合理的允许沉陷与变形的数值，为工程建筑物的设计施工管理和科学研究工作提供资料。在工程建筑物运营期间，为了监视其安全和鉴定情况，了解其设计是否合理，验证设计理论是否正确，需定期对建筑物、构筑物的位移、沉陷、倾斜以及摆动进行观测，并及时反馈测量数据、图表等工作。

现代的测量学作为一门能采集和表示各种地物和地貌的形状、大小、位置等几何信息，以及能把设计的建筑物、设备等按设计的形状、大小和位置准确地在实地标定出来的技术，在各种工程建设中的应用愈来愈广泛。

例如，粒子加速器的磁块必须以 0.1 mm 的精度安放在设计的位置上。某些飞行器的助飞轨道要求其准直度的偏差小于长度的 10^{-6}。建筑物建成后（甚至在施工期间）会因地基承载力弱或因自重和外力的作用而产生变形。如大坝可能位移、高层建筑物可能发生倾斜……等。

为了保障建筑物的安全运行，往往需要测量工作者以技术上可行的最高精度监测建筑物的变形量和变形速度的发展情况。有时还要求在一段时间内进行连续监测，为此要使用自动化的监测和记录的仪器。

本章小结

本章主要介绍了平面坐标系和高程系的建立过程，测量工作的基本原则、基本要求和工作特点。

设想有一个静止的海平面，向陆地延伸并处处保持与铅垂线方向正交的封闭曲面，称为大地水准面。大地水准面所包围的形体称为大地体。人们选择了一个与大地体形状和大小较为接近的、能用数学方程式表示的旋转椭球来代替大地体，我们称这个旋转椭球为参考椭球。参考椭球的表面是一个规则的数学曲面，它是测量计算和投影制图所依据的面。

地面点的空间位置都与一定的坐标系统相对应，通常以坐标和高程来表示。坐标系有大地坐标和高斯平面直角坐标系。

地面点沿铅垂线方向至大地水准面的距离称为绝对高程。地面点沿铅垂线方向至任意假定水准面的距离称为该点的相对高程。两点高程之差称为高差。我国规定以黄海平均海水面作为大地水准面。在青岛观象山上建立了"中华人民共和国水准原点"，作为全国推算高程的依据。分别称为 56 年黄海高程基准和 85 国家高程基准。

当测区范围较小时，可以用水平面代替水准面，即以平面代替曲面。即当测区范围的半径在 10 km 以内时，如测量水平距离，可不考虑地球的曲率，用水平面代替球面，但在高程测量时，即使距离很短，也必须考虑地球曲率的影响。

"从整体到局部"和"先控制后碎部"是测量工作所遵循的原则。无论是地形测量还是施工测量，都要遵循此项原则。尽管随着现代测量技术的发展，有时控制测量和碎部测量可同时进行，但测量的检核原则是测量工作始终必须要遵守的。

习　题

1. 测量学都有哪些分支？

2. 确定地面点位的三项基本测量工作是什么？

3. 简述铅垂线、水准面、大地水准面、参考椭球面、法线的概念。

4. 测量工作的基本原则和程序是什么？

5. 测量中的高斯平面直角坐标系与数学上的笛卡尔坐标系有何区别？

6. 某地所处的大地经度为109°39"，试求其在统一6°投影带和3°投影带中的带号。

7. 我国领土内某点 A 的高斯平面坐标为：$x_A = 2\,497\,019.17\,m$，$y_A = 19\,710\,154.33\,m$，试求出 A 点在该投影方式下的自然坐标、带号、中央子午线经度以及距离中央子午线的距离。

8. 用水平面代替水准面进行测量工作有什么影响？

9. 测得两点之间的水平距离为2.3 km，试求地球曲率对水平距离和高程的影响。

10. 测量的基本工作都包括哪些？

第 2 章　水准测量

本章要点：本章主要介绍了水准测量的原理，水准仪的构造、使用和检验校正，水准测量的施测程序、成果数据处理及误差分析。并简要介绍了自动安平水准仪、数字水准仪的原理以及精密水准测量。本章重点为水准测量原理、水准仪的技术操作、水准测量的外业施测程序及内业成果数据处理。难点为成果检核和闭合差调整方法。

高程测量是测量的基本工作之一，根据所使用的仪器和测量方法的不同，高程测量可分为水准测量、三角高程测量、气压高程测量和 GPS 高程测量等。其中水准测量是测定高程的主要方法，在控制测量和工程测量中应用最广泛。

2.1　水准测量原理

水准测量的原理：利用水准仪提供的水平视线，读取两点上水准尺的读数，从而测得两点间的高差，再由已知点的高程推算出未知点的高程。

如图 2.1 所示，为了确定 AB 两点间的高差和 B 点的高程，在两个点上分别竖立水准尺，在两点中间架设水准仪，利用水准仪提供的水平视线，读取 A、B 两点上水准尺的读数 a、b，则两点间的高差为：

$$h_{AB} = a - b \tag{2.1}$$

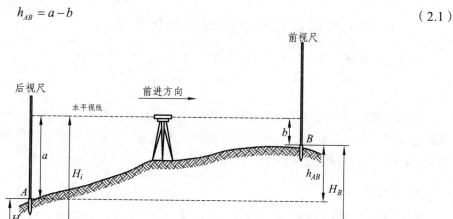

图 2.1　水准测量原理

若水准测量的施测方向是从 A 点向 B 点进行，则 A 点称为后视点，水准尺为后视尺，其读数 a 为后视读数；B 点称为前视点，水准尺为前视尺，其读数 b 为前视读数。两点间的高差也可以写为：

$$h_{AB} = 后视读数 - 前视读数$$

如果后视读数大于前视读数，则高差为正，表示 B 点比 A 点高；如果后视读数小于前视读数，则高差为负，表示 B 点比 A 点低。

已知 A 点的高程 H_A，A、B 两点的高差为 h_{AB}，则 B 点的高程 H_B 可按下式计算：

$$H_B = H_A + h_{AB} \tag{2.2}$$

B 点的高程也可以通过水准仪视线的高程（简称视线高）计算，视线高用 H_i 表示。即

$$H_i = H_A + a = H_B + b \tag{2.3}$$

则 B 点高程为：

$$H_B = H_i - b \tag{2.4}$$

运用视线高法可以方便地在同一测站上测出若干个前视点的高程，这种方法在工程施工测量中比较常用。

2.2　水准测量的仪器、工具及操作方法

水准测量的仪器为水准仪，工具有水准尺和尺垫。水准仪按精度分为 DS_{05}、DS_1、DS_3、DS_{10} 几种等级。"D" 和 "S" 是 "大地测量" 和 "水准仪" 的汉语拼音的第一个字母，其下标的数值为仪器的精度，以 mm 计，表示仪器每千米往返测高差中数的中误差。DS_{05}、DS_1 型水准仪一般称为精密水准仪，主要用于国家一、二等水准测量和精密工程测量；DS_3、DS_{10} 型水准仪称为工程水准仪或普通水准仪，主要用于国家三、四等水准测量和常规工程建设测量。水准仪按其结构可以分为微倾式水准仪、自动安平水准仪和电子水准仪等类型。

2.2.1　DS_3 型微倾式水准仪的构造及使用

水准仪由基座、望远镜和水准器三部分组成，如图 2.2 所示。

1. 基　座

基座的作用是承托仪器上部结构以及用于仪器整平，其主要由轴座、脚螺旋、底板和三角压板构成。仪器上部通过竖轴插入轴座内，脚螺旋用于调整圆水准器气泡居中，底板通过连接螺旋与下部三脚架连接。

2. 望远镜

望远镜的主要作用是瞄准目标并在水准尺上读数。主要由物镜、目镜、调焦透镜和十字丝分划板等所组成（见图 2.3）。

物镜和目镜多采用复合透镜组。物镜的作用是和调焦透镜一起将远处的目标在十字丝分划板上形成缩小而明亮的实像；目镜的作用是将物镜所成的实像与十字丝一起放大成虚像。

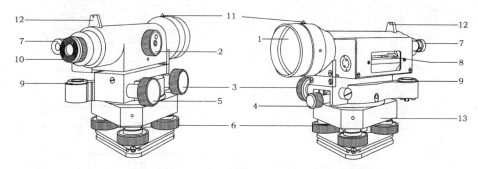

1—望远镜物镜；2—物镜调焦螺旋；3—微动螺旋；4—制动螺旋；5—微倾螺旋；6—脚螺旋；
7—气泡观察镜；8—管水准器；9—圆水准器；10—望远镜目镜；
11—准星；12—照门；13—基座。

图 2.2　DS₃ 型微倾式水准仪

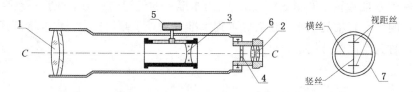

1—物镜；2—目镜；3—调焦透镜；4—十字丝分划板；5—物镜调焦螺旋；
6—目镜调焦螺旋；7—十字丝放大像。

图 2.3　望远镜的构造

十字丝分划板是一块刻有分划线的透明薄平板玻璃片。分划板上互相垂直的两条长丝，称为十字丝。纵丝又称竖丝，横丝又称中丝。上、下两条对称的短丝称为上、下视距丝，用于测量距离。操作时利用十字丝横丝和竖丝的交点和中丝瞄准目标和读取水准尺上的读数。十字丝交点与物镜光心的连线，称为望远镜的视准轴。

3. 水准器

水准器是用来指示视准轴是否水平或仪器竖轴是否竖直的装置，水准器有圆水准器和管水准器两种。圆水准器主要用于仪器的粗略整平，使仪器竖轴铅垂；管水准器用于精确整平仪器，使视准轴水平。

（1）圆水准器。

如图 2.4 所示，圆水准器顶面的内壁是球面，内注酒精和乙醚的混合液。以球面中心为圆心刻有半径为 2 mm 的圆形分划圈，圆圈的中心为水准器的零点。通过零点的球面法线称为圆水准器轴，当圆水准器气泡居中时，该轴线处于竖直位置。水准仪竖轴应与该轴线平行。气泡中心偏移零点 2 mm 时，轴线所倾斜的角值称为圆水准器分划值，一般为 8′～10′。

（2）管水准器。

又称水准管，是把纵向内壁磨成圆弧形的玻璃管，管内装酒精和乙醚的混合液，加热融封冷却后形成一个近于真空的气泡（见图 2.5）。圆弧的最高点称为水准管零点。

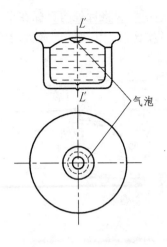

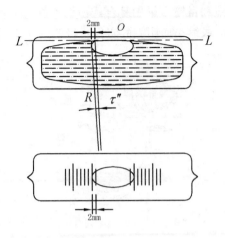

图 2.4　圆水准器　　　　　　　　　　图 2.5　管水准器

　　水准管上一般刻有间隔 2 mm 的分划线，分划线以零点为对称点。通过零点作水准管圆弧的纵切线，称为水准管轴（见图 2.5 中 LL）。当水准管的气泡中点与水准管零点重合时，称为气泡居中，这时水准管轴处于水平位置，否则水准管轴处于倾斜位置。水准管圆弧 2 mm 所对的圆心角 τ，称为水准管分划值，即

$$\tau = \frac{2}{R}\rho'' \qquad\qquad\qquad (2.5)$$

式中　　ρ''——弧度相应的秒值，$\rho'' = 206\ 265''$；

　　　　R——水准管圆弧半径，mm。

　　水准管的圆弧半径越大，分划值越小，灵敏度（即整平仪器的精度）也越高。常用的测量仪器的水准管分划值为 $10''$、$20''$，分别计作 $10''/2\ mm$、$20''/2\ mm$。

　　为提高水准管气泡居中精度，DS_3 型水准仪在水准管的上方安装一组符合棱镜（见图 2.6），通过符合棱镜的折光作用，使气泡两端的半弧影像反映在望远镜旁的符合气泡观察窗中。若两端半边气泡的像吻合时，表示气泡居中；若成错开状态，则表示气泡不居中。这时，应转动微倾螺旋，使气泡的半影像吻合。

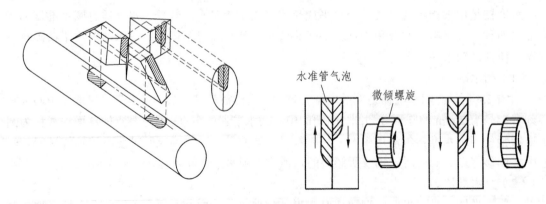

图 2.6　管水准器符合棱镜系统

2.2.2 水准尺和尺垫

水准尺是水准测量时使用的标尺。常用优质木材、玻璃钢、铝合金等材料制成。根据构造又可分为直尺、折尺和塔尺，如图 2.7 所示。直尺和塔尺又分为单面水准尺和双面水准尺。

塔尺仅用于等外水准测量，其长度有 2 m、3 m 和 5 m 三种，分两节或三节套接而成。塔尺可以伸缩，尺底为零点，尺面每隔 1 cm 或 0.5 cm 涂有黑白相间的分格，在每 1 米和每 1 分米刻划线处有数字注记。

双面水准尺多用于三、四等水准测量。其长度为 2 m、3 m 两种，两根尺为一对。尺的两面均有刻划，一面为红白相间称为红面尺，另一面为黑白相间称为黑面尺，两面的刻划均为 1 cm，并在分米处注记数字。两根尺的黑面底部均为零；而红面底部，一根尺为 4.687 m，另一根为 4.787 m，这两个常数称为水准尺的红黑面零点常数差，用作水准测量的读数检核。

尺垫是用生铁铸成，一般为三角形，中央有一凸起的半球体，下部有三个支脚，如图 2.8 所示。水准测量时，将支脚牢固地踩入地下，然后将水准尺立于半球顶上，用以保持尺底高度不变。尺垫仅在转点处竖立水准尺时使用。

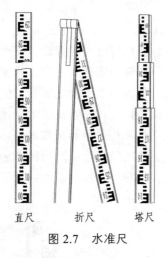

直尺　　折尺　　塔尺

图 2.7　水准尺

图 2.8　尺垫

2.2.3 水准仪的使用

水准仪的正确操作程序主要包括仪器安置、粗略整平、瞄准水准尺、精确整平和读数等。

1. 安置仪器

选择合适的地点放置仪器的三脚架，并根据观测者的身高调节架腿长度，目估使架头大致水平，将三脚架安置稳固，然后打开仪器箱取出水准仪，置于三脚架头上用连接螺旋将仪器固连在三脚架头。

2. 粗　平

粗平即粗略整平。转动脚螺旋，使圆水准器气泡居中，称为粗平。粗平使仪器竖轴大致铅直，从而视准轴粗略水平。如图 2.9（a）所示，先任选两个脚螺旋①和②，同时相向（相反方向）等速旋转脚螺旋，使气泡移动到过脚螺旋③且与脚螺旋①和②连线垂直的直线上，如图 2.9（b）所示。再转动脚螺旋③，即可使气泡居中。这项工作需要反复进行，直至仪器转到任何方向气泡都居中为止。在整平的过程中，气泡的移动方向与左手大拇指运动的方向一致。

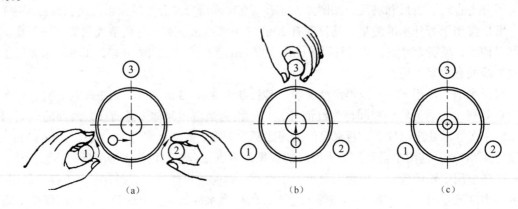

图 2.9　粗略整平

3. 瞄准水准尺

首先进行目镜对光，即把望远镜对着明亮的背景，转动目镜对光螺旋，使十字丝清晰；然后松开制动螺旋，转动望远镜，用望远镜筒上的照门和准星瞄准水准尺，拧紧制动螺旋；再从望远镜中观察，转动物镜调焦螺旋，使目标清晰，再转动水平微动螺旋，使竖丝对准水准尺。瞄准时要注意消除视差。当眼睛在目镜端上下微微移动时，若发现十字丝与目标影像有相对运动，称这种现象为视差（见图 2.10）。产生视差的原因是目标成像的平面和十字丝平面不重合。由于视差的存在会影响到读数的正确性，必须加以消除。消除的方法是重新仔细地进行物镜对光，直到眼睛上下移动，读数不变为止。此时，从目镜端见到十字丝与目标的像都十分清晰（见图 2.11）。

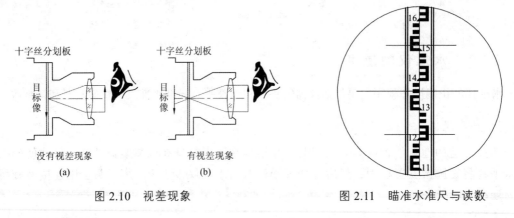

图 2.10　视差现象　　　　　　图 2.11　瞄准水准尺与读数

4. 精　平

精平即精确整平。转动微倾螺旋，使水准管气泡居中（符合），从而使望远镜的视准轴处于水平位置。通过位于目镜左方的符合气泡观察窗观察水准管气泡，同时转动微倾螺旋（见图 2.6），使气泡两端的像吻合，即表示水准仪的视准轴已精确水平。

5. 读　数

水准仪精平后，应立即用十字丝的中丝在水准尺上读数。读数时，从小往大读取尺上读数，先估读毫米数，然后报出全部四位读数。如图 2.11 所示，读数为 1.365 m。

2.2.4　自动安平水准仪的构造及使用

自动安平水准仪是一种不用水准管而能自动获得水平视线的水准仪。它的特点是没有管水准器和微倾螺旋。在粗略整平之后，利用仪器内部的自动安平补偿器，就能获得视线水平时的正确读数。简化了操作过程，同时还一定程度补偿了如风力、温度、震动等对测量成果的影响，从而提高了整平精度和观测速度。

图 2.12 为国产 DZS3-1 型自动安平水准仪结构。

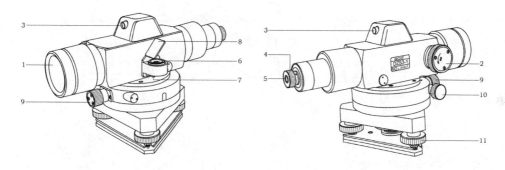

1—物镜；2—物镜调焦螺旋；3—粗瞄器；4—目镜调焦螺旋；5—目镜；6—圆水准器；
7—圆水准器校正螺丝；8—圆水准器反光镜；9—制动螺旋；
10—微动螺旋；11—脚螺旋。

图 2.12　DZS3-1 型自动安平水准仪

1. 自动安平原理

自动安平水准仪自动安平原理如图 2.13 所示，当视准轴水平时在水准尺上的读数为 a，即 a 点的水平视线经望远镜光路到达十字丝中心。当视准轴倾斜了一个小角度 α 时，如图 2.13 所示，则按视准轴读数为 a'。为了能使根据十字丝横丝的读数仍为视准轴水平时的读数 a，在望远镜的光路中加一补偿器，使通过物镜光心的水平视线经过补偿器的光学元件后偏转一个 β 角后，仍能成像于十字丝中心。这样，即使视准轴倾斜一定角度(倾斜角限度一般为 $\pm10'$)，仍可以读得水平视线的读数 a，达到了自动安平的目的。可见，补偿器必须满足下列条件：

$$f \cdot \alpha = S \cdot \beta \qquad (2.6)$$

式中　f——物镜焦距；

S——补偿器至十字丝的距离。

自动安平补偿器的种类很多，但一般都是采用吊挂光学零件的方法，借助重力的作用达到视线自动补偿的目的。其构造是：将屋脊棱镜固定在望远镜筒内，在屋脊棱镜的下方，用金属丝悬吊两块直角棱镜，该棱镜在重力作用下，能与望远镜作相对偏转，如图 2.14 所示。为了使吊挂的棱镜尽快地停止摆动，还设置了阻尼器。

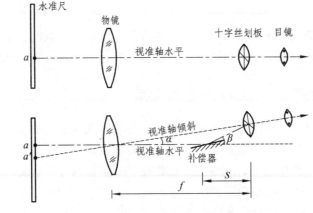

图 2.13　自动安平水准仪基本原理图

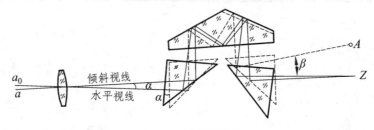

图 2.14　补偿器结构

2. 自动安平水准仪的使用

使用自动安平水准仪观测时，自动安平水准仪的圆水准器灵敏度一般为 8″～10″/2 mm，而补偿器的作用范围为±15′。因此，安置自动安平水准仪时，首先只要用脚螺旋使圆水准器气泡居中（仪器粗平），补偿器即能起自动安平的作用；然后用望远镜瞄准水准尺，由十字丝中丝在水准尺上读得的数，即视线水平时的读数，不需要"精平"这一项操作。

2.3　水准测量的施测及成果处理

2.3.1　水准点

为了统一全国的高程系统和满足各种测量的需要，测绘部门在全国各地埋设并用水准测量的方法测定了很多高程点，这些点称为水准点（Bench Mark，BM）。水准点有永久性和临时性两种。国家等级水准点如图 2.15 所示，一般用石料或钢筋混凝土制成，深埋到地面冻结线以下。在标石的顶面设有用不锈钢或其他不易锈蚀的材料制成的半球状标志。有些水准点也可设置在坚固稳定的永久性建筑物的墙脚上，如图 2.16 所示，称为墙上水准点。

工程上的永久性水准点一般用混凝土或钢筋混凝土制成，顶部嵌入半球状金属标志，如图 2.17（a）所示。临时水准点可用地面上突出的、坚硬的岩石或用大木桩打入地面，桩顶钉以半球形铁钉，如图 2.17（b）所示。埋设水准点后，应绘出能标记水准点位置的草图，在图上要注明水准点编号和高程，称为"点之记"，以便日后寻找和使用该水准点。水准点编号前通常加 BM 作为水准点的代号。

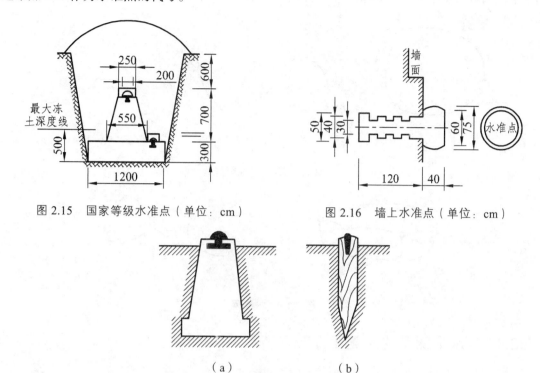

图 2.15　国家等级水准点（单位：cm）　　　　图 2.16　墙上水准点（单位：cm）

（a）　　　　　　　　（b）

图 2.17　混凝土、木桩水准点

2.3.2　水准路线

水准路线是水准测量施测时所经过的路线，根据测区已知高程的水准点分布情况和实际需要，水准路线一般布置成单一水准路线和水准网。单一水准路线的形式有三种，即闭合水准路线、附合水准路线和支水准路线。

1. 闭合水准路线

如图 2.18（a）所示，闭合水准路线是从已知水准点 BM.A 出发，经过各高程待定点 1、2、3、4、5，最后测回到原水准点 BM.A 所组成的闭合环形路线。

2. 附合水准路线

如图 2.18（b）所示，附合水准路线是从已知水准点 BM.A 出发，经过各高程待定点 1、2、3 之后，最后附合到另一已知水准点 BM.B 上所构成的施测路线。

3. 支水准路线

如图 2.18（c）所示，支水准路线是由已知水准点 BM.A 出发，经过高程待定点 1、2 之后，其路线既不闭合也不附合。

水准网由若干条单一水准路线相互连接构成。单一路线相互连接的交点称为结点。在水准网中，如果只有一个已知水准点，则称为独立水准网，如图 2.19（a）所示；如果已知高程的水准点的数目多于一个，则称为附合水准网，如图2.19（b）所示。

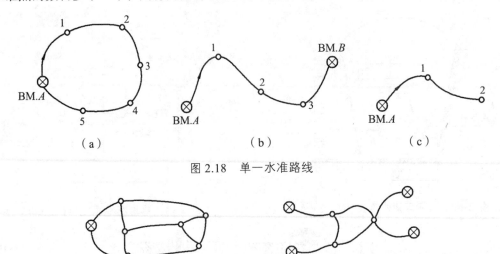

图 2.18　单一水准路线

图 2.19　水准网

2.3.3　水准测量的实施

1. 水准测量一个测段的作业程序

实际工作中，当欲测的高程点距已知水准点较远或高差较大时，不可能安置一次仪器即测得两点间的距离或高差，此时，可在水准路线中加设若干个临时的立尺点，即转点（又称中间点，是水准测量过程中传递高程的过渡点），依次连续安置水准仪测定相邻各点间的高差，最后取各个高差的代数和，即可得到起、终两点间的高差，从而计算出待测点高程。每安置一次仪器称为一个测站。为了保证高程传递的准确性，转点应选在土质稳固的地方，在相邻测站的观测过程中，必须使转点稳定不动。

如图2.20所示，水准点 A 为已知高程点，现拟测定 B 点高程，其观测步骤如下：

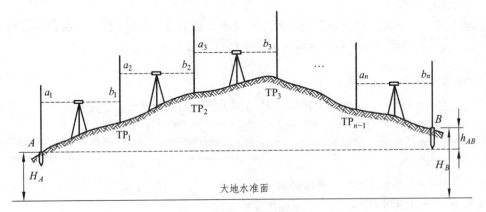

图 2.20　连续水准测量

在施测路线的前进方向上，将水准尺立于已知点 A 上作为后视；视地形情况，在距 A 点适当距离处设转点 TP$_1$，安放尺垫并立尺；水准仪安置于距 A 点和 TP$_1$ 点大致等距位置处；观测者将仪器粗略整平，照准已知水准点 A 上的后视尺，消除视差，精确整平，用中丝读取水准尺读数 a_1 并计入手簿（见表 2.1）；转动望远镜，照准前视 TP$_1$ 点上水准尺，消除视差，精确整平，用中丝读取水准尺读数 b_1 并计入手簿；计算出该测站高差 $h_1 = a_1 - b_1$，计入手簿相应位置。此为第一测站的全部工作。

第一测站结束后，将水准仪搬迁至第二测站，转点 TP$_1$ 上的尺垫保持不动，将 A 点上的后视尺移至合适的转点 TP$_2$ 上作为前视尺。用上述相同的方法测出 TP$_1$ 和 TP$_2$ 之间的高差。

按此顺序依次测定各点间的高差直至测到 B 点为止。

表 2.1　水准测量手簿

日　期＿＿＿＿＿＿　　仪器型号＿＿＿＿＿＿　　观测者＿＿＿＿＿＿
天　气＿＿＿＿＿＿　　地　　点＿＿＿＿＿＿　　记录者＿＿＿＿＿＿

测 站	点 号	水准尺读数/m		高 差/m		高程/m	备注
		后视	前视	+	−		
1	BM.A	1.890		0.745		19.135	已知
	TP$_1$		1.145			19.880	
2	TP$_1$	2.515		1.102			
	TP$_2$		1.413			20.982	
3	TP$_2$	2.001		0.850			
	TP$_3$		1.151			21.832	
4	TP$_3$	1.012			0.601		
	TP$_4$		1.613			21.231	
5	TP$_4$	1.318			0.906		
	BM.B		2.224			20.325	
计算检核	$\sum$	8.736	7.546	2.697	1.507		
	$\sum a - \sum b$ =+1.190			$\sum h$ =+1.190		$H_B - H_A$ =+1.190	

每一测站的高差为：

$$h_i = a_i - b_i \qquad (i = 1, 2, 3, \cdots) \qquad (2.7)$$

A、B 两点的高差计算公式为：

$$h_{AB} = \sum h_i = \sum a_i - \sum b_i \qquad (2.8)$$

则 B 点高程为：

$$H_B = H_A + \sum h_i \qquad (2.9)$$

2. 水准测量检核

（1）测站检核。

在进行连续水准测量时，若其中测错任何一个高差，所得的终点高程就不正确。因此，为保证观测精度，对每一站所得的高差，都必须进行测站检核。测站检核通常采用变动仪器高法或双面尺法两种。

① 变动仪器高法：就是在同一个测站上用两次不同的仪器高度，测得两次高差进行检核。即测得第一次高差后，改变仪器高度（应大于 10 cm），再测一次高差。两次所测高差之差不超过容许值（等外水准容许值为±6 mm），则认为符合要求，取其平均值作为最后结果，否则必须重测。

② 双面尺法：就是立在前视点和后视点上的水准尺分别用黑面和红面各进行一次读数，测得两次高差，进行检核。若同一水准尺红面与黑面读数（加常数后）之差不超过容许值（如四等水准测量容许值为±3 mm），且两次高差之差不超过容许值（如四等水准测量容许值为±5 mm），则取其平均值作为该测站的观测高差；否则，需要检查原因，重新观测。

（2）计算检核。

为保证高差计算和高程推算的正确性，应在手簿下方辅助计算栏进行计算检核。检核依据是 $\sum h_i = \sum a_i - \sum b_i$ 和 $H_B - H_A = \sum h_i$ 成立。否则应查明原因并纠正。

（3）成果检核。

由于受到自然条件如温度、风力、大气折光等的影响，以及尺垫和仪器下沉引起的误差、尺子倾斜和估读的误差、仪器本身的误差、立尺点变动等影响，成果精度必然降低。这些误差在一个测站上反映并不明显，但随着测站数的增多使误差积累，则可能会超过规定的限差。因此尽管进行了测站检核和计算检核，也不能说明其高程精度符合要求，还需进行成果检核。

成果检核通常通过高差闭合差来进行。高差闭合差是指水准路线的实测高差值与理论值的差值，用 f_h 表示，即 $f_h = \sum h_{测} - \sum h_{理}$。若高差闭合差在规范允许误差范围之内时，认为外业观测成果合格；若超过允许误差范围时，应查明原因进行重测，直到符合要求为止。

3. 水准测量注意事项

（1）作业之前，要对水准仪和水准尺进行检验。

（2）在作业中为抵消因水准尺磨损而造成的标尺零点误差，要求每一水准测段的测站数目应为偶数站。

（3）尽量保持各测站的前后视距大致相等。

（4）通过调节每站前、后视距离，尽可能保持整条水准路线中的前后视距之和相等。

（5）水准测量观测应在通视良好、望远镜成像清晰及稳定的情况下进行，若成像不好，应酌情缩短视线长度。

2.3.4　水准测量成果整理

水准测量的外业观测结束后，首先应全面检查外业测量记录，如发现有计算错误或超出限差之处，应及时改正或重测。如经检核无误，满足了规定等级的精度要求，就可以进行成果整理工作。成果整理工作包括高差闭合差的计算和检核、高差闭合差的调整以及计算各待定点的高程。

1. 高差闭合差计算和检核

（1）闭合水准路线。

闭合水准路线从 BM.A 点起实施水准测量，经过 1、2、3 点后，再重新闭合到 BM.A 点上。显然，理论上闭合水准路线的高差总和应等于零，但实际上总会有误差，致使高差闭合差即观测高差和理论高差的差值不等于零，则高差闭合差为：

$$f_h = \sum h_{测} - \sum h_{理} = \sum h_{测} \qquad (2.10)$$

（2）附合水准路线。

附合水准路线从水准点 BM.A 出发，沿各个待定高程的点进行水准测量，最后附合到另一水准点 BM.B。因此，在理论上附合水准路线中各待定高程点间高差的代数和，应等于始、终两个已知水准点的高程之差，即

$$\sum h_{理} = H_{终} - H_{始} \qquad (2.11)$$

如果不相等，两者之差称为高差闭合差，计算公式如下：

$$f_h = \sum h_{测} - (H_{终} - H_{始}) \qquad (2.12)$$

（3）支水准路线。

支水准路线由已知水准点 BM.A 出发，沿各待定点进行水准测量，既不闭合也不附合到其他水准点上。因此，支水准路线要进行往返观测，往测高差与返测高差值的绝对值应相等而符号相反，所以，把它作为支水准路线测量正确与否的检验条件。如往返高差之和不等于零，则高差闭合差为：

$$f_h = h_{往} + h_{返} \qquad (2.13)$$

（4）高差闭合差容许值。

各种路线形式的水准测量，其高差闭合差均不应超过规定容许值，否则即认为水准测量成果不符合要求。高差闭合差容许值的大小，与测量等级有关。测量规范中，对不同等级的水准测量做了高差闭合差容许值的规定。图根水准测量的高差闭合差容许值规定为：

$$f_{h容} = \pm 40\sqrt{L}(\text{mm})（平地），\quad f_{h容} = \pm 12\sqrt{n}(\text{mm})（山地） \qquad (2.14)$$

式中　L——水准路线长度，km；

　　　n——水准路线总的测站数。

若 $f_h \leqslant f_{h容}$，则可进行高差闭合差的调整。

2. 高差闭合差调整

高差闭合差调整的原则：将闭合差反号，按各测段的测站数多少或路线长短成正比例计算出高差改正数。

（1）按路线长度进行高差闭合差调整。即

$$v_i = -\frac{f_h}{\sum L} \cdot L_i \qquad (2.15)$$

式中　$\sum L$——水准路线总长度；

L_i——第 i 测段水准路线的长度；

v_i——第 i 测段的高差改正数。

（2）按测站数进行高差闭合差调整。即

$$v_i = -\frac{f_h}{\sum n} \cdot n_i \qquad (2.16)$$

式中　$\sum n$——水准路线的总测站数；

n_i——第 i 测段的测站数；

v_i——第 i 测段的高差改正数。

（3）检核：求出各段高差改正数后，应按 $\sum v_i = -f_h$ 进行检核。

3. 计算改正后的高差

将各段高差改正数加入各测段的观测高差之中，计算出各测段的改正高差。即

$$h_{改} = h_{测} + v_i \qquad (2.17)$$

改正后的高差之和应等于线路总高差的理论值，以资检核。

4. 计算待定点的高程

根据已知点的高程和各测段的改正高差即可推算出各未知点的高程，即

$$H_i = H_{i-1} + h_{改} \qquad (2.18)$$

闭合水准路线应推算起点高程，附合水准路线应推算终点高程，推算的高程应等于该点的已知高程；否则，说明高程推算有误，应检查原因。

5. 水准测量成果整理实例

（1）闭合水准路线的内业成果整理。

如图 2.21 所示闭合水准路线，BM.A 为已知点，图中给出了已知点高程、各测段测站数及观测高差，箭头表示水准测量前进方向，试计算待定点 1、2、3 点的高程（见表 2.2）。

（2）附合水准路线的内业成果整理。

图 2.22 为按图根水准测量要求施测的某附合水准路线观测成果略图。BM.A 和 BM.B 为已知高程的水准点，图中箭头表示水准测量前进方向，路线上方的数字为测得的两点间的高差，路线下方数字为该段路线的长度，试计算待定点 1、2、3 的高程（见表 2.3）。

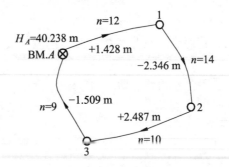

图 2.21　闭合水准路线略图

表 2.2 闭合水准测量成果计算

测段编号	点号	测站数	观测高差 /m	改正数 /mm	改正后高差 /m	高程 /m	备注
1	BM.A	12	+1.428	−16	+1.412	40.238	已知
2	1	14	−2.346	−19	−2.365	41.650	
3	2	10	+2.487	−13	+2.474	39.285	
4	3	9	−1.509	−12	−1.521	41.759	
	BM.A					40.238	已知
	$\sum$	45	+0.060	−60	0.000		
辅助计算	高差闭合差 $f_h = \sum h_{测} = +60$ mm 容许值 $f_{h容} = \pm 12\sqrt{n} = \pm 12\sqrt{45} = \pm 80$ mm 每千米高差改正数 $= -\dfrac{f_h}{\sum n} = -\dfrac{60}{45} = -1.33$ mm/站						

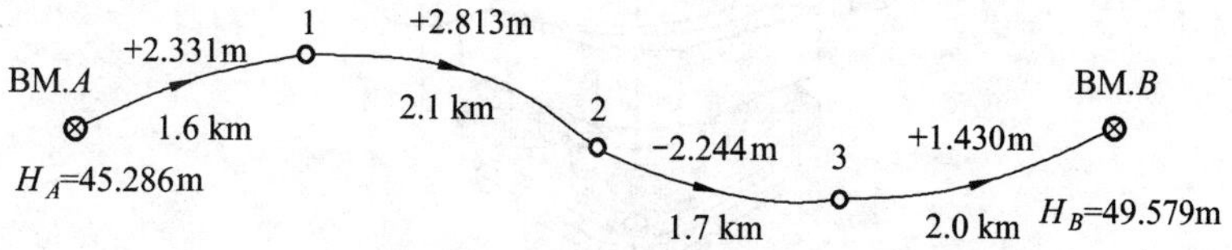

图 2.22 附合水准路线略图

表 2.3 附合水准测量成果计算

测段编号	点号	距离 /km	观测高差 /m	改正数 /m	改正后高差 /m	高程 /m	备注
1	BM.A	1.6	+2.331	−0.008	+2.323	45.286	已知
2	1	2.1	+2.813	−0.011	+2.802	47.609	
3	2	1.7	−2.224	−0.008	−2.252	50.411	
4	3	2.0	+1.430	−0.010	+1.420	48.159	
	BM.B					49.579	已知
	$\sum$	7.4	+4.330	−0.037	+4.293		
辅助计算	高差闭合差 $f_h = \sum h_{测} - (H_{终} - H_{始}) = +4.330 - (49.579 - 45.286) = +0.037$ (m) 容许值 $f_{h容} = \pm 40\sqrt{L} = \pm 40\sqrt{7.4} = \pm 109$ mm 每千米高差改正数 $= -\dfrac{f_h}{\sum L} = -\dfrac{37}{7.4} = -5$ mm/km						

2.4 水准仪的检验和校正

由于仪器的长期使用以及在搬运过程中可能出现的震动和碰撞等原因，会使仪器各轴线的关系发生变化。水准仪检验的目的就是要查明仪器各轴线是否满足应有的几何条件，只有这样水准仪才能提供水平视线，正确测定高差。所以，在水准测量作业前，必须对水准仪进行检验和校正。

如图 2.23 所示，水准仪的主要轴线有：视准轴 CC，水准管轴 LL，圆水准器轴 $L'L'$，仪器旋转轴（竖轴）VV。应满足下列条件：

（1）圆水准器轴应平行于仪器的竖轴（$L'L'//VV$）。

（2）十字丝的中丝（横丝）应垂直于仪器的纵轴。

（3）水准管轴应平行于视准轴（$LL//CC$）。

其中，第三个条件为主要条件。

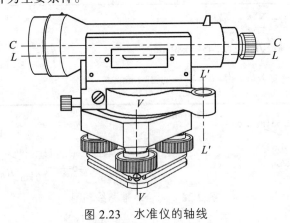

图 2.23 水准仪的轴线

2.4.1 圆水准器的检验和校正

检校目的是保证圆水准器轴平行于纵轴。

1. 检 验

首先，使用脚螺旋使圆水准气泡居中[见图 2.24（a）]，然后将仪器绕纵轴旋转 180°，如果气泡偏于一边[见图 2.24（b）]，说明 $L'L'$ 不平行于 VV，需要校正。

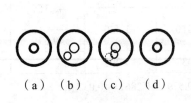

（a） （b） （c） （d）

图 2.24 圆水准器的检验与校正

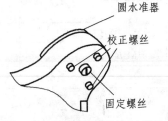

图 2.25 圆水准器的校正螺丝

2. 校 正

如果圆水准器轴不平行于竖轴，则设两者的交角为 δ。转动脚螺旋，使圆水准器气泡居中，则圆水准轴位于铅垂方向，而竖轴倾斜了一个角度 δ[见图 2.26（a）]。当仪器绕竖轴旋转 180°后，圆水准器已转到竖轴的另一边，而圆水准轴与竖轴的夹角 δ 未变，故此时圆水准轴相对于铅垂线就倾斜了 2δ 的角度[见图 2.26（b）]，气泡偏离中心的距离相应为 2δ 的倾角。因为仪器的竖轴相对于铅垂线仅倾斜了一个 δ 角，因此，校正时先转动脚螺旋，使气泡向中心移动偏距的一半，竖轴即处于铅垂位置[见图 2.26（c）]；然后再用校正针拨动圆水准器底下的三个校正螺丝，使气泡居中[见图 2.26（d）]，使圆水准轴也处于铅垂位置，从而达到使圆水准轴平行于竖轴的目的[见图 2.26（d）]。校正一般需要反复进行，直至仪器旋转到任何位置圆水准气泡都居中。

在圆水准器底下，除了有三个校正螺丝以外，中间还有一个固定螺丝（见图 2.25）。在拨动各个校正螺丝以前，应先稍转松固定螺丝，然后再拨动校正螺丝，校正完毕，须把固定螺丝再旋紧。

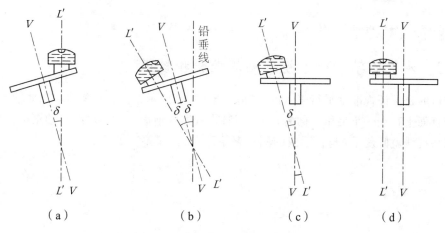

（a）　　　　　（b）　　　　　（c）　　　　　（d）

图 2.26　圆水准器检校原理

2.4.2　十字丝的检验和校正

检校目的是保证十字丝横丝垂直于仪器竖轴。

1. 检　验

水准仪整平后，用十字丝横丝瞄准一个明显点 M，如图 2.27（a）所示，然后固定制动螺旋，转动微动螺旋，如果 M 点沿横丝移动，如图 2.27（b）所示，则说明横丝垂直于竖轴；如果 M 点在望远镜中左右移动时离开横丝[见图 2.27（c）和（d）]，表示纵轴铅垂时横丝不平，需要校正。

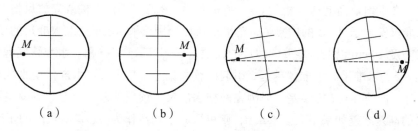

（a）　　　　　（b）　　　　　（c）　　　　　（d）

图 2.27　十字丝的检验

2. 校　正

校正方法因十字丝分划板装置的形式不同而异，多数仪器可旋下靠目镜处的十字丝环外罩（见图 2.28），用螺丝刀松开十字丝组的四个固定螺丝（见图 2.29），按横丝倾斜的反方向转动十字丝组，再进行检验。如果 M 点始终在横丝上移动，则表示横丝已水平，此时拧紧十字丝组固定螺丝即可。

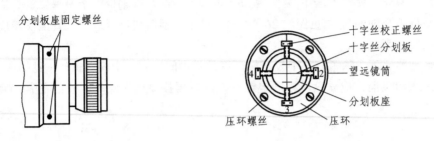

图 2.28　分划板固定螺丝　　　　　　　图 2.29　十字丝校正

2.4.3　水准管轴平行于视准轴的检验和校正

检校目的是保证视准轴平行于水准管轴。如图 2.30 所示，当水准管轴与视准轴不平行时，它们在竖直面上存在一个夹角，称为 i 角。当管水准器气泡居中时，水准管轴水平，而视准轴相对于水平视线就倾斜了 i 角，形成的测量误差即为 i 角误差。

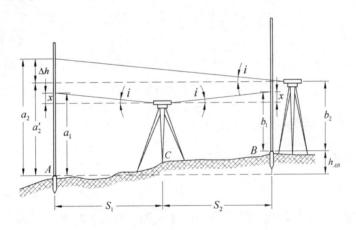

图 2.30　水准管轴平行于视准轴的检验

1. 检　验

检验时，在平坦地面上选定相距 60～80 m 的 A、B 两点（打木桩或安放尺垫），竖立水准尺。先将水准仪安置于 A、B 的中点 C，精平仪器后分别读取 A、B 点上水准尺的读数 a_1、b_1；改变水准仪高度 10 cm 以上，再重读两尺的读数 a_1'、b_1'。若存在 i 角，水准管气泡居中时，读数也存在偏差 x，水准尺离水准仪越远，引起的读数偏差 x 越大。当水准仪至水准尺前后视距 S_1、S_2 相等时，即使存在 i 角误差，但因在两根水准尺上读数偏差 x 相等，高差也不受影响。因此，两次的高差之差如果不大于 5 mm，则可取其平均数作为 A、B 两点间的正确高差，即

$$h_1 = \frac{1}{2}\left[(a_1 - b_1) + (a_1' - b_1')\right] \qquad (2.19)$$

将水准仪搬到与 B 点相距约 2 m 处，精平仪器后分别读取 A、B 点水准尺读数 a_2、b_2，测得高差 $h_2 = a_2 - b_2$。如果 $h_1 = h_2$，说明水准管轴平行于视准轴；否则，按下列公式计算 A 尺上的应有读数以及 i 角：

$$a_2' = h_1 + b_2, \quad i = \frac{a_2 - a_2'}{D_{AB}} \cdot \rho'' \qquad (2.20)$$

式中 D_{AB} ——A、B 两点间的距离。

规范规定，用于三、四等水准测量的仪器 i 角不得大于 20″，否则需要进行水准管轴平行于视准轴的校正。

2. 校　正

仪器的校正应紧接着检验工作进行，不要搬动仪器，转动微倾螺旋使横丝在 A 尺上的读数从 a_2 移到 a_2'。此时，视准轴已水平，但水准管气泡已不居中，用校正针拨动水准管位于目镜一端的左右两颗校正螺丝，再拨动上、下两个校正螺丝，如图 2.31 所示，使水准管两端的影像符合（居中），即水准管轴处于水平位置，满足 $LL//CC$ 的条件。校正完毕后再旋紧四颗螺丝。

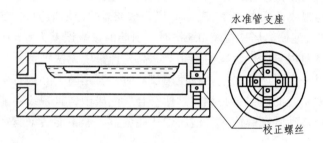

图 2.31　水准管轴的校正

此项检验校正也须反复进行，直至达到要求为止。水准管轴与视准轴不平行所引起的误差对水准测量成果影响很大，因此校正时要认真、仔细。

2.5　水准测量误差的主要来源及减弱措施

水准测量误差来源包括仪器误差、观测误差和外界条件的影响三个方面。为了保证测量成果的精度，在水准测量作业中应根据产生误差的原因，采取措施，尽量减少或消除其影响。

2.5.1　仪器误差

1. 视准轴与水准管轴不平行的误差

水准仪在使用前，虽然经过检验校正，但实际上很难做到视准轴与水准管轴严格平行。

如图 2.30 所示，i 角引起的水准尺读数误差与仪器至标尺的距离成正比，只要观测时注意使前、后视距相等，便可消除或减弱角误差的影响。

在水准测量的每站观测中，使前、后视距完全相等是不容易做到的。所以，根据不同等级的精度要求，对每一测站的后、前视距之差和每一测段的后、前视距的累计差规定一个限值。这样，就可把残余 i 角对所测高差的影响限值在可忽略的范围内。规范规定，对于四等水准测量，一站的前、后视距差应小于等于 5 m，任一测站的前后视距累积差应小于等于 10 m。

2. 水准尺误差

由于水准尺上水准器误差、水准尺刻划不准确、尺底磨损、尺长变化和弯曲等影响，都会影响水准测量的精度。因此，对于高精度的水准测量，水准尺需经过检验才能使用，必要时还应予以更换。对于水准尺的零点差，可在一个测段中使测站数为偶数，水准尺用与前后视的次数相等的方法予以消除。

2.5.2 观测误差

1. 精平误差

视准轴水平是通过管水准气泡居中来实现的。如果精平仪器时，管水准气泡没有精确居中，将造成管水准器轴偏离水平面而产生误差。水准管气泡居中的误差与水准管分划值 τ 有关，一般为 $\pm 0.15\tau$，并与视线长成正比。DS_3 水准仪管水准器的分划值为 $\tau = 20''/2\,\text{mm}$，若视线长度为 100 m，当水准气泡偏离居中位置 0.5 格时，引起的读数误差为 5 mm。

由于这种误差在前视与后视读数中不相等，高差计算中无法抵消，且误差较大，不容忽视，因此水准测量时一定要严格居中。在使用仪器时，若是晴天必须打伞保护仪器，更要注意保护水准管避免太阳光的照射；必须注意使符合气泡居中，且视线不能太长；后视完毕转向前视，应注意重新转动微倾螺旋令气泡居中才能读数，但不能转动脚螺旋，否则将改变仪器高而产生其他误差。

2. 读数误差

在水准尺上估读毫米数的误差，与人眼的分辨能力、望远镜的放大倍率以及视线长度有关，通常按下式计算：

$$m_V = \frac{60''}{V} \cdot \frac{D}{\rho''}$$（2.21）

式中　V——望远镜的放大倍率；

　　　$60''$——人眼的极限分辨能力；

　　　D——水准仪到水准尺的距离。

若望远镜放大率为 28 倍，视距为 100 m，读数误差可达 1.04 mm，望远镜放大倍率较小或视线过长，读数误差将增大。因此，在测量作业中，必须按规定使用相应望远镜放大倍率的仪器和不超过视线的极限长度，以保证估读精度。

3. 视差误差

当存在视差时，十字丝平面与水准尺影像不重合，若眼睛观察的位置不同，则读出的读数不同，因而会产生读数误差。因此，观测时要反复几次，仔细调焦，严格消除视差，直到十字丝和水准尺呈像均清晰、眼睛上下晃动时读数不变为止。

4. 水准尺倾斜误差

读数时水准尺必须竖直。如果水准尺前后倾斜，在水准仪望远镜的视场中不会察觉，但由此引起的水准尺读数总是偏大。且视线高度愈大，误差就愈大。

如水准尺倾斜 2°，在水准尺上 2 m 处读数时，将会产生 1 mm 的误差。若读数或倾斜角增大，误差也增大。为了减少这种误差的影响，扶尺必须认真，尽可能保持尺上水准器气泡居中。由于一测站高差为后、前视读数之差，故在高差较大的测段，误差也较大。

2.5.3 外界条件的影响

1. 水准仪下沉误差

在土质较松软的地面上进行水准测量时，仪器会随时间增长而产生下沉，使观测视线降低，造成测量高差的误差；实际测量时，采用"后—前—前—后"的观测顺序可以削弱仪器下沉的影响。

2. 尺垫下沉误差

尺垫下沉对读数的影响表现为两个方面：一种情况同仪器下沉类似，其影响规律和应采取的措施同上。另一种情况是转站时，如果在转点发生尺垫下沉，将使下一站后视读数增大，这将引起高差减小。消除办法：在观测时，选择坚固、平坦的地点设置转点，将尺垫踩实，加快观测速度减少尺垫下沉的影响；采用往返观测的方法，取成果数值的中数，这项误差也可以得到削弱。

3. 地球曲率及大气折光影响

如图 2.32 所示，用水平视线代替大地水准面在尺上读数会产生误差 c，称为地球曲率差，则

$$c = \frac{D^2}{2R} \tag{2.22}$$

式中　D——仪器到水准尺的距离；

　　　R——地球的平均半径，$R=6\ 371$ km。

实际上，由于大气折光的影响，视线并非是水平的，而是一条曲线（见图 2.32），曲线的曲率半径约为地球半径的 7 倍，其折光量的大小对水准尺读数产生的误差称为大气折光差，用 r 表示：

$$r = \frac{D^2}{2 \times 7R} \tag{2.23}$$

大气折光与地球曲率影响之和为：

$$f = c - r = \frac{D^2}{2R} - \frac{D^2}{14R} = 0.43\frac{D^2}{R} \tag{2.24}$$

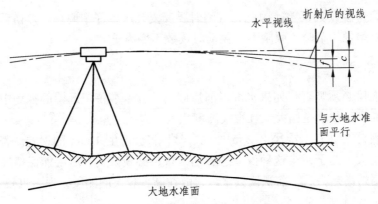

图 2.32　地球曲率及大气折光影响

若前、后视距离相等，地球曲率与大气折射的影响在计算高差中被互相抵消或大大减弱。所以，在水准测量中，前、后视距离应尽量相等。同时，视线应高出地面足够的高度，在坡度较大的地面观测应适当减小视距。

4. 日照和风力误差

当日光照射水准仪时，由于仪器各构件受热不均而引起的不规则膨胀，将影响仪器轴线间的正常关系，使观测产生误差。风大时会使仪器抖动，引起误差。因此，观测时应选好天气，并注意撑伞遮阳。

2.6　数字水准仪和精密水准测量简介

2.6.1　数字水准仪

1. 数字水准仪的原理

数字水准仪又称电子水准仪，它是在自动安平水准仪的基础上发展起来的，在仪器望远镜光路中增加了分光镜和光电探测器（CCD 阵列）等部件（见图 2.33），采用条形码分划水准尺和图像处理电子系统，形成了光、机、电及信息存储与处理的一体化水准测量系统。人工完成照准和调焦之后，标尺条码一方面成像在望远镜的分划板上，供目视观测；另一方面通过望远镜的分光镜成像在光电探测器上，供电子读数，读数以数字形式显示并自动存储。

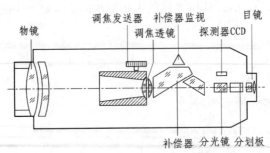

图 2.33　数字水准仪光学结构

当前，电子水准仪采用原理上相差较大的 3 种自动电子读数方法：① 相关法，如徕卡的 NA3002/3003 电子水准仪；② 几何法，如蔡司 DiNi1020 电子水准仪；③ 相位法，如拓普康 DL-100C/102C 电子水准仪。上述电子水准仪的测量原理各有其优点，经过实践证明，能满足精密水准测量工作需要。图 2.34 所示为我国南方测绘生产的 DL-201 数字水准仪，该仪器每千米往返测得高差中数的中误差为 1.0 mm。

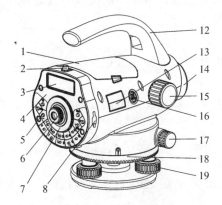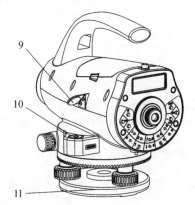

1—电池；2—粗瞄器；3—液晶显示屏；4—面板；5—按键；6—目镜；7—目镜护罩；8—数据输出插口；
9—圆水准器反射镜；10—圆水准器；11—基座；12—提柄；13—型号标贴；
14—物镜；15—调焦手轮；16—电源开关测量键；17—水平微动手轮；
18—水平度盘；19—脚螺旋。

图 2.34   DL-201 数字水准仪结构

2. 条码水准尺

与数字水准仪配套的条码水准尺一般为铟瓦带尺、玻璃钢或铝合金制成的单面或双面尺，形式有直尺和折叠尺两种，规格有 1 m、2 m、3 m、4 m、5 m 几种，尺子的分划一面为二进制伪随机码分划线（配徕卡仪器）或规则分划线（配蔡司仪器），其外形类似于一般商品外包装上印制的条纹码。各厂家标尺编码的条码图案不相同，不能互换使用。图 2.35 为与徕卡电子水准仪配套的条码水准尺，它用于数字水准测量。双面尺的另一面为长度单位的分划线，用于普通水准测量。

图 2.35   条码水准尺

3. 数字水准仪的特点

（1）读数客观。

用自动电子读数代替人工读数，不存在读错、记错等问题，读数客观。

（2）精度高。

多条码（等效为多分划）测量，可削弱标尺分划误差；自动多次测量，可削弱外界环境变化的影响。

（3）速度快、效率高。

数字水准仪实现了数据自动记录、检核、处理和存储，测量数据便于输入计算机，从而实现了水准测量内、外业一体化。

（4）数字水准仪一般是设置有补偿器的自动安平水准仪，当采用普通水准尺时，数字水准仪又可当作普通自动安平水准仪使用。

4. 数字水准仪的使用

不同厂家生产的数字水准仪操作基本相同，现以南方 DL-201 数字水准仪的操作为例进行说明。

（1）安置仪器。

在测站上安置三脚架，将数字水准仪安置在三脚架架头上，拧紧中心连接螺旋，旋转脚螺旋使圆水准器气泡居中。

（2）仪器操作。

①设置参数。按下 POW/MEAS 键，开机用导航键选择主菜单中配置选项→按回车键→选择输入菜单→按回车键→输入大气折射系数、加常数、日期、时间→按回车键储存。

用导航键选择主菜单中配置选项→按回车键→选择限差/测试菜单→按回车键→输入最大视距（范围为 0～100 m）、最小视线高（范围为 0～1 m）、最大视线高（范围为 0～5 m）→按回车键进入第 3 页，选择设置一个测站限差或单次测量最大限差（范围为 0～0.01 m）→按回车键进入第 4 页，设置单站前后视距差（范围为 0～5 m）或设置水准线路前后视距累积差（范围为 0～100 m）→按回车键储存。

②建立数据文件进行测量。进入主菜单选择线路测量模式，输入作业名称，根据需要选择相应的观测顺序，输入起算点点名和起算点高程，分别在后视点、前视点竖立条码水准标尺，开始水准线路的测量。可选择的观测顺序有标准顺序、简化顺序、断面测量和往返测顺序几种。

③水准线路测量。一个测站上的操作步骤如下：选择水准测量观测模式 1（标准顺序），观测员利用粗瞄器将望远镜照准后视标尺，旋转调焦螺旋使标尺影像清晰，转动水平微动螺旋使标尺成像在十字丝竖丝的中心位置，按 ESC 键删除默认后视点的名称，利用 DIST 键（字母数字转换键）输入后视点名称，按下 POW/MEAS 键，测量第 1 次后视读数（BK1）；然后旋转望远镜照准前视标尺，按 ESC 键删除默认前视点名称，利用 DIST 键输入前视点名称，按下 POW/MEAS 键，测量第 1 次前视读数（FR1），再按下 POW/MEAS 键，测量第二次前视读数（FR2）；再旋转望远镜瞄准后视标尺，按下 POW/MEAS 键，测量第二次后视读数（BK2）。至此，一个测站观测结束。

（3）数据传输。

线路测量完成后，用数据线将数字水准仪与计算机的 USB 接口连接好，在数据转换设备栏中选择"USB"。在接收栏里选择要传输的文件，单击"添加"按钮，然后单击"全部传输"按钮，给定路径并保存文件。

2.6.2　精密水准测量

精密水准测量主要用于国家一、二等水准测量，以及建筑物沉降观测、大型建筑工程高程控制和精密设备安装等高精度工程测量中。

1. 一、二等水准测量技术要求

一、二等水准测量应使用 DS_1 级及以上等级的精密水准仪或数字水准仪。一等水准路线尽量沿公路布设，水准路线应闭合成环，并构成网状。二等水准网在一等水准环内布设。二等水准路线尽量沿公路、大路及河流布设。水准点分为基岩水准点、基本水准点、普通水准点三种类型。各种水准点的间距及布设要求应符合《国家一、二等水准测量规范》要求。

一、二等水准测量的主要技术要求如表 2.4、2.5 和 2.6 所示。

表 2.4　水准测量主要技术要求　　　　　　单位：mm

水准测量等级	每千米高差中数中误差		水准仪等级	水准尺	往返较差、附合或环线闭合差
	偶然中误差 $M_\triangle$	全中误差 M_w			
一等	≤0.45	≤1.0	DS_{05}	铟瓦尺或条码尺	$\leq \pm 2\sqrt{L}$
二等	≤1.0	≤2.0	DS_1	铟瓦尺或条码尺	$\leq \pm 4\sqrt{L}$

注：①L 为往返测段、附合或环线的路线长（以 km 计）；
②采用数字水准仪测量的技术要求与同等级的光学水准仪测量技术要求相同。

表 2.5　水准测量主要技术要求　　　　　　单位：m

等级	视线长度		前后视距差		任一测站上前后视距差累积		视线高度		数字水准仪重复测量次数
	光学	数字	光学	数字	光学	数字	光学（下丝读数）	数字	
一等	≤30	≥4 且≤30	≤0.5	≤1.0	≤1.5	≤3.0	≥0.5	≤2.80 且≥0.65	≥3 次
二等	≤50	≥3 且≤50	≤1.0	≤1.5	≤3.0	≤5.0	≥0.3	≤2.80 且≥0.55	≥2 次

表 2.6　测站观测限差

等级	上下丝读数平均值与中丝读数的差		基辅分划读数的差	基辅分划所测高差的差	检测间歇点高差的差
	0.5 cm 刻划标尺	1 cm 刻划标尺			
一等	1.5	3.0	0.3	0.4	0.7
二等	1.5	3.0	0.4	0.6	1.0

2. 一、二等水准测量观测顺序和方法

（1）光学水准仪观测。

①往测时，奇数测站照准标尺分划的顺序为：

后视标尺的基本分划→前视标尺的基本分划→前视标尺的辅助分划→后视标尺的辅助分划。

② 往测时，偶数测站照准标尺分划的顺序为：

前视标尺的基本分划→后视标尺的基本分划→后视标尺的辅助分划→前视标尺的辅助分划。

③ 返测时，奇、偶测站照准标尺的顺序分别与往测偶、奇测站相同。

（2）数字水准仪观测。

① 往、返测奇数站照准标尺顺序为：

后视标尺→前视标尺→前视标尺→后视标尺。

② 往、返测偶数站照准标尺顺序为：

前视标尺→后视标尺→后视标尺→前视标尺。

3. 成果整理和检查

观测工作结束后应及时整理和检查外业观测手簿。检查手簿中所有计算是否正确、观测成果是否满足各项限差要求。确认观测成果全部符合规范规定之后，方可进行外业计算。外业计算的项目有：外业手簿的计算；外业高差的概略高程表编算；每千米水准测量偶然中误差的计算；附合路线与环线闭合差的计算；每千米水准测量全中误差的计算。

本章小结

水准测量是一种精度比较高的测定高差的方法。水准仪是水准测量的主要工具，它是利用水平视线配合水准尺测定两点间的高差，根据已知点高程来推算未知点的高程。微倾式水准仪的基本操作步骤包括安置仪器、粗略整平、瞄准水准尺、精确整平和读数。

水准测量时要布设水准点，选择合理的水准路线布设形式。当两点相距较远或高差较大时，必须安置若干次仪器才能测得两点间的高差。

水准测量外业完成后，应全面检查外业记录，并满足限差要求。并进行内业成果的整理。

水准仪的检验主要是检查水准仪各轴线间的相对位置关系，必须满足的首要条件是水准管轴平行于视准轴。水准测量时，将仪器放在距前后视距相等处，可以消减地球曲率、大气折光和视准轴不平行于水准管轴残余误差的影响。

习　题

1. 绘图说明水准测量的原理。

2. 试述水准仪的使用操作步骤。

3. 什么是视差？产生视差的原因是什么？如何消除视差？

4. 水准路线的布设形式主要有哪几种？怎样计算它们的高差闭合差？

5. 什么是转点？转点在水准测量中起什么作用？

6. 水准测量中有哪些校核方法？各有什么作用？

7. 设 A 点为后视点，B 点为前视点，A 点高程为 90.127 m，当后视读数为 1.367 m，前视读数为 1.653 m 时，问高差 h_{AB} 是多少？B 点比 A 点高还是低？B 点高程是多少？

8. 如图 2.36 所示为图根水准测量成果，BM.A、BM.B 为已知高程的水准点，1、2、3 为高程待定水准点，各点间的路线长度、高差实测值及已知点高程如图中所示。试按水准测量精度要求，进行闭合差的计算与调整，最后计算各待定水准点的高程。

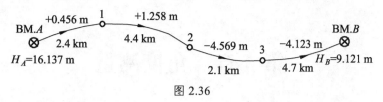

图 2.36

9. 如图 2.37 所示为图根水准测量成果，BM.A 为已知高程的水准点，H_A=30.356 m，1、2、3、4 为高程待定水准点，各点间的测站数、高差实测值及已知点高程如图中所示。试按水准测量精度要求，进行闭合差的计算与调整，最后计算各待定水准点的高程。

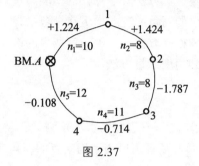

图 2.37

10. 水准测量中，前后视距相等可以消除哪些误差？

11. 数字水准仪和微倾式水准仪相比有何特点？

第 3 章　角度测量

本章要点：本章主要介绍了角度测量的基本原理、光学经纬仪的构造与使用、水平角和竖直角的观测与计算方法、经纬仪的检验与校正、角度测量误差的来源与消减方法、电子经纬仪的测角原理。学生在学习过程中应着重了解经纬仪的构造，掌握经纬仪的使用和检验方法；了解角度测量的误差来源和消减方法。本章难点在于经纬仪的操作和角度测量方法。

角度测量是测量的基本工作之一，它包括水平角测量和竖直角测量。为了测定地面点的平面位置，一般需要观测水平角。竖直角可用于确定点的高程或将倾斜距离改化成水平距离。经纬仪是进行角度测量的基本仪器。

3.1　角度测量原理

3.1.1　水平角测量原理

水平角是指地面一点到两个目标点连线在水平面上投影的夹角，它也是过两条方向线的铅垂面所夹的两面角，范围为 0°～360°。

如图 3.1 所示，A、B、C 为地面上任意三点，过 BA、BC 的铅垂面在水平面上的交线 B_1A_1、B_1C_1 所夹的角 β，就是 BA、BC 两方向线间的水平角。为了测量水平角，可在过 B 点的上方水平地安置一个有刻度的圆盘（称为水平度盘），水平度盘的中心位于过 B 点的铅垂线上。过 BA、BC 的铅垂面与水平度盘交线的相应读数为 a、c，则水平角为：

$$\beta = c - a \tag{3.1}$$

由此可见，测量水平角的仪器必须有以下功能：

（1）必须有一个能安置成水平状态，且度盘分划中心位于过角顶点（测站点 B）铅垂线上的水平度盘。

（2）必须有一个能够瞄准远方目标的望远镜，望远镜应可以在铅垂面内上下转动，以照准不同高度的目标；并可绕一竖轴在水平面内转动，以照准不同方向的目标。

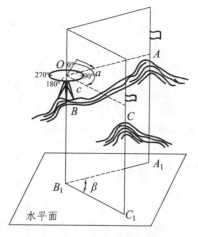

图 3.1 水平角测量原理

3.1.2 竖直角测量原理

如图 3.2 所示，用竖直度盘测定的角都称为竖直角。一种表述为在同一竖直面内，目标方向线与水平线的夹角，称为高度角，也就是常说的竖角，用 α 表示。视线在水平线上方的称为仰角，角度值为正；视线在水平线下方的称为俯角，角度值为负，如图 3.2 所示。竖直角取值范围为 $0° \sim \pm 90°$。

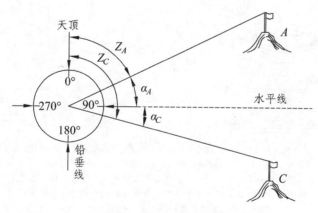

图 3.2 竖直角测量原理

另一种表述竖直角的方法是指视线方向与铅垂线天顶方向之间的夹角，称为天顶距，常用 Z 表示，其值为 $0° \sim 180°$。

本书中谈到的竖直角指高度角。

为了测量竖直角，经纬仪还必须在铅垂面内安置一个竖直度盘。竖直角也是两个方向在度盘上的读数之差，与水平角不同的是，其中一个方向是水平方向。在制造仪器时，已将其水平方向的读数固定为定值，正常状态下其大小应该是 90° 的整倍数。所以在测量竖直角时，只需瞄准目标，读取竖盘读数就可以计算出竖直角。

经纬仪就是根据上述测角原理制成的，能同时完成水平角和竖直角测量的仪器。

3.2 光学经纬仪

经纬仪的种类很多，但基本结构大致相同。按测角精度分为 DJ_{07}、DJ_1、DJ_2、DJ_6、DJ_{10} 等几个等级，其中字母 D、J 分别为"大地测量"和"经纬仪"汉语拼音的第一个字母，其下标的数值为仪器的精度，以秒计。例如：DJ_6 代表该仪器野外一测回方向观测中误差 6″，以此类推。本节重点介绍工程建设中常用的 DJ_2、DJ_6 两种经纬仪的构造和操作方法。

3.2.1 DJ_6 级光学经纬仪

1. DJ_6 级光学经纬仪的一般构造

各种型号光学经纬仪的构造大致相同，主要由基座、度盘和照准部三大部分组成。图 3.3 所示为国产某 DJ_6 级光学经纬仪。

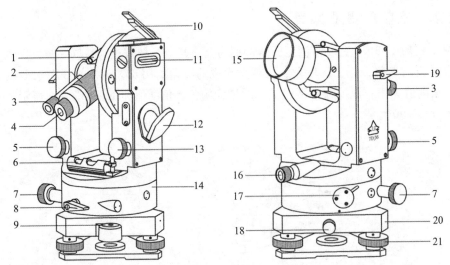

1—光学瞄准器；2—物镜调焦螺旋；3—读数显微镜；4—目镜；5—望远镜微动螺旋；6—照准部管水准器；
7—水平微动螺旋；8—水平制动螺旋；9—基座圆水准器；10—竖盘指标水准器反射镜；
11—竖盘指标管水准器；12—反光镜；13—竖盘指标管水准器微动螺旋；14—水平度盘；15—物镜；
16—光学对中器；17—水平度盘变换螺旋；18—轴套固定螺旋；
19—望远镜制动螺旋；20—基座；21—脚螺旋。

图 3.3　DJ_6 级光学经纬仪

（1）照准部。

照准部是指经纬仪上部能绕其旋转轴旋转的部分。主要包括竖轴、U 形支架、望远镜、横轴、竖盘装置、水准器、制动微动装置和读数显微镜等。

照准部的旋转轴称为仪器竖轴，竖轴插入基座内的竖轴轴套中旋转；照准部在水平方向的转动，由水平制动、水平微动螺旋控制；望远镜固连在仪器横轴上，绕横轴的转动由望远镜制动、望远镜微动螺旋控制；竖直度盘安装在横轴的一端，随望远镜一起转动，用于测量竖直角；竖盘指标管水准器的微倾运动由竖盘指标管水准器微动螺旋控制；管水准器用于精确整平仪器。

（2）度盘。

光学经纬仪的水平和竖直度盘一般由圆环形的光学玻璃刻制而成，盘片边缘刻有间距相等的分划，度盘分划值一般有1°、30′、20′三种，按顺时针注记0°～360°的角度数值。

水平度盘独立装于竖轴上，测量水平角时水平度盘不随照准部转动。若想改变水平度盘位置，复测经纬仪时可以通过复测扳手将水平度盘与照准部连接，照准部转动时就带动水平度盘一起转动；方向经纬仪可利用水平度盘变换手轮将水平度盘转到所需要的位置上。

竖直度盘的构造与水平度盘一样，固定在横轴的一端，随望远镜在铅垂面内转动。

（3）基座。

基座包括轴座、脚螺旋和连接板。轴座是将仪器竖轴与基座连接固定的部件，其上有一个固定螺旋，可将仪器固定在基座上；旋松该螺旋，可将经纬仪水平度盘连同照准部从基座中拔出，便于置换照准觇牌。使用仪器时，切勿松动固定螺旋，以免照准部与基座分离而坠落。脚螺旋用于整平仪器。基座和三脚架头用中心螺旋连接，可将仪器固定在三脚架上。中心螺旋下有一小钩可挂垂球，测角时用于仪器对中。

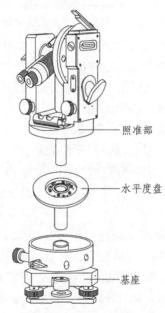

照准部

水平度盘

基座

图 3.4　DJ$_6$ 级光学经纬仪的构造

2. DJ$_6$ 级光学经纬仪的读数装置

光学经纬仪的读数装置包括度盘、光路系统和测微器。DJ$_6$ 级光学经纬仪的测微装置有分微尺测微器和单平板玻璃测微器两种。

（1）分微尺测微器读数装置。

分微尺测微器的结构简单、读数方便，具有一定的读数精度，广泛用在 DJ$_6$ 级光学经纬仪上。度盘和分微尺的影像通过光路系统反映到读数显微镜内，由此方便操作人员读数。

如图 3.5 所示，在读数显微镜中可看到两个读数窗：一为注有"水平"或"H"的水平度盘读数窗；另一为注有"竖直"或"V"的竖直度盘读数窗。每个读数窗中有一刻划了 60 个小格的分微尺，每小格为 1′，尺上每 10 小格注记10′的整数倍，全尺尺长等于度盘上 1°的两分划线间隔的影像宽度。

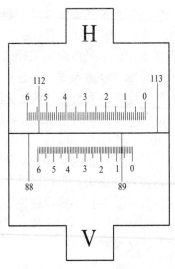

图 3.5　分微尺测微器读数视场

读数方法：以分微尺上的"0"分划线为读数指标，整数倍度数由落在分微尺上的度盘分划线的注记读出，小于1°的角度由分微尺上"0"分划线与度盘上的"度"分划线之间所夹的角值读出；最小读数可以估读到测微尺上一格的十分之一，即0.1′或6″。图3.5所示的水平度盘读数为112°54′00″，竖直度盘读数为89°06′48″。

（2）单平板玻璃测微器读数装置。

单平板玻璃测微器读数装置的组成部分主要包括平板玻璃、测微尺、连接机构和测微轮。采用单平板玻璃测微器读数装置的度盘分划值为0.5°（即30′）；测微尺上共有30个大格，每大格又分成3小格，共有90小格。度盘分划线影像移动0.5°的间隔时，测微分划尺转动90小格，故测微尺上每小格为20″。

如图 3.6（a）所示，当平板玻璃底面垂直于度盘影像入射方向时，测微尺上单指标线指在2′处。度盘上的双指标线处在92°+a的位置，度盘读数应为92°+14′+a。转动测微轮时，测微尺和平板玻璃同步转动，度盘影像因此产生平移，当度盘影像平移量为a时，则92°分划线正好被夹在双指标线中间，如3.6图（b）所示。由于测微尺和平板玻璃同步转动，a的大小可由测微尺的转动量表现出来，测微尺上单线指标所指读数即为14′+a。

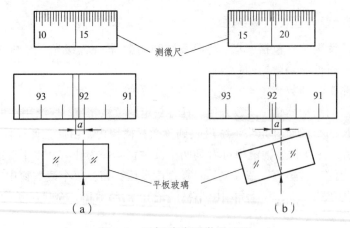

图 3.6　平板玻璃测微器原理

平板玻璃测微尺读数装置的读数窗视场如图 3.7 所示。它有 3 个读数窗口,其中下窗口为水平度盘影像窗口,中间窗口为竖直盘度影像窗口,上窗口为测微尺影像窗口。

读数时,先旋转测微螺旋,使两个度盘分划线中的某一个分划线精确地位于双指标线的中央,读出整度数和整30′数,小于0.5°的读数从测微尺上读出,两个读数相加即得度盘的读数。如图 3.7 所示,水平度盘的读数为5°30′+11′50″=5°41′50″,竖直度盘的读数为92°+17′34″=92°17′34″。

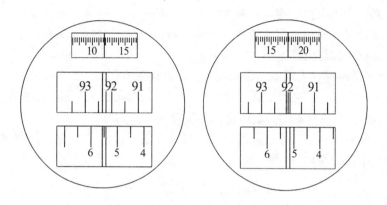

图 3.7　平板玻璃测微器读数视场

3.2.2　DJ$_2$ 级光学经纬仪

1. DJ$_2$ 级光学经纬仪的一般构造

DJ$_2$ 级光学经纬仪的构造与 DJ$_6$ 级基本相同,主要区别在于读数设备及读数方法不同。DJ$_2$ 经纬仪采用双光路系统。图 3.8 所示为国产某 DJ$_2$ 级光学经纬仪。

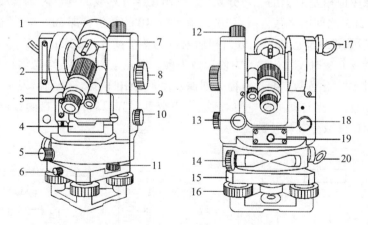

1—物镜;2—望远镜调焦螺旋;3—目镜;4—照准部水准管;5—照准部制动螺旋;6—轴套固定螺旋;7—光学瞄准器;
8—测微轮;9—读数显微镜;10—度盘换像手轮;11—水平度盘变换手轮;12—望远镜制动螺旋;
13—望远镜微动螺旋;14—水平微动螺旋;15—基座;16—脚螺旋;17—竖盘照明反光镜;
18—竖盘指标补偿器开关;19—光学对中器;20—水平度盘照明反光镜。

图 3.8　DJ$_2$ 级光学经纬仪

2. DJ$_2$级光学经纬仪的读数装置

DJ$_2$级光学经纬仪的读数装置具有以下特点：

（1）DJ$_2$级光学经纬仪一般均采用对径分划线影像符合的读数设备。相当于取度盘对径（直径两端）相差 180°处的两个读数的平均值，由此可以消除度盘偏心误差的影响，以提高读数精度。这种读数方式通常称为双指标读数。

（2）对径符合读数装置是在度盘对径两端分划线的光路中各安装一个固定光楔和一个活动光楔，活动光楔与测微尺相连。入射光线通过光路系统，将度盘某一直径两端分划线的影像同时显现在读数显微镜中。在读数显微镜中所看到的对径分划线的像位于同一平面上，并被一横线隔开形成正像与倒像。

（3）DJ$_2$级光学经纬仪采用双光路系统。在度盘读数显微镜中，只能选择观察水平度盘或垂直度盘中的一种影像，且通过旋转"水平度盘与竖直度盘换像手轮"来实现。

图 3.9 所示为读数窗示意图，右边窗口为度盘对径分划影像，度盘分划为20′；左边小窗为测微尺影像，共 600 小格，最小分划为1″，测微范围为0′~10′，测微尺读数窗左侧注记数字为分，右侧数字注记为整10″数。

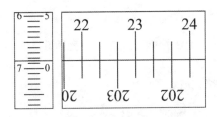

图 3.9　DJ$_2$级光学经纬仪读数视场

读数方法：转动测微手轮，使度盘正、倒像分划线精密重合。按正像在左、倒像在右，找出正像与倒像注记相差 180°的一对分划线，读出正像分划线的度数为 22°。数出上排的正像 22°与下排倒像 202°之间的格数再乘以 10′，就是整 10′的数值，即 50′。在旁边测微窗中读出小于10′的分、秒数6′58.5″。将以上数值相加就得到整个读数为 22°56′58.5″。

采用上述读数方法时极易出错，为使读数方便，现在生产的 DJ$_2$级光学经纬仪，一般采用图 3.10 所示的半数字化读数。度盘对径分划像及度数和10′的影像分别出现于两个窗口，另一窗口为测微器读数窗。当转动测微轮使对径上、下分划对齐以后，从度盘读数窗读取度数和10′数，从测微器窗口读取分数和秒数。

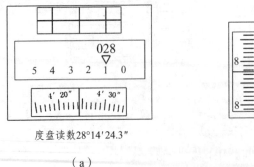

度盘读数28°14′24.3″

（a）

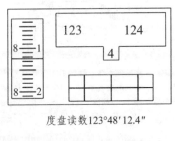

度盘读数123°48′12.4″

（b）

图 3.10　DJ$_2$级光学经纬仪半数字化读数视场

3.3 经纬仪的安置和角度测量方法

3.3.1 经纬仪的安置

经纬仪的使用包括对中、整平、照准、读数四个步骤。

1. 对　中

对中的目的是使仪器度盘的分划中心与测站点的标志中心位于同一铅垂线上。可以使用光学对中器对中或垂球对中。

（1）垂球对中。对中时，先张开三脚架，使其高度适中，架头大致水平，架头中心大致对准测站标志；然后装上仪器，旋紧连接螺旋，挂上垂球。如果垂球尖偏离标志中心较远，则需将三脚架做等距离平移，或者固定一脚，移动另外两脚，使垂球尖大致对准标志，同时踩紧脚架；然后稍松连接螺旋，在架头上移动仪器，使垂球尖精确对准标志中心；最后拧紧连接螺旋。用垂球对中的误差一般可小于 3 mm。

垂球对中受外界环境影响很大，很少使用该方法。

（2）光学对中器对中。使用光学对中器对中，应与整平仪器结合进行，光学对中器的对中误差一般不大于 1 mm。对中时，先张开三脚架，使其高度适中，架头大致水平，且三脚架中心大致对准地面标志中心，旋转光学对中器目镜调焦螺旋使对中标志分划板清晰，再旋转光学对中器物镜调焦螺旋（有些仪器是拉伸光学对中器调焦）看清地面的测点标志；旋转脚螺旋使光学对中器对准测站点；利用三脚架的伸缩螺旋调整架腿的长度，使圆水准器气泡居中；用脚螺旋整平照准部水准管；用光学对中器观察测站点是否偏离分划板圆圈中心，如果偏离中心，稍微松开三脚架连接螺旋，在架头上移动仪器，圆圈中心对准测站点后旋紧连接螺旋；重新整平仪器，直至在整平仪器后，光学对中器对准测站点为止。

光学对中具有速度快、精度高的优点，是经纬仪对中使用的主要方法。

2. 整　平

整平的目的是使仪器的竖轴垂直、水平度盘处于水平状态。整平工作分为粗平和精平。

（1）粗平：通过伸缩脚架腿使圆水准器气泡居中。圆水准器气泡向脚架腿升高的一侧移动。粗平阶段最好不使用调节脚螺旋的方法使圆水准气泡居中，因为旋转脚螺旋的同时，会使得对中受到影响，增加反复操作的次数。

（2）精平：通过调节脚螺旋使管水准器气泡居中。精平时，先转动照准部，使照准部水准管平行于任意两个脚螺旋的连线方向，如图 3.11（a）所示，两手同时相向转动①、②两个脚螺旋，使水准管气泡居中，气泡移动方向与左手大拇指转动方向一致；然后，将照准部旋转 90°左右，转动脚螺旋③使气泡居中，如图 3.11（b）所示。如此反复，直至仪器转到任何位置，气泡偏离零点不超过一格为止。

3. 瞄　准

松开水平制动螺旋和望远镜制动螺旋，将望远镜指向明亮背景，调节目镜使十字丝清晰可见。用望远镜上的粗瞄器瞄准目标，使目标成像在望远镜视场中，旋紧制动螺旋。转动物镜调焦螺旋使目标清晰并注意消除视差。最后调节水平微动螺旋和望远镜微动螺旋精确照准目标。测量水平角照准目标时，应尽量照准目标底部，照准时可用十字丝竖丝的单线平分较粗的目标，也可用双线夹住较细目标，如图3.13所示。测量竖直角时，则应用横丝与目标相切。

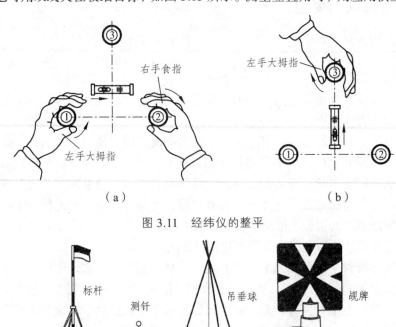

（a）   （b）

图 3.11　经纬仪的整平

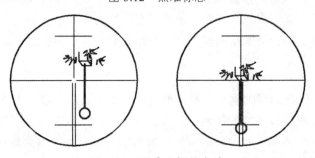

图 3.12　照准标志

图 3.13　照准目标的方法

4. 读　数

读数时先打开度盘照明反光镜，调整反光镜的开度和方向，使读数窗亮度适中，再旋转读数显微镜的目镜使刻划线清晰，然后读数。

3.3.2　水平角测量

水平角观测常用的方法有测回法和方向观测法。无论采用哪种方法，为了消除或削弱仪器的某些误差，一般都采用盘左和盘右两个位置进行观测。当观测者正对望远镜目镜、竖直度盘在望远镜的左边时，仪器的位置称为盘左或正镜；反之，当观测者正对目镜、竖直度盘在右边时的仪器位置称为盘右或倒镜。

1. 测回法

测回法用于观测两个方向之间的单角。

如图3.14所示，测量水平角∠AOB时，在O点安置经纬仪，经对中、整平后开始观测。其步骤为：

（1）取盘左位置，瞄准左侧目标A，精确照准目标后，读取水平度盘读数$a_左$，并记入观测手簿（见表3.1）的相应栏内。当要进行多个测回观测时，配置水平度盘在0°或比0°稍大一点的读数附近。

（2）松开水平制动扳手，顺时针转动照准部，用同样方法照准右侧目标B，读得读数$b_左$，记入观测手簿。

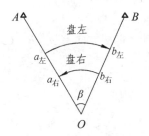

图3.14　测回法观测水平角

以上两步称为上半测回，测得角值为：

$$\beta_左 = b_左 - a_左 \tag{3.2}$$

表3.1　测回法观测手簿

测回数	测站	竖盘位置	目标	水平度盘读数 /° ′ ″	半测回角值 /° ′ ″	一测回平均角值 /° ′ ″	各测回平均角值 /° ′ ″	备注
1	O	左	A	0　00　06	78　48　48	78　48　39	78　48　44	
			B	78　48　54				
		右	A	180　00　36	78　48　30			
			B	258　49　06				
2	O	左	A	90　00　12	78　48　54	78　48　48		
			B	168　49　06				
		右	A	270　00　30	78　48　42			
			B	348　49　12				

（3）松开水平制动扳手，纵向转动望远镜，变盘左为盘右；同法再次照准目标B，读得读数$b_右$，记入手簿。

（4）松开水平制动扳手，逆时针转动照准部，同法照准目标A，读得读数$a_右$，记入手簿。

以上两步称为下半测回，测得角值为：

$$\beta_右 = b_右 - a_右 \tag{3.3}$$

上、下半测回合称为一测回。上、下半测回所得两个角值之差，满足测量规范规定的限差（对于 DJ₆ 级经纬仪，上、下半测回角值之差不超过 40″）时，可取其平均值作为一测回的角值，即一测回角值为：

$$\beta = (\beta_{左} + \beta_{右})/2 \qquad\qquad (3.4)$$

当测角精度要求较高时，往往需要多观测几个测回。为了减小水平度盘分划误差的影响，每测回起始方向读数，应根据测回数按照 $180°/n$ 递增变换水平度盘位置。如当测回数 $n=3$ 时，各测回的起始方向读数应等于或略大于 0°、60°、120°。各测回角值互差符合测量规范规定（如图根级 ≤±24″）时，取各测回角值的平均值作为最后结果。

2. 方向观测法

当测站上的方向观测数在 3 个或 3 个以上时，一般采用方向观测法，也称为全圆测回法或全圆观测法。

如图 3.15 所示，测站点为 O 点，观测方向有 A、B、C、D 四个。在 O 点安置仪器，经对中、整平后开始观测，其步骤为：

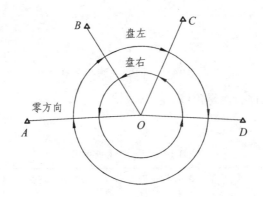

图 3.15 方向观测法观测水平角

（1）取盘左位置，在 A、B、C、D 四个目标中选择一个标志十分清晰的点（如 A 点）作为零方向。将度盘配置在 0° 或比 0° 稍大一点的读数处，照准目标 A，读取水平度盘读数，记入手簿（见表 3.2）相应栏内。

（2）顺时针转动照准部，依次观测 B、C、D 各点，分别读取读数记入手簿。

（3）为了检查水平度盘的位置在观测过程中是否发生变化，需再次照准目标 A，读取读数记入手簿，此次观测称为归零。A 方向两次读数之差称为半测回归零差。归零差不能超过规范规定的允许限值（方向观测法的限差见表 3.3）。

上述全部工作称为上半测回。

（4）取盘右位置，按逆时针方向旋转照准部，依次瞄准 A、D、C、B、A 各目标，分别读取水平度盘读数并记入手簿中，称为下半测回。

上、下半测回合称为一测回。如需观测 n 个测回，则各测回仍按 $180°/n$ 变换度盘的起始位置。

表 3.2　方向观测法观测手簿

测站	测回数	目标	水平度盘读数		2c /″	平均读数 /° ′ ″	归零方向值 /° ′ ″	各测回平均归零方向值 /° ′ ″	备注
			盘　左 /° ′ ″	盘　右 /° ′ ″					
1	2	3	4	5	6	7	8	9	10
O	1	A	0　02　42	180　02　42	0	(0　02　38) 0　02　42	0　00　00	0　00　00	
		B	60　18　42	240　18　30	+12	60　18　36	60　15　58	60　15　56	
		C	116　40　18	296　40　12	+6	116　40　15	116　37　37	116　37　28	
		D	185　17　30	5　17　36	−6	185　17　33	185　14　55	185　14　47	
		A	0　02　30	180　02　36	−6	0　02　33			
	2	A	90　01　00	270　01　06	−6	(90　01　09) 90　01　03	0　00　00		
		B	150　17　06	330　17　00	+6	150　17　03	60　15　54		
		C	206　38　30	26　38　24	+6	206　38　27	116　37　18		
		D	275　15　48	95　15　48	0	275　15　48	185　14　39		
		A	90　01　12	270　01　18	−6	90　01　15			

（5）计算步骤。

①计算两倍照准差（2c值）。理论上，相同方向的盘左、盘右观测值应相差180°，实际可能存在偏差，该偏差称为两倍照准差或2c值。

$$2c = 盘左读数 - (盘右读数 \pm 180°) \tag{3.5}$$

式（3.5）中，盘右读数大于180°时取"−"号，盘右读数小于180°时取"+"号。把2c值填入表3.2中第6栏。一测回内各方向2c的互差若超表3.3中的限值，应在原度盘位置上重测。

②计算各方向观测值的平均值。

$$平均读数 = \frac{1}{2}[盘左读数 + (盘右读数 \pm 180°)] \tag{3.6}$$

计算的结果称为方向值，填入表3.2中第7栏。因存在归零读数，则起始方向有两个平均值，应将这两个值再求平均，所得结果作为起始方向的方向值，填入该栏括号中。

③计算归零的方向值。将各方向的平均读数减去括号内的起始方向平均值，即得各方向的归零方向值，填入表3.2中第8栏。起始方向的归零值应为零。

④计算各测回归零后方向值的平均值。先计算各测回同一方向归零后的方向值之间的差值，对照表3.3看其互差是否超限；若未超限，则取各测回同一方向归零后方向值的平均值作为该方向的最后结果，填入表3.2中第9栏。

⑤计算各目标间的水平角值。将表3.2中第9栏相邻两方向值相减，即得各目标间的水平角值。

表 3.3　方向观测法的限差

仪器型号	半测回归零差	一测回内2c值互差	同一方向值各测回互差
DJ$_2$	8″	13″	9″
DJ$_6$	18″	—	24″

3.3.3 竖直角测量

1. 竖盘结构

经纬仪的竖盘装置包括竖直度盘、竖盘指标水准管和指标水准管微动螺旋（或补偿器）。竖盘固定在望远镜横轴的一端，可随望远镜一起在竖直面内转动。而用来读取竖盘读数的指标并不随望远镜转动，竖盘读数指标与竖盘指标水准管连接在一起，当转动指标水准管微动螺旋使其气泡居中时，竖盘读数指标就处于正确位置，即视准轴水平时的竖盘读数一般为90°的整倍数（一般为盘左90°、盘右270°）。竖直度盘的构造如图3.16所示。

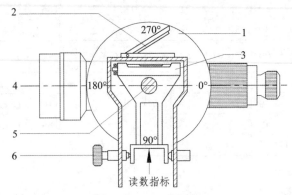

1—竖直度盘；2—指标水准管反光镜；3—指标水准管；4—望远镜；
5—横轴；6—指标水准管微动螺旋。

图 3.16　竖直度盘的构造

竖盘刻划的注记为 0°~360°，有顺时针注记和逆时针注记两种形式，如图3.17所示。图中箭头符号表示竖盘读数指标。

为使竖盘指标处于正确位置，每次读数前都要将竖直度盘指标水准管的气泡调节居中，影响工作效率。现在经纬仪大多都采用了竖盘指标自动补偿归零装置，取代竖盘指标水准管及其微动螺旋。仪器整平后，打开补偿器，竖盘指标自动处于正确位置。

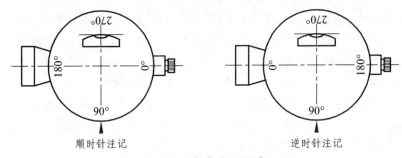

图 3.17　竖盘注记形式

2. 竖直角的观测及计算

（1）竖直角的观测。

竖直角也采用正、倒镜观测，观测步骤为：

① 安置仪器于测站点上，经对中整平后，盘左瞄准目标，使十字丝中丝精确切准目标；然后转动指标水准管微动螺旋使指标水准管气泡居中（或打开补偿器），读取竖盘读数 L，记

入竖直角观测手簿（见表 3.4）。

②纵转望远镜，用盘右再次照准目标，转动指标水准管微动螺旋使其气泡居中（或打开补偿器），读取竖盘读数 R，并记入手簿。

表 3.4　竖直角观测手簿

测站	目标	竖盘位置	竖盘读数 /° ′ ″	半测回竖直角 /° ′ ″	指标差 /″	一测回竖直角 /° ′ ″	备　注
O	A	左	71 12 36	+18 47 24	-12	+18 47 12	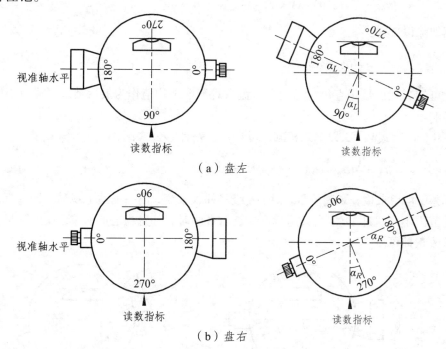
		右	288 47 00	+18 47 00			
	C	左	96 18 42	-6 18 42	-9	-6 18 51	
		右	263 41 00	-6 19 00			

（2）竖直角的计算。

竖盘注记形式不同，竖直角的计算公式也不相同。计算竖直角时，应首先判定竖盘注记形式。判定方法是：望远镜位于盘左位置，当视准轴水平时竖盘读数应为 90°。将望远镜上仰，若读数减小，则竖盘注记形式为顺时针注记，如图 3.18 所示；若读数增大，则竖盘注记形式为逆时针注记。

（a）盘左

（b）盘右

图 3.18　竖直角计算

由图 3.18 知，当竖盘为顺时针注记时，竖直角计算公式为：

$$\alpha_L = 90° - L \tag{3.7}$$

$$\alpha_R = R - 270° \tag{3.8}$$

同理，可得竖盘为逆时针注记时竖直角的计算公式为：

$$\alpha_L = L - 90° \tag{3.9}$$

$$\alpha_R = 270° - R \tag{3.10}$$

上、下半测回角值较差不超过规定限值时，取平均值作为一测回竖直角值：

$$\alpha = \frac{1}{2}(\alpha_L + \alpha_R) \tag{3.11}$$

（3）竖盘指标差。

上述竖直角的计算公式是竖盘读数指标处在正确位置时导出的。即当视线水平，竖盘指标水准管气泡居中时，竖盘指标所指读数应为90°或270°。但当读数指标偏离正确位置时，指标线所指的读数相对于正确值就有一个小的角度偏差 x，称为竖盘指标差。竖盘指标差 x 有正、负之分，当读数指标偏移方向与竖盘注记方向一致时，x 取正号；反之 x 取负号。

如图 3.19 所示，对于顺时针刻划的竖直度盘，在有指标差时，盘左始读数为 $90° + x$，则正确的竖直角应为：

$$\alpha = (90° + x) - L = \alpha_L + x \tag{3.12}$$

同样，盘右时正确的竖直角应为：

$$\alpha = R - (270° + x) = \alpha_R - x \tag{3.13}$$

将两式相加除以 2 得：

$$\alpha = \frac{1}{2}(\alpha_L + \alpha_R) \tag{3.14}$$

由此可知，在测量竖直角时，盘左、盘右观测取平均值作为最后结果，可以消除竖盘指标差的影响。

若将（3.12）式与（3.13）式相减，可得指标差计算公式：

$$x = \frac{1}{2}(\alpha_R - \alpha_L) = \frac{1}{2}(R + L - 360°) \tag{3.15}$$

指标差 x 可用来检查观测质量。对 DJ_6 级经纬仪来说，同一测站上观测不同目标时，指标差的变动范围不应超过 $25''$。当只用盘左或盘右观测时，可先测定指标差，在计算竖直角时加入指标差改正即可。

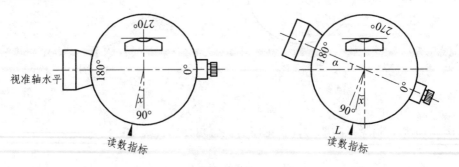

（a）盘左

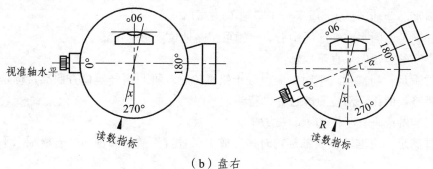

（b）盘右

图 3.19　竖盘指标差

3.4　经纬仪的检验与校正

3.4.1　经纬仪的轴线及其应满足的条件

经纬仪的主要轴线有（见图 3.20）：

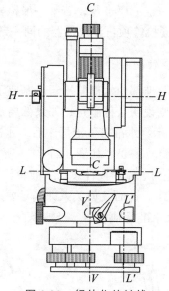

图 3.20　经纬仪的轴线

视准轴 CC：十字丝交点与物镜光心的连线。

竖轴 VV：仪器的旋转轴。

横轴 HH：望远镜的旋转轴。

水准管轴 LL：过水准管零点的切线。

圆水准器轴 $L'L'$：过圆水准器零点的球面法线。

为了保证测角的精度，经纬仪应满足下列几何条件：

（1）照准部水准管轴应垂直于仪器竖轴（$LL \perp VV$）。

若条件满足，水准管气泡居中后，竖轴可精确地位于铅垂位置。

（2）圆水准器轴（$L'L'$）应平行于竖轴（$L'L'//VV$）。

若条件满足，圆水准气泡居中后，竖轴可粗略地位于铅垂位置。

（3）十字丝竖丝应垂直于横轴。

若条件满足，当横轴水平时，竖丝处于铅垂位置。可利用竖丝检查照准目标是否倾斜，也可以使用竖丝的任一部位照准目标进行测量。

（4）视准轴应垂直于横轴（$CC \perp HH$）。

若条件满足，视准轴绕横轴旋转时，形成一个垂直于横轴的平面，若横轴水平，则此面为铅垂面。

（5）横轴应垂直于仪器竖轴（$HH \perp VV$）。

若条件满足，仪器整平后横轴位于水平位置。

（6）视线水平时竖盘读数应为90°或270°。

若条件满足，则仪器的竖盘指标差为零。

（7）光学对中器的视线应与仪器竖轴的旋转中心线重合。

若条件满足，利用光学对中器对中后，竖轴旋转中心线与过地面标志中心的铅垂线重合。

3.4.2 经纬仪的检验与校正

经纬仪的检验校正工作应按一定顺序进行，若某一项检验校正工作不做好会影响到其他的项目，那么这项工作先做；不同检验项目涉及仪器的同一部位，那么重要的项目后做。

1. 照准部水准管轴垂直于竖轴的检验校正

（1）检验：整平仪器，转动照准部使水准管平行于基座上一对脚螺旋，然后将照准部旋转180°，此时若气泡仍然居中，则说明条件满足；如果偏离量超过一格，应进行校正。

（2）校正：如图3.21（a）所示，水准管气泡居中后，水准管轴水平，但竖轴倾斜，设其与铅垂线的夹角为α。将照准部旋转180°，如图3.21（b）所示，基座和竖轴位置不变，水准管轴与水平面的夹角为2α。改正时，先用拨针拨动水准管校正螺丝，使气泡退回偏离量的一半（等于α），如图3.21（c）所示，此时几何关系即满足要求。再用脚螺旋调节水准管气泡居中，如图3.21（d）所示，这时水准管轴水平、竖轴竖直。

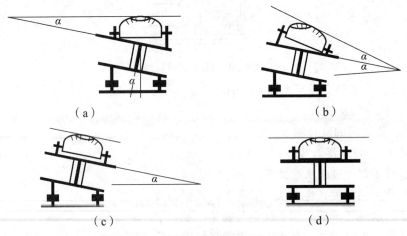

（a）　　　　　　　　　　　　　（b）

（c）　　　　　　　　　　　　　（d）

图3.21　照准部水准管轴检验与校正

此项检验校正需反复进行，直到照准部转至任何位置，气泡中心偏离零点均不超过一格为止。

2. 圆水准器轴平行于竖轴的检验校正

（1）检验：在第一项检验校正工作结束后，用水准管整平仪器，此时竖轴已经位于铅垂位置，若圆水准器泡居中，则条件满足，否则需要校正。

（2）校正：利用圆水准器的校正螺丝调节气泡直至居中位置。

3. 十字丝竖丝垂直于横轴的检验校正

（1）检验：用十字丝交点精确瞄准一清晰目标点 P，然后固定照准部并旋紧望远镜制动螺旋；慢慢转动望远镜微动螺旋，使望远镜上下移动，如 P 点不偏离竖丝，则条件满足，否则需要校正，如图 3.22 所示。

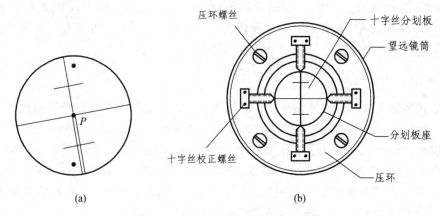

图 3.22　十字丝竖丝的检验与校正

（2）校正：旋下目镜分划板护盖，松开四个压环螺丝。如图 3.22 所示，慢慢转动十字丝分划板座，使竖丝重新与目标点 P 重合。反复调整，直到望远镜上下移动竖丝始终与目标点重合为止。最后拧紧四个压环螺丝，旋上十字丝护盖。

4. 视准轴垂直于横轴的检验校正

当横轴水平、望远镜绕横轴旋转时，其视准轴的轨迹应是一个与横轴正交的铅垂面。如果视准轴不垂直于横轴，且望远镜绕横轴旋转时，视准轴的轨迹是一个圆锥面。偏离的角值 C 称为视准轴误差或照准差。

（1）检验：检验时常采用四分之一法。如图 3.23 所示，在平坦的地区选择相距 100 m 的 A、B 两点，在 AB 中点 O 安置经纬仪，A 点设置一与仪器等高的标志，在 B 点与仪器高度相等的位置横置一根刻有毫米分划的直尺，尺子与 OB 垂直。先用盘左位置瞄准 A 点，固定照准部，纵转望远镜，在 B 尺上得读数 B_1，如图 3.23（a）所示。然后转动照准部，用盘右位置照准 A 点，固定照准部，再纵转望远镜在 B 尺上得读数 B_2，如图 3.23（b）所示，若 B_1 与 B_2 重合，说明视准轴垂直于横轴；否则需要校正。

设照准差为 C，则 B_1B、B_2B 分别反映了盘左、盘右的两倍视准差 $2C$，且盘左、盘右读数产生的视准差符号相反。即 $\angle B_1OB_2=4C$，由此算得：

$$C \approx \frac{\overline{B_1B_2}}{4D} \rho'' \tag{3.16}$$

式中，D 为仪器 O 点到 B 尺之间的水平距离。对于 DJ_6 级经纬仪，当 $c > 60''$ 时必须校正。

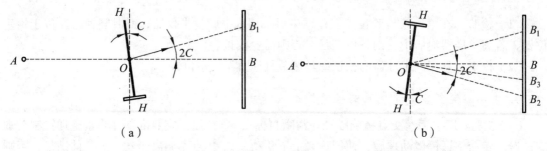

图 3.23　视准轴的检验与校正

（2）校正：如图 3.23（b）所示，保持 B 尺不动，并在尺上定出一点 B_3，使 $B_2B_3 = 1/4(B_1B_2)$，此时 OB_3 便和横轴垂直。用拨针一松一紧拨动十字丝环的左右两个十字丝校正螺丝，平移十字丝分划板，直至十字丝交点与 B_3 点重合。这项检验校正也需要反复进行。

5. 横轴垂直于竖轴的检验校正

当横轴与竖轴垂直时，仪器整平后，横轴水平，视准轴绕横轴旋转的轨迹是铅垂面，否则就是一个倾斜面。横轴不垂直于竖轴时其偏离正确位置的角值 i 称为横轴误差。

（1）检验：如图 3.24 所示，在距墙面约 30 cm 处安置经纬仪，用盘左位置瞄准墙上一明显的标志点 P（要求仰角 $\alpha > 30°$），固定照准部后将望远镜放平，在墙上标出十字丝交点所对的位置 P_1；再用盘右瞄准 P 点，放平望远镜后，在墙上标出十字丝交点所对的位置 P_2。若 P_1 与 P_2 重合，说明横轴垂直于竖轴；否则应校正。

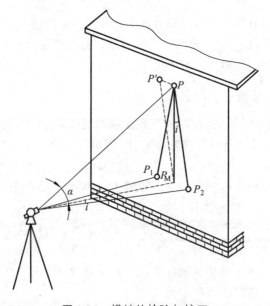

图 3.24　横轴的检验与校正

如图 3.24 所示，可得 i 角的计算公式为：

$$i = \frac{\overline{P_1 P_2}}{2D \tan \alpha} \rho''$$ （3.17）

对于 DJ$_6$ 级经纬仪，若 $i > 20''$，则需要校正。

（2）校正：用望远镜瞄准 P_1、P_2 直线的中点 P_M，固定照准部；然后抬高望远镜使十字丝交点上移至与 P 点同高，因 i 角误差的存在，十字丝交点与 P 点必然不重合。校正时应打开支架盖，放松支架内的校正螺丝，转动偏心轴承环，使横轴一端升高或降低，将十字丝焦点对准 P 点。

经纬仪横轴密封在支架内，矫正的技术性较高。若需校正，应交专业维修人员进行。

6. 视线水平时竖盘读数应为 90° 或 270° 的检验校正

（1）检验：检验目的是保证经纬仪在竖盘指标水准管气泡居中时，竖盘指标线处于正确的位置。安置好经纬仪，用盘左、盘右观测同一目标点，分别在竖盘指标水准管气泡居中时，读取盘左、盘右读数 L 和 R。计算指标差 x 值，若 x 超过 $\pm 1'$ 时，则需校正。

（2）校正：经纬仪位置不动，仍用盘右瞄准原目标。转动竖盘指标水准管微动螺旋，使竖盘读数为不含指标差的正确值 $R - x$，此时气泡不再居中时，则用拨针调整竖盘指标水准管校正螺丝，使气泡居中。这项检验校正也需反复进行，直至 x 值在规定范围以内。

7. 光学对中器的检验校正

（1）检校：检校目的是使光学对中器的视线与经纬仪的竖轴重合。安置好仪器，整平后在仪器下方地面放置一张白纸。将光学对中器分划圈中心投影到白纸上，并点绘标志点 P，如图 3.25（a）所示；然后将照准部转动 180°，如果此时对中器分划圈中心偏离 P 点而至 P' 点，说明对中器的视线与仪器竖轴不重合，需要校正。

（2）校正：保持上述仪器状态不动，在白纸板上标出 P 点与 P' 点连线之中点 P''；调节光学对中器校正螺钉，使分划圈中心移至 P'' 点，如图 3.25（b）所示。

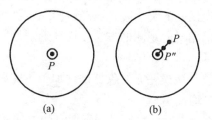

(a)　　　　　(b)

图 3.25　光学对中器的检验与校正

3.5　角度测量误差的主要来源及减弱措施

在角度测量中，仪器误差、观测误差和外界条件的影响都会使测量的结果含有误差。

1. 仪器误差

仪器误差包括仪器检验和校正之后的残余误差、仪器零部件加工不完善所引起的误差等。

其主要有以下几种：

（1）视准轴误差。视准轴误差是由视准轴不垂直于横轴引起的，其对水平方向观测值的影响值为$2C$。

消减方法：由于盘左、盘右观测时视准轴误差对水平角观测的影响大小相等、符号相反，故在水平角测量时，可采用盘左、盘右观测取平均值的方法加以消除。

（2）横轴误差。横轴误差是由于支撑横轴的支架有误差，造成横轴不垂直于竖轴，而产生的误差。

消减方法：由于盘左、盘右观测的影响相等，且方向相反。故水平角测量时，同样可采用盘左、盘右观测，取平均值作为最后结果的方法加以消除。

（3）竖轴误差。由于水准管轴不垂直于竖轴，以及观测时的水准管气泡未严格居中而导致竖轴不垂直，从而引起横轴倾斜及水平度盘不水平，给观测带来误差。

消减方法：由于竖轴倾斜的方向与盘左、盘右观测无关，因此这种误差不能用盘左、盘右观测取平均值的方法来消除，只能通过严格检校仪器，观测时仔细整平，并始终保持照准部水准管气泡居中来削弱其误差影响。

（4）竖盘指标差。由竖盘指标未处于正确位置引起。因此观测竖直角时，应调节竖盘指标水准管，使气泡居中，带补偿器的仪器，测角时打开补偿器。

消减方法：采用盘左、盘右观测取其平均值作为竖直角最终结果的方法来消除竖盘指标差。

（5）度盘偏心差。该误差属仪器部件加工安装不完善引起的误差。在水平角测量和竖直角测量中，分别有水平度盘偏心差和竖直度盘偏心差两种。

水平度盘偏心差是由照准部旋转中心与水平度盘圆心不重合所引起的指标读数误差。竖直度盘偏心差是指竖直度盘圆心与仪器横轴（即望远镜旋转轴）的中心线不重合带来的误差。

消减方法：在水平角测量时，因为盘左、盘右观测同一目标时，指标线在水平度盘上的位置具有对称性（即对称分划读数），所以水平度盘偏心误差亦可取盘左、盘右读数平均值的方法予以减小。在竖直角测量时，竖直度盘偏心差的影响一般较小，可忽略不计。若在高精度测量工作中，确需考虑该项误差的影响时，应经检验测定竖盘偏心误差系数，对相应竖直角测量成果进行改正；或者采用对向观测的方法（即往返观测竖直角）来消除竖盘偏心差对测量成果的影响。

（6）度盘刻划不均匀误差。该误差亦属仪器部件加工不完善引起的误差。在目前精密仪器制造工艺中，这项误差一般均很小。

消减方法：在水平角精密测量时，可通过配置度盘的方法减小这项误差的影响。

2. 观测误差

（1）对中误差。测量角度时，经纬仪应安置在测站上。若仪器中心与测站点不在同一铅垂线上，造成的测角误差称为对中误差，又称测站偏心误差。

如图 3.26 所示，O 为测站点，A、B 为目标点，O' 为仪器中心在地面上的投影位置，OO' 的长度称为偏心距，以 e 表示。由图可知，观测角值 β'、正确角值 β 有如下关系：

$$\beta = \beta' + (\varepsilon_1 + \varepsilon_2) \tag{3.18}$$

因 ε_1、ε_2 很小，则有：

$$\varepsilon_1 = \frac{e\sin\theta}{D_1}\rho'' \qquad\qquad (3.19)$$

$$\varepsilon_2 = \frac{e\sin(\beta'-\theta)}{D_2}\rho'' \qquad\qquad (3.20)$$

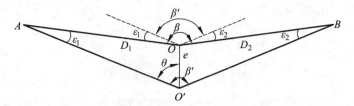

图 3.26　对中误差的影响

因此，仪器对中误差对水平角的影响为：

$$\varepsilon = \varepsilon_1 + \varepsilon_2 = \left[\frac{\sin\theta}{D_1} + \frac{\sin(\beta'-\theta)}{D_2}\right]e\rho'' \qquad\qquad (3.21)$$

当 $\beta'=180°$，$\theta=90°$，ε 角值最大，即

$$\varepsilon = \rho''e\left(\frac{1}{D_1} + \frac{1}{D_2}\right) \qquad\qquad (3.22)$$

设 $D_1=D_2=D$，则

$$\varepsilon = \rho''e\frac{2}{D} \qquad\qquad (3.23)$$

由式（3.23）可知，对中误差的影响 ε 与偏心距 e 成正比，与边长 D 成反比。

消减方法：由于对中误差不能通过观测方法予以消除，因此在测量水平角时，对中应认真、仔细，对于短边、钝角更要注意严格对中。

（2）目标偏心误差。在测角时，通常都要在地面点上设置观测标志，如花杆、垂球等。若标志与地面点对得不准或者标志没有铅垂，则照准标志的上部时将产生目标偏心误差。如图 3.27 所示，A 为测站，B 为照准目标中心，A、B 的距离为 D。若标杆倾斜 α 角，瞄准标杆长度为 l 的 B'。由于 B' 偏离 B 所引起的目标偏心差为：

$$e' = l\sin\alpha \qquad\qquad (3.24)$$

目标偏心对观测方向的影响为：

$$\delta = \frac{e'}{D}\rho'' = \frac{l\sin\alpha}{D}\rho'' \qquad\qquad (3.25)$$

由式（3.25）可以看出，目标偏心距越大、边长越短，目标偏心误差越大。因此，在边长较短时应特别注意目标是否偏心。

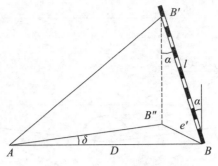

图 3.27　目标偏心差的影响

消减方法：为了减小目标偏心误差对水平角测量的影响，观测时应尽量使标志竖直，并尽可能地瞄准标志底部。测角精度要求较高时，可用垂球对点，以垂球线代替标杆；也可在目标点上安置带有基座的三脚架，用光学对中器严格对中后，将觇牌插入基座轴套作为照准标志。

（3）照准误差。测量角度时，人的眼睛通过望远镜瞄准目标产生的误差，称为照准误差。其影响因素很多，如望远镜的放大倍率、人眼的分辨率、十字丝的粗细、标志的形状和大小、目标影像的亮度和清晰度等。通常以眼睛的最小分辨视角（60″）和望远镜的放大倍数 V 来衡量仪器照准精度的大小，即

$$m_V = \pm \frac{60''}{V} \tag{3.26}$$

对于 DJ$_6$ 级经纬仪，一般 $V=26$，则 $m_V = \pm 2.3''$。

消减方法：测量时，改进照准方式并仔细操作，以减小照准误差。

（4）读数误差。指读数时的估读误差。读数误差与读数设备、照明情况和观测者的经验均有关，但主要取决于仪器的读数设备。如对于采用分微尺读数系统的 DJ$_6$ 级光学经纬仪，读数误差为最小分划值的 1/10，即不超过 6″。

消减方法：采用合适的仪器并提高观测者的操作技术水平。

3．外界条件的影响

观测角度在一定的外界条件下进行，外界条件及其变化对观测质量有直接影响。如松软的土壤和大风影响仪器的稳定、日晒和温度变化影响水准管气泡的居中、大气层受地面热辐射的影响会引起目标影像的跳动等，这些都会给水平角和竖直角观测带来误差。

消减方法：选择目标成像清晰、稳定的有利时间观测，设法克服或避开不利条件的影响，以提高观测成果的质量。

3.6　电子经纬仪简介

随着电子技术和计算机技术的发展，经纬仪向自动化、数字化的方向发展，电子经纬仪的出现使测角工作向自动化迈出了新的一步，如图 3.28 所示。它与光学经纬仪相比，其主要

特点是：①用由微处理机控制的电子测角系统代替了光学读数系统，这也是它与光学经纬仪的根本区别；②实现了测量结果的自动显示、自动记录和数据的自动传输，人为误差少，可靠性高；③可与光电测距仪组合成积木式结构的全站型电子速测仪，配合电子手簿可实现角度、距离、坐标等多功能测量。

根据测角原理的不同，电子经纬仪测角系统主要有以下三种形式：①采用编码度盘及编码测微器的绝对式编码度盘测角系统；②采用光栅度盘及莫尔干涉条纹技术的增量式光栅度盘测角系统；③采用计时测角度盘及光电动态扫描的绝对式动态测角系统。

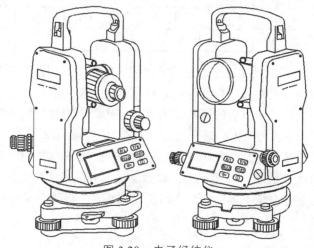

图 3.28　电子经纬仪

3.6.1　电子经纬仪的测角原理

1. 编码度盘测角原理

编码度盘（简称码盘）是一种绝对式编码器，它是在度盘上刻数道同心圆，等间隔地设置透光区和不透光区。图 3.29 是一具有 4 个码道的编码度盘，度盘整个圆周被分为 16 个区间，每个区间中码道黑色部分为透光区，白色部分为不透光区，透光表示二进制代码"1"，不透光表示"0"。这样，通过各区间的 4 个码道的透光和不透光，即可每区由里向外读出一组 4 位二进制数，每组数代表度盘的一个位置，从而达到对度盘区间编码的目的，见表 3.5。

图 3.29　编码度盘

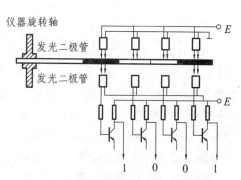

图 3.30　编码度盘的光电读数识别装置

表 3.5　编码度盘二进制编码

区间	二进制编码	角值 /° ′	区间	二进制编码	角值 /° ′	区间	二进制编码	角值 /° ′
0	0000	0　00	6	0110	135　00	11	1011	247　30
1	0001	22　30	7	0111	157　30	12	1100	270　00
2	0010	45　00	8	1000	180　00	13	1101	292　30
3	0011	67　30	9	1001	202　30	14	1110	315　00
4	0100	90　00	10	1010	225　00	15	1111	337　30
5	0101	112　30						

　　如图 3.30 所示，为了识别照准方向落在度盘的区间的编码，在度盘上方沿径向每个码道安装一个发光二极管组成光源列，在度盘下方对应位置安装一组光电二极管，组成通过码道编码的光信号转化为电信号输出后的接收检测系列，从而识别度盘区间的编码。通过对两个方向的编码识别，即可求得测角值。这种测角方式称为绝对测角系统。

　　编码度盘分划区间的角值大小（分辨率）取决于码道数 n，按 $360°/2^n$ 计算，例如需分辨率为 10′，则需要 2 048 个区间、11 个码道。显然，这对有限尺寸的度盘是难以解决的，也就是说单利用编码度盘进行测角不容易达到高精度。因而在实际中，采用码道数和细分法加测微技术来提高分辨率。

　　2. 光栅度盘测角原理

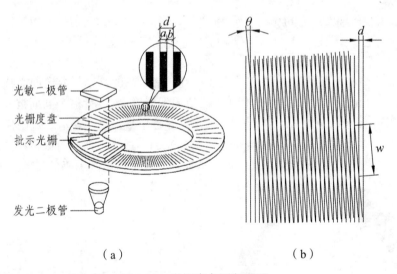

（a）　　　　　　　　　　　　　　（b）

图 3.31　光栅度盘测角原理

　　如图 3.31 所示，在光学玻璃圆盘上均匀而密集地刻划出径向刻线，就构成了明暗相间的条纹——光栅，称为光栅度盘。通常光栅的刻线宽度 a 与缝隙宽度 b 相等，二者之和 d 称为栅距，如图 3.31（a）所示。栅距所对的圆心角即为光栅度盘的分划值。在光栅度盘上下方对应安装照明器（发光管）和光电接收管，光栅的刻线不透光、缝隙透光，即可把光信号转换为电信号。当照明器和接收管随照准部相对于光栅度盘转动时，由计数器计取转动所累计的栅距数，就可得到转动的角度值。测角时当仪器照准零（起始）方向后，使计数器处于"0"状态，当仪器转动照准另一目标时，计数器计取两方向间所夹的栅距数，由于两相邻光栅间的夹角已知，计数器所计取的栅距数经过处理就可得到相应的角值。光栅度盘的计数是累计计数的，故通常称这类读数系统为增量式测角系统。

光栅度盘的栅距相当于光学度盘的分划，栅距越小，角度分划值越小，测角精度越高。若在一直径为 80 mm 的光栅度盘上刻划 12 500 条细线，刻线密度达 50 条/mm，栅距分划值也仅为 1′44″。要想通过加大刻线密度来提高测角精度是非常困难的。因此，在光栅度盘测角系统中，采用了莫尔干涉条纹技术进行栅距测微。

如图 3.31（b）所示，将两块（一块主光栅，一块指示光栅）密度相同的光栅重叠，并使两者的栅线有一很小的交角，此时就会看到明暗相间的条纹，这就是莫尔干涉条纹。莫尔干涉条纹是两块光栅的遮光和透光效应产生的，具有如下特性：

（1）两光栅间的交角 θ 越小，条纹间距 w 越宽，则相邻明条纹或暗条纹之间的距离越大。

（2）在垂直于光栅构成的平面方向上，条纹亮度按正弦规律周期性变化。

（3）当光栅在垂直于刻线的方向上移动时，条纹顺着刻线方向移动。光栅在水平方向上相对移动一条刻线，莫尔条纹则上下移动一周期，即移动一个纹距 w。

（4）纹距 w 与栅距 d 之间满足如下关系：

$$w = \frac{d}{\theta}\rho' \tag{3.27}$$

式中，θ 以弧度为单位，$\rho' = 3\,438'$。

例如，当 $\theta = 20'$ 时，纹距 $w = 172d$，即纹距比栅距放大了 172 倍。这样，就可以对纹距进一步细分，达到测微和提高测角精度的目的。

光栅度盘电子经纬仪，其指示光栅、发光管（光源）、光电转换器和接收二极管位置固定，而光栅度盘与经纬仪照准部一起转动。发光管发出的光信号通过莫尔条纹落到光电接收管上，度盘每转动一栅距 d，莫尔条纹就移动一个周期 w。所以，当望远镜从一个方向转动到另一个方向时，通过光电管的光信号周期数就是两方向间的光栅数。为了提高测角精度和角度分辨率，仪器工作时，在每个周期内再均匀地填充 n 个脉冲信号，计数器对脉冲计数，则相当于光栅刻划线的条数又增加了 n 倍，即角度分辨率就提高了 n 倍。

为了判别测角时照准部旋转的方向，采用光栅度盘的电子经纬仪其电子线路中还必须有判向电路和可逆计数器。判向电路用于判别照准时旋转的方向，若顺时针旋转时，则计数器累加；若逆时针旋转时，则计数器累减；由顺时针转动的栅距增量即可得到所测角值。

3. 动态测角原理

采用动态测角的电子经纬仪，度盘仍为玻璃圆环，度盘全圆刻有 1 024 个径向分划（格栅），如图 3.32 所示，每个分划包括一条刻线和一个空隙（刻线不透光，空隙透光），其分划值为 φ_0，测角时度盘以一定的速度旋转，因此称为动态测角系统。度盘的外缘装有固定光阑 L_S（相当于光学度盘的零分划），内缘装有可随照准部旋转的活动光阑 L_R（相当于光学度盘的指标线），L_S 与 L_R 之间构成角度 φ。度盘在电动机的带动下以一定的速度旋转，其分划被光阑扫描而计取两个光阑之间的分划数，从而得到角值。

两种光阑距度盘中心远近不同，彼此互不影响。为消除度盘偏心差，同名光阑按对径位置设置，共 4 个（即两对，图 3.32 中只绘出一对）。竖直度盘的固定光阑指向天顶方向。

光阑上装有发光二极管和接收光电二极管，分别处于度盘上、下侧。发光二极管发射红外光线，通过光栏孔隙照到度盘上。当微型电动机带动度盘旋转时，因度盘上明暗条纹而形成透光亮度的不断变化，这些光信号被设置在度盘另一侧的光电二极管接收，转换成正弦波的电信号输出，用以测角。

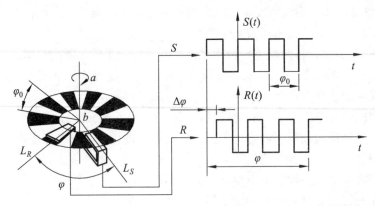

图 3.32　动态测角原理

角度测量时首先要测出各方向的方向值，才能得到角值。方向值表现为 L_S 与 L_R 间的夹角 φ。设一对明暗条纹（即一个分划）相应的角值（栅距）为 φ_0，其值为 $\varphi_0 = 360°/1\,024 = 21'05''.625$，则

$$\varphi = N\varphi_0 + \Delta\varphi \tag{3.28}$$

式中，N 为 φ 中包含的整分划数；$\Delta\varphi$ 为不足一分划的余数。N 和 $\Delta\varphi$ 分别由粗测和精测求得。

（1）粗测。在度盘同一径向的外、内缘上设有两对（每 90° 一个）特殊标记（标志分划），度盘旋转过程中，光阑对度盘扫描，当某一标志被 L_S 或 L_R 中的一个首先识别后，脉冲计数器立即计数，当该标志达到另一光阑后，计数停止。由于脉冲波的频率是已知的，所以由脉冲数可以统计相应的时间 T_i，电动机的转速也是已知的，也就知道了相应于转角 φ_0 所需的时间 T_0。将 T_i/T_0 取整（即取其比值的整数部分）就得到 N_i。由于有 4 个标志，可得到 N_1、N_2、N_3、N_4，经微处理机比较确定 N 值，从而得到 $N\varphi_0$。由于 L_S、L_R 识别标志的先后不同，所测角可以是 φ，也可以是 $360° - \varphi$，这可由角度处理器做出正确判断。

（2）精测。如图 3.32 所示，当光阑对度盘扫描时，L_S、L_R 各自输出正弦波电信号 S 和 R，整形后成方波，运用测相技术便可测出相位差 $\Delta\varphi$。$\Delta\varphi$ 的数值也是采用在此相位差里填充脉冲数计算的，由脉冲数和已知的脉冲频率（约 1.72 MHz）算得相应时间 ΔT。因度盘上有 1 024 个分划，度盘转动一周输出 1 024 个周期的方波，那么对应于每一个分划均可得到一个 $\Delta\varphi_i$。设 φ_0 对应的周期为 T_0，$\Delta\varphi_i$ 所对应的时间为 ΔT_i，则有

$$\Delta\varphi_i = \frac{\varphi_0}{T_0}\Delta T_i \tag{3.29}$$

角度测量时，机内微处理器自动将整周度盘的 1 024 个分划所测得的 $\Delta\varphi_i$ 取平均值作为最后结果。粗测和精测信号同时输入处理器并完成角度（方向）值的拟合，然后由液晶显示器

显示或记录于数据终端。

动态测角直接测得的是时间 T 和 ΔT，因此微型电动机的转速要均匀、稳定。

3.6.2　电子经纬仪的使用

电子经纬仪同光学经纬仪一样，可用于水平角测量、竖直角测量和视距测量。其操作方法与光学经纬仪相同，分为对中、整平、照准和读数四步，读数时为显示器直接读数。

1. 键盘功能

目前电子经纬仪的种类较多，不同国家或厂家生产的电子经纬仪在仪器操作方面有一定的区别，但仪器的基本结构和工作原理相同，在使用时应按照使用说明进行操作。图 3.33 所示为国产某型号电子经纬仪的操作面板，各操作键功能如下：

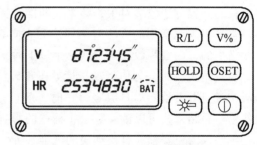

图 3.33　电子经纬仪操作面板

"R/L"键：水平角右旋增量或左旋增量选择。右旋等价于水平度盘为顺时针注记，左旋等价于水平度盘为逆时针注记。

"HOLD"键：水平角锁定。按动该键，当前的水平度盘读数被锁定，此时转动照准部时，水平度盘读数不变；再按一次该键，解除锁定。该键主要用于配置度盘。

"V%"键：竖直角显示模式选择。可以使竖直角以角度值显示或以坡度值（斜率百分比）显示。

"OSET"键：水平角置零。按动该键，当前视线方向的水平度盘读数被置为零。

"☀"键：显示器和十字丝照明。

"○"键：电源开关键，用于开机和关机。

2. 开关机

按电源开关键，电源打开，显示屏显示全部符号。旋转望远镜，完成仪器初始化，显示角度值，即可进行测量工作。按住电源开关不动，数秒钟后电源关闭。

3. 仪器设置

设置时，按相应功能键，仪器进入初始设置模式状态，然后逐一设置。设置完成后按确认键（一般为回车）予以确认，仪器返回测量模式，测量时仪器将按设置显示数据。设置项目如下：

（1）角度单位（360°、400 gon、6 400 mil，出厂一般设为 360°）；

（2）视线水平时竖盘零读数（水平为 0°或天顶为 0°，出厂一般设天顶为 0°）；

（3）自动关机时间、角度最小显示单位（1″或 5″等，出厂设置为 1″）；

（4）竖盘指标零点补偿（自动补偿或不补偿，出厂设置为自动补偿）；

（5）水平角读数经过 0°、90°、180°、270°时蜂鸣或不蜂鸣（出厂设置为蜂鸣）；

（6）与不同类型的测距仪连接方式。

4. 角度测量

转动照准部，仪器就自动开始测角。精确照准目标后，显示窗将自动显示当前视线方向的水平度盘和竖直度盘读数。

本章小结

角度测量的基本仪器是经纬仪。光学经纬仪主要由基座、度盘和照准部三大部分组成。经纬仪的安置方法包括对中、整平、照准、读数四个步骤。

水平角观测常用的方法有测回法和方向观测法。测回法用于观测两个方向之间的单角。当测站上的方向观测数在三个或三个以上时采用方向观测法。

竖直角观测时，为使竖盘指标处于正确位置，每次读数都应将竖盘指标水准管的气泡调节居中或打开补偿器。计算竖直角时，应首先判定竖直角计算公式。盘左、盘右观测取平均值作为最后结果，可以消除竖盘指标差的影响。

经纬仪的主要轴线有望远镜的视准轴 CC、竖轴 VV、横轴 HH 和水准管轴 LL。经纬仪主要轴线应满足的关系是水准管轴垂直于仪器竖轴（$LL \perp VV$）、视准轴应垂直于横轴（$CC \perp HH$）、横轴应垂直于仪器竖轴（$HH \perp VV$）。在使用前必须对仪器进行检验和校正。

影响测角误差的因素有仪器误差、观测误差、外界条件的影响三类。

习 题

1. 何谓水平角？何谓竖直角？观测水平角和竖直角有哪些相同点和不同点？

2. 观测水平角时，对中和整平的目的是什么？试述光学经纬仪对中和整平的方法。

3. 试分述用测回法和方向观测法测量水平角的操作步骤。

4. 角度测量中用盘左和盘右两个位置观测可以消除哪些误差？

5. 整理表 3.6 中测回法观测水平角的记录。

表 3.6　水平角观测手簿（测回法）

测站	竖盘位置	测点	水平度盘读数 /° ′ ″	半测回角值 /° ′ ″	一测回角值 /° ′ ″	各测回平均值 /° ′ ″
O	左	A	00　00　00			
		B	67　54　36			
	右	A	180　00　40			
		B	247　55　10			
	左	A	90　00　30			
		B	157　55　06			
	右	A	270　00　36			
		B	337　55　16			

6. 整理表 3.7 中方向观测法观测水平角的记录。

表 3.7　水平角观测手簿（方向观测法）

测站	测回数	目标	读数		2C	平均读数	归零后的方向值	各测回归零后方向值的平均值
			盘左 /° ′ ″	盘右 /° ′ ″	/″	/° ′ ″	/° ′ ″	/° ′ ″
1	2	3	4	5	6	7	8	9
O	1	A	0 02 12	180 02 00				
		B	37 44 15	217 44 05				
		C	110 29 04	290 28 52				
		D	150 14 51	330 14 43				
		A	0 02 18	180 02 08				
	2	A	90 03 30	270 03 22				
		B	127 45 34	307 45 28				
		C	200 30 24	20 30 18				
		D	240 15 57	60 15 49				
		A	90 03 25	270 03 18				

7. 整理表 3.8 中竖直角观测的记录。

表 3.8　竖直角观测手簿

测站	目标	竖盘位置	竖盘读数 /° ′ ″	半测回竖直角 /° ′ ″	指标差 /″	一测回竖直角 /° ′ ″	备　注
A	B	左	78 18 24				
		右	281 42 00				
	C	左	91 32 42				
		右	268 27 30				

盘左位置

8. 经纬仪的主要轴线有哪些？各轴线之间应满足什么条件？

9. 简述角度观测的误差及消减方法。

10. 电子经纬仪有哪些特点？

第4章　距离测量与直线定向

本章要点：掌握钢尺量距的一般方法和精密方法，了解电磁波测距的原理；理解直线定线的方法、方位角和象限角的关系；掌握视距测距的方法、坐标方位角的推算等。

4.1　钢尺量距

4.1.1　量距工具

距离丈量是运用钢尺、皮尺等丈量工具直接或间接地获取地面上两点间水平距离的测量工作。

距离丈量的常用工具有钢尺、皮尺及辅助工具，如标杆、测钎、垂球等。此外在精密的距离丈量中，还有弹簧秤和温度计以控制拉力和测定温度。

1. 钢　尺

钢尺亦称钢卷尺，如图 4.1 所示。图 4.1（a）为一般钢尺，长度有 30 m、50 m 等几种。钢尺的基本分划为厘米，在每米及每分米处都有数字注记。适于一般距离丈量；有的钢尺在起点处一分米内刻有毫米分划，亦有钢尺在整个尺内都刻有毫米分划，这两种钢尺适用于精密距离丈量。

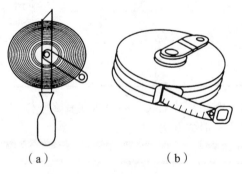

（a）　　　　　　　　　　（b）

图 4.1　钢尺和皮尺

2. 皮　尺

皮尺是用麻丝和金属丝制成的软带，图 4.1（b）为有盒的皮尺，长度有 20 m、30 m 及 50 m 几种。以厘米为基本分划，它一般为端点尺。皮尺因伸缩性较大，只适用于低精度的距离丈量。

由于钢尺的零点位置不同，钢尺分为端点尺和刻线尺两种，如图4.2所示。端点尺是以尺的最外端作为尺的零点，当从建筑物墙边开始丈量时使用很方便。刻线尺是以尺前端的一刻线作为尺的零点，在距离丈量时可获得较高的精度。

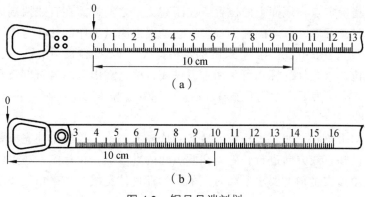

图4.2　钢尺尺端刻划

3. 标　杆（花杆、测杆）

标杆用木材、玻璃钢或铝合金制成，长2 m或3 m，直径3~4 cm，用红、白油漆交替漆成20 cm的小段，杆底装有锥形铁脚以便插入土中，或对准点的中心，作观测点觇标用，如图4.3（a）所示。

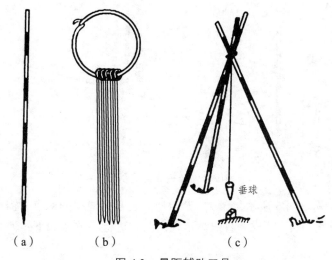

图4.3　量距辅助工具

4. 测　钎

测钎由粗铁丝加工制成，长30~40 cm，上端弯成环形，下端磨尖，常用于标定尺端点和整尺段数，一般以11根为一组，穿在铁环中，如图4.3（b）所示。

5. 锤　球

锤球又称线锤，用金属制成，外形似圆锥形，上端系有细线，它是对点、标点和投点的工具。锤球常挂在锤球架中使用，如图4.3（c）所示。

4.1.2 一般量距方法

1. 点的标定与直线定线

（1）点的标定。

点的标定是指确定点在地面上的位置。在距离丈量之前，需在直线两端标定点位。点的标定可在地面上设立标志，标志的种类很多，它是根据测量工作的任务与使用时间的长短来选设。临时性的可用长约 30 cm、粗约 5 cm 的木桩打入地下，并在桩顶上钉一小钉或刻一"+"，以便精确表示点位。永久性的标志可采用水泥桩或石桩。在山区的岩石上及水泥地面上可凿一记号，并涂上红漆。为了远处能明显看到白标，可在点位上竖立标杆，并在杆顶扎一小旗。

（2）直线定线。

在丈量两点间距离时，如距离较长或地势起伏较大，一个尺段不能完成距离丈量，为使多个尺段丈量沿已知直线方向进行，就需在两点间的直线上，再标定一些点位。这一工作称为直线定线。当距离丈量精度要求不高时，采用标杆目估定线；如果精度要求较高时，则采用经纬仪定线。

① 目估法定线：如图 4.4 所示，设 A、B 为直线的两端点，现需在 A、B 之间标定 C、D 等点，使其与 A、B 在同一直线上。先在 A、B 点上竖立标杆，由一测量员站在 A 点标杆后约 1～2 m 处，由 A 端瞄向 B 点，使单眼的视线与标杆边缘相切，并以手势指挥手持标杆者在该直线方向左右移动，直到 A、C、B 三点位于同一条直线上，然后将标杆竖直地插在 C 点上，同法继续定出 D 等点。

图 4.4　花杆直线定线

② 经纬仪定线：如图 4.5 所示，设 A、B 为地面上互相通视的两点，需在 A、B 方向线上定出 C、D 等点，使其与 A、B 成一直线。定线由两人进行，方法如下：

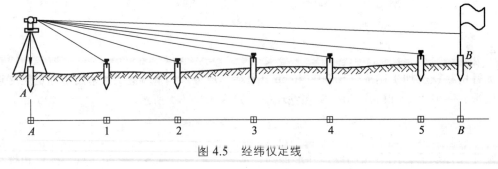

图 4.5　经纬仪定线

A. 甲在 A 点安置经纬仪（对中、整平），乙在 B 点竖立标杆。

B. 用望远镜精确瞄准 B 点的标杆（尽量瞄到底部或安置在 B 点的垂球线上），乙携带标杆由 B 点走向 A 点，甲根据望远镜的视线以手势指挥乙将标杆左右移动，令标杆精确对准视线为止。

2. 丈量方法

距离丈量的一般方法是指在距离丈量时采用目估定线，丈量精度只要求到厘米的一种距离测量法。该方法采用钢尺量距时精度能达到 1/1 000～1/3 000。

（1）平坦地面的距离丈量。

对于平坦地面，直接沿地面丈量水平距离。可先在地面进行直线定线，亦可边定线边丈量。丈量时由两人进行，如图 4.6 所示。

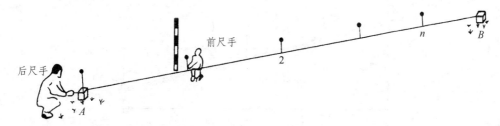

图 4.6　平坦地面的距离丈量

两人各持钢尺的一端沿着直线丈量的方向，前者称前尺手，后者称后尺手。前尺手拿测钎与标杆，后尺手将钢尺零点对准起点，前尺手沿丈量方向拉直尺子，并由后尺手定方向。后尺手同时将钢尺拉紧、拉平时，后尺手准确地对准起点，同时前尺手将测钎垂直插到尺子终点处，这样就完成了第一尺段的丈量工作。两人同时举尺前进，后尺手走到插测钎处停下，同时量取第二尺段，依此法量至终点。最后不足一整尺段的长度称为余尺长。直线全长 D 可按下式计算：

$$D = n \cdot l + q \qquad (4.1)$$

式中　n——整尺段数；

　　　l——整尺长；

　　　q——不足一整尺段的余尺长。

为了防止丈量过程中发生错误及提高丈量精度，应进行往返丈量。由 $A \rightarrow B$ 称为往测，由 $B \rightarrow A$ 称为返测，返测是要重新定线，并计算往、返丈量的相对误差，以衡量丈量的精度。相对误差通常化成分子为 1 的分数形式，用 K 表示，即

$$K = \frac{\Delta D}{D_{平均}} = \frac{1}{\dfrac{D_{平均}}{\Delta D}} = \frac{1}{N} \qquad (4.2)$$

N 越大，说明丈量结果的精度越高。不同的测量工作，对量距有不同的精度要求。在平坦地区要达到 1/3 000，在地形起伏较大地区应达到 1/2 000，在困难地区丈量精度不得低于 1/1 000。如果丈量的结果达到要求，取往返丈量的平均值作为最后结果；如果超过允许限度，应返工重测，直到符合要求为止。

（2）倾斜地面的距离丈量。

当地面倾斜或高低不平的时候，可使用平量法或斜量法。

① 平量法：沿倾斜地面丈量距离，如果地面起伏不大时，将钢尺拉平进行丈量时可将钢尺的一端抬高使尺子水平。尺子的水平情况可由第二人离尺子侧边适当距离用目估判定。如图4.7所示，将钢尺的一端对准地面点位，另一端抬高拉成水平，尺子的高度一般不超过前、后尺手的胸高。如地面倾斜较大，可将一整尺段分成若干小段来丈量，丈量时自上坡向下坡为好。

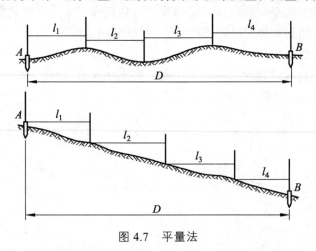

图 4.7　平量法

② 斜量法：当倾斜地面的坡度比较均匀时，可采用该法。如图4.8所示，要丈量 AB 的水平距离，首先沿斜坡丈量 AB 的斜距 L，测出地面的倾斜角 α 或者 A、B 的高差 h_{AB}，然后计算 AB 的水平距离 D。

若测得地面的倾角 α，则

$$D = L \cdot \cos \alpha \tag{4.3}$$

若测得 A、B 两点的高差 h_{AB}，则

$$D = \sqrt{L^2 - h_{AB}^2} \tag{4.4}$$

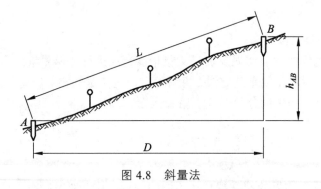

图 4.8　斜量法

4.1.3　钢尺量距精密方法

1. 定　线

如图4.5所示，按经纬仪定线的方法，在 AB 直线上定出若干小于尺长的尺段，如 $A1$、

12、…、5B。

2. 钢尺量距方法

这是指精度要求较高，读数为毫米的量距。对于钢尺要求有毫米分划，至少尺的零点端有毫米分划。钢尺须经检定，得出以检定时拉力、温度为条件的尺长方程式。丈量时用弹簧秤以检定时的拉力，并用点温计测定出钢尺丈量时的尺温。进行丈量前先用经纬仪定线。若地势平坦或坡度均匀，可测定直线两端点的高差作为倾斜改正的依据；若沿线坡度有变化，地面起伏，则木桩宜定在坡度变化较大处，两木桩之间的距离应略短于钢尺尺长，木桩顶高出地面 2～3 m，桩顶用十字交叉点标示点的位置或插上细针。用水准仪测定各木桩桩顶间的高差，以便进行分段倾斜改正。丈量的方法通常用"串尺法"。

从一端开始依次丈量各尺段的长度。丈量时，在尺段的端点上挂上弹簧秤，施加检定时的拉力将钢尺拉紧、拉平后，前、后尺手在这一瞬间各自读出尺上读数，同时用点温计测定钢尺的尺温，记录员将两个读数分别记在手簿中。如前尺手读数为 29.430 m，后尺手读数为 0.058 m，则这一尺段的长度为：29.430 − 0.058 = 29.372 m。

为了提高丈量精度，对同一尺段需串动钢尺丈量三次，以尺子的不同位置对准端点，其移动量一般在 10 cm 以内。三次串动丈量所得尺段长度之差视不同要求而定，一般不超过 2～5 mm，若超限，须进行第四次丈量，然后取平均值作为该尺段长度的丈量结果。

3. 精密量距的计算

精密量距时需施加标准拉力，并对每一实测的尺段长度进行尺长改正、温度改正及倾斜改正，得到每一尺段的水平距离，然后将每个尺段的水平距离相加，即可得到所求直线距离的全长。

（1）尺长改正。钢尺在标准温度、标准拉力下的实际长度为 l'，而钢尺的名义长度（尺面刻注的长度）为 l_0，则钢尺在尺段长为 l 时的尺长改正数 Δl_l 为：

$$\Delta l_l = [(l' - l_0)/l_0] \cdot l \tag{4.5}$$

（2）温度改正。设钢尺在检定时的温度为 t_0，而丈量时的温度为 t，钢尺的膨胀系数为 α，一般为 $1.25 \times 10^{-5} / \text{℃}$，则丈量一尺段长度 l 的温度改正数 Δl_t 为：

$$\Delta l_t = \alpha(t - t_0) \cdot l \tag{4.6}$$

（3）倾斜改正。丈量的距离是斜距 l，一尺段两端点间的高差为 h，将斜距 l 改算成水平距离 D，倾斜改正数 Δl_h 为：

$$\Delta l_h = -h^2 / (2l) \tag{4.7}$$

综上所述，每一尺段改正后的水平距离 D 为：

$$D = l + \Delta l_l + \Delta l_t + \Delta l_h \tag{4.8}$$

4.2 视距测量

视距测量是根据几何光学和三角学原理，利用仪器望远镜内视距装置及视距尺测定两点间的水平距离和高差的一种测量方法。这种方法具有操作方便、速度快、不受地面高低起伏限制等优点。但其精度较低，一般只能达到 1/200～1/300，仅能满足测定碎部点精度要求，广泛应用于图解测图工作中。

视距测量所用的主要仪器工具是经纬仪、视距尺。视距尺可以是塔尺或折尺，也可以用水准尺代替。

1. 视线水平时的视距测量原理及计算公式

如图 4.9 所示，欲测 A、B 两点间的水平距离 D 及高差 h，可在 A 点安置经纬仪，B 点竖立视距标尺。当经纬仪视线水平时照准视距尺，可使视线与视距尺相垂直。若十字丝的上丝为 n，下丝为 m，其间距为 p。F 为物镜的主焦点，f 为物镜焦距，δ 为物镜中心至仪器旋转中心的距离，则视距尺上 M、G 点按几何光学原理成像在十字丝分划板上的两根视距丝 m、g 处，MG 的长度可由上、下视距丝读数之差求得，即视距间隔 l。

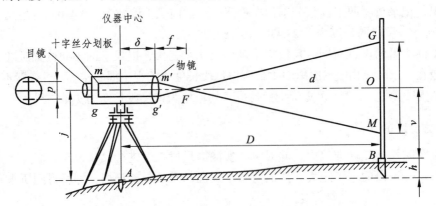

图 4.9　视线水平时的视距测量原理

由上图可知三角形 $Fm'g'$ 和三角形 FMG 相似，则

$$d:l=f:p \qquad d=\frac{f}{p}l$$

水平距离为：

$$D=d+f+\delta=\frac{f}{p}l+f+\delta$$

令 $\dfrac{f}{p}=k; f+\delta=C$，则

$$D=kl+C \qquad\qquad (4.9)$$

式中　k——视距乘常数，$k=100$；

　　　　C——视距加常数，对于大多数仪器而言，$C=0$。

故水平距离为：

$$D=100l \qquad\qquad (4.10)$$

同时，由图 4.9 很容易看出 A、B 两点之间的高差 h 可由下式得出：

$$h=i-v \qquad\qquad (4.11)$$

式中　i——仪器高（地面桩点至仪器横轴中心的距离）；

v——瞄准高（为十字丝中丝在视距尺上的读数）。

2. 视线倾斜时的视距测量原理及计算公式

在地面起伏较大的地区进行视距测量时，必须使视线倾斜才能读取视距尺间隔，如图 4.10 所示，此时，由于视线不垂直于视距尺，故上述视距公式不适宜。如果能将尺间隔换算为与视线垂直的尺间隔 MG，这样就可以按上面的公式计算倾斜距离 D'，再根据 D' 和竖直角 α 可得出水平距离 D 及高差 h。现在只需找出 MG 与 $M'G'$ 之间的关系即可解决这个问题。

在图 4.10 中，$\angle MQM' = GQG' = \alpha$（$\alpha$ 为视线的倾斜角）。而 $\angle G'GQ = 90° + \varphi$，$\angle M'MQ = 90° - \varphi$。

由于 φ 很小（约为 $17'$ 左右），所以可把 $\angle M'MQ$、$\angle G'GQ$ 近似看成直角，在直角 $\triangle M'QM$ 和 $\triangle G'QG$ 中，很容易得出：

$$
\begin{aligned}
l' = GM &= GQ + QM \\
&= G'Q\cos\alpha + M'Q\cos\alpha \\
&= G'M'\cos\alpha = l\cos\alpha
\end{aligned}
\tag{4.12}
$$

所以斜距为：

$$D' = kl' = kl\cos\alpha \tag{4.13}$$

由图 4.10 可以看出水平距离 D 则为：

$$D = D'\cos\alpha = kl\cos^2\alpha \tag{4.14}$$

由图 4.10 还可看出 A、B 两点之间的高差 h 为：

$$h = D\tan\alpha + i - v \tag{4.15}$$

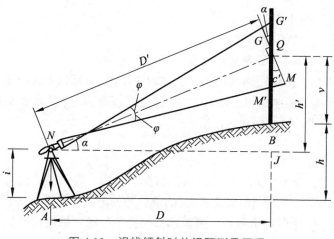

图 4.10　视线倾斜时的视距测量原理

4.3　电磁波测距

电磁波测距是近代一种较先进的测距方法，它具有测程长、精度高、受地形限制小及作业效率高等优点。近年来，随着电子技术的迅猛发展，光电测距在各种测量工作中得到了广泛的使用。

电磁波测距按测程来分，有短程（<3 km）、中程（3~15 km）和远程（>15 km）之分。按测距精度来分，有Ⅰ级（$|m_D|<5$ mm）、Ⅱ级（5 mm$\leqslant|m_D|<10$ mm）和Ⅲ级（$|m_D|\geqslant10$ mm），m_D 为 1 km 的测距中误差。光电测距仪所使用的光源有激光光源和红外光光源，采用红外线波段 0.76~0.94 μm 作为载波的称为红外测距仪。

4.3.1 测距原理

电磁波测距仪的基本原理是通过测定光波在测线两端点间往返传播的时间 t_{2D}，借助光在空气中的传播速度 C，计算两点间的距离 D，如图 4.11 所示。

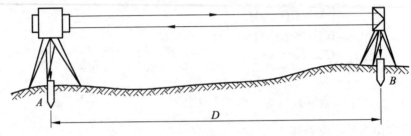

图 4.11 光电测距原理

由图可以看出 AB 两点的距离为：

$$D = \frac{1}{2}Ct_{2D} \tag{4.16}$$

式中　D —— AB 两点的距离；

　　　C——光在大气中的传播速度；

　　　t_{2D}——光在 AB 间往、返传播一次所需的时间。

由（4.16）式看出，测定距离的精度，主要取决于测定时间 t_{2D} 的精度，如要求测距精度达到±1 cm，则时间测定要准确到 6.67×10^{-11} s，这是难以做到的。因此根据获取时间的方式不同，把测距仪分为两类：脉冲法和相位法。

1. 脉冲法

由测距仪的发射系统发出光脉冲，经被测目标反射后，再由测距仪的接收系统接收，直接测出这一光脉冲往返所需时间间隔（t_{2D}）的总脉冲的个数，然后求得距离 D。

脉冲法测距的主要优点是功率大、测程远，但测距的绝对精度比较低，一般只能达到米级，尚未达到地籍测量和工程测量所要求的精度。高精度的光电测距仪目前都采用相位法测距。

2. 相位法

相位法是通过测量连续的调制光波信号，在待测距离上往返传播所产生的相位变化，代替测定信号传播时间 t_{2D}，从而获得被测距离 D。图 4.12 表示调制光波在测线上往程和返程展开后的形状。

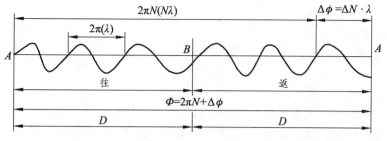

图 4.12　相位法原理图

由图 4.22 可知，调制光波往返程总相位移为：

$$\Phi = N \cdot 2\pi + \Delta\Phi = 2\pi\left(N + \frac{\Delta\Phi}{2\pi}\right) = 2\pi(N + \Delta N) \tag{4.17}$$

根据物理学原理，得：

$$t_{2D} = \frac{\Phi}{2\pi f} \tag{4.18}$$

故

$$D = \frac{1}{2}Ct_{2D} = \frac{1}{2}C\frac{\Phi}{2\pi f} = \frac{C}{2f}(N + \Delta N) \tag{4.19}$$

将光速 $C = \lambda f$（λ 为调制光波波长）代入（4.19）式得：

$$D = \frac{\lambda}{2}(N + \Delta N) = L_s(N + \Delta N) \tag{4.20}$$

式中　N——调制光波往返程总相位移整周期个数；

　　　ΔN——不足整周期的比例数；

　　　L_s——光电测距仪光尺的尺长。

相位法与脉冲法相比，其主要优点在于测距精度高，目前精度高的光电测距仪能达到毫米级，甚至高达 0.1 mm 级。但由于发射功率不可能很大，测程相对较短。

4.3.2　电磁波测距成果整理

电磁波测距直接获得的倾斜距离初步值，还必须经过一些改正才能获得高精度的水平距离 D_0。

1. 周期误差改正、剩余加常数改正、仪器乘常数改正

其改正公式为：

$$\Delta D_t = A\sin\left(\frac{360°}{L_s}D + \theta_0\right) + K + R \cdot D \tag{4.21}$$

式中　ΔD_t——仪器本身引起的改正数；

　　　A——周期误差振幅；

　　　θ_0——周期误差的初相位；

　　　L_s——精测尺长；

K —— 仪器剩余加常数；

R —— 仪器乘常数；

D —— 观测距离。

2. 气象改正

光电测距仪测距时的气象条件（温度 t、大气压 p、湿度 e）与仪器设计时的气象参数（t_0，p_0，e_0）不一致而引起对被测距离的改正，称为气象改正。气象改正计算公式因仪器类型不同而不同，在每种仪器的说明书中都给出了该仪器气象改正公式或诺模图。

3. 倾斜改正

当测线两端不等高时，测距结果为倾斜距离尚需进行倾斜改正，才能得到测线的水平距离。其计算方法有两种：

（1）当测站点和照准点的高程 H_1、H_2 为已知时，其倾斜改正 ΔD_h 为：

$$\Delta D_h = -\frac{\Delta H^2}{2D_\alpha} - \frac{\Delta H^4}{8D_\alpha^3} \tag{4.22}$$

式中 D_α —— 经过前两项改正后的斜距观测值；

ΔH —— 仪器中心至棱镜中心之间的高程差。

水平距离为：

$$D = D_\alpha + \Delta D_h \tag{4.23}$$

（2）当测线两端高程未知时，可用经纬仪测定测线的竖直角 α，按下列公式计算水平距离为：

$$D = D_\alpha \cos\alpha \tag{4.24}$$

4. 测距仪使用注意事项

（1）测距时严禁将测距头对准太阳和强光源，以免损坏仪器的电磁波系统。阳光下必须撑伞以遮阳光。

（2）测距仪不要在高压线附近设站，以免受强磁场影响。

（3）测距仪在使用及保管过程中注意防震、防潮、防高温。

（4）蓄电池应注意及时充电。仪器不用时，电池要充电保存。

4.4 直线定向

1. 直线定向的概念

确定地面上两点之间的相对位置，仅知道两点之间的水平距离是不够的，还必须确定此直线的方向。确定直线方向的工作，称为直线定向。要确定一条直线的方向，首先要选定一个标准方向作为直线定向的依据，然后测出了该直线与标准方向间的水平角，则该直线的方向也就确定。

2. 标准方向

测量工作中，通常以真子午线、磁子午线和坐标纵轴线作为标准方向。

（1）真子午线方向。

通过地球表面某点的子午线的切线方向，称为该点的真子午线方向。用天文测量的方法测定，或用陀螺经纬仪测定。

（2）磁子午线方向。

磁子午线方向是磁针在地球磁场的作用下，磁针自由静止时其轴线所指的方向，磁子午线方向可用罗盘仪测定。

（3）坐标纵轴线方向。

坐标纵轴线方向就是直角坐标系中纵坐标轴的方向。

由于地面上各点的子午线方向都是指向地球南北极，故除赤道上各点的子午线是互相平行外，其他地面上各点的子午线都不平行；而且地球的磁极与南北两极不重合，故地面上同一点的真子午线方向与磁子午线方向也不重合；在一个坐标系中，坐标纵轴线方向都是平行的。

3. 直线方向表示的方法

在测量工作中，直线方向常用方位角和象限角来表示。

（1）方位角。

由标准方向的北端顺时针方向量至某一直线的水平角，称为该直线的方位角，方位角的大小应在 0°～360° 范围内。由于标准方向有三种，所以对应有三个方位角，分别是真方位角、磁方位角和坐标方位角。

三种方位角的关系，如图 4.13 所示。

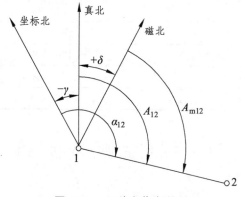

图 4.13 三种方位角的关系　　　　图 4.14 象限角

真方位角与磁方位角之间的关系为：

$$A = A_m + \delta \tag{4.25}$$

式中，δ 东偏取正，西偏取负。

真方位角与坐标方位角之间的关系为：

$$A = \alpha + \gamma \qquad\qquad (4.26)$$

式中，γ 东偏取正，西偏取负。

（2）象限角。

为了计算上的方便，测量工作中常取直线与标准方向所夹的锐角来表示直线的方向。即由标准方向线的北端或南端顺时针或逆时针方向量至直线的锐角，并注出象限名称，这个锐角称为象限角。象限角在 $0° \sim 90°$ 范围内，常用 R 表示。

图 4.14 中直线 $O1$、$O2$、$O3$、$O4$ 的象限角依次为 NER_{o1}、SER_{o2}、SWR_{o3}、NWR_{o4}。

既然同一条直线既可以用方位角表示，又可以用象限角表示，那么两者之间必定有一定的关系，如图 4.15 所示。

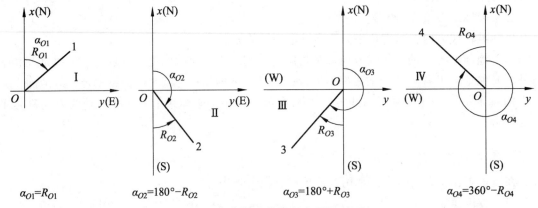

图 4.15 坐标方位角与象限角关系

二者关系如表 4.1 所示。

表 4.1 方位角和象限角的关系

象限		由方位角 α 求象限角 R	由象限角 R 求方位角 α
编 号	名 称		
I	北东（NE）	$R = \alpha$	$\alpha = R$
II	南东（SE）	$R = 180° - \alpha$	$\alpha = 180° - R$
III	南西（SW）	$R = \alpha - 180°$	$\alpha = 180° + R$
IV	北西（NW）	$R = 360° - \alpha$	$\alpha = 360° - R$

（3）坐标方位角的计算。

普通测量中，应用最多的是坐标方位角。在以后的讨论中，除非特别声明，所提及的方位角均指坐标方位角。

① 由已知点的坐标反算坐标方位角。

由图 4.16 所示的坐标增量三角形可得：

$$R_{AB} = \arctan \frac{\Delta y_{AB}}{\Delta x_{AB}} \qquad\qquad (4.27)$$

式中　　$\Delta x_{AB} = x_B - x_A$——边长 $A \rightarrow B$ 的纵坐标增量；

$\Delta y_{AB} = y_B - y_A$——边长 $A \rightarrow B$ 的横坐标增量；

R_{AB} —— $A \to B$ 的象限角。

如果将边长 AB 看成一个矢量，则它的 x, y 坐标增量就是边长矢量在 x, y 轴方向上的投影分量。根据力学的力三角形法则，标出边长 $A \to B$ 的 x, y 坐标增量的方向如图 4.16 所示。可以根据边长的坐标增量方向与对应坐标轴方向的关系来判别坐标增量的正负，当坐标增量方向与对应坐标轴方向相同时，坐标增量为正；相反为负。

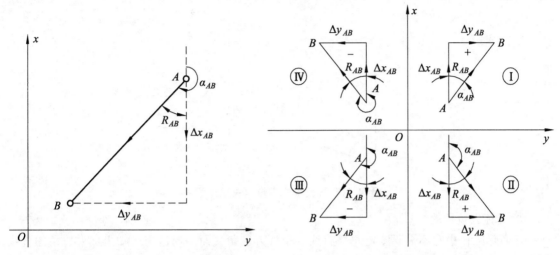

图 4.16　由坐标反算坐标方位角　　　　图 4.17　象限角与方位角的关系

图 4.17 以坐标增量为纵、横画出了当象限角分别位于一、二、三、四象限时坐标方位角与象限角的关系（见表 4.1）。由图可以总结出坐标方位角与坐标增量正负关系，见表 4.2。

表 4.2　坐标增量正负号

象　限	坐标方位角	$\cos\alpha$	$\sin\alpha$	Δx	Δy
I	$0° \sim 90°$	+	+	+	+
II	$90° \sim 180°$	−	+	−	+
III	$180° \sim 270°$	−	−	−	−
IV	$270° \sim 360°$	+	−	+	−

【例 4.1】如图 4.16 中，A、B 两点的坐标分别为 $x_A = 512.652\,\text{m}$，$y_A = 847.389\,\text{m}$，$x_B = 315.645\,\text{m}$，$y_B = 694.021\,\text{m}$，计算 AB 坐标方位角 α_{AB}。

【解】

$\Delta x_{AB} = x_B - x_A = 315.645 - 512.652 = -197.007\,\text{m}$

$\Delta y_{AB} = y_B - y_A = 694.021 - 847.389 = -153.368\,\text{m}$

$R_{AB} = \arctan \dfrac{\Delta y_{AB}}{\Delta x_{AB}} \approx \arctan \dfrac{-153.368}{-197.007} = 37°54'01''$

因为 $\Delta x_{AB} < 0$，$\Delta y_{AB} < 0$，所以象限角位于第三象限，故坐标方位角为：

$\alpha_{AB} = R_{AB} + 180° = 217°54'01''$

② 正反方位角。

如图 4.18 所示，设直线 AB 的方位角 α_{AB} 为由 $A \to B$ 的正方位角，则相反方向由 $B \to A$ 的

方位角为 α_{AB} 的反方位角。由图可以看出同一条直线的正、反坐标方位角相差 $180°$，即：

$$\alpha_{AB} = \alpha_{BA} \pm 180° \tag{4.28}$$

在式（4.28）中，等号右边第二项 $180°$ 前正负号的规律为：当 $\alpha_{AB} < 180°$ 时，取"+"号，$\alpha_{AB} > 180°$ 时，取"－"号。这样就可以确保求得的反坐标方位角一定满足方位角的取值范围（ $0° \sim 360°$ ）。

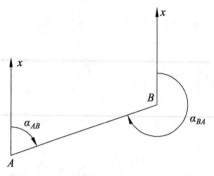

图 4.18　正反坐标方位角关系示意图

③ 坐标方位角的推算。

在实际工作中并不需要测定每条直线的坐标方位角，而是通过与已知坐标方位角的直线连测后，推算出各直线的坐标方位角。如图 4.19 所示，已知直线 12 的坐标方位角 α_{12}，观测了水平角 β_2 和 β_3，要求推算直线 23 和直线 34 的坐标方位角。

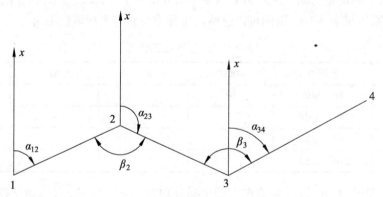

图 4.19　方位角推算

推算路线的方向为：$12 \to 23 \to 34$，这样所观测的水平角 β_2 位于推算路线的右侧，称为右角；β_3 位于路线的左侧，称为左角。由图可以看出：

$$\alpha_{23} = \alpha_{12} + 180° - \beta_2$$
$$\alpha_{34} = \alpha_{23} + 180° + \beta_3$$

故可以得到方位角推算的一般式：

$$\alpha_{\text{前}} = \alpha_{\text{后}} \pm \sum \genfrac{}{}{0pt}{}{\beta_{\text{左}}}{\beta_{\text{右}}} \pm n \cdot 180° \tag{4.29}$$

式中　n ——转折角的个数。

用 $\beta_{\text{左}}$ 推算时是加 $\beta_{\text{左}}$，用 $\beta_{\text{右}}$ 推算时是减 $\beta_{\text{右}}$，简称"左加右减"；等号右边最后一项 $180°$

前正负号的取号规律是：当等号右边前两项的计算结果小于180°时取正号，大于180°时取负号，简称等号右边前两项的计算结果小于180°时加180°，大于180°时减180°。若计算的前进边坐标方位角在0°～360°之间，则就是正确的坐标方位角；若按此顺序计算的坐标方位角大于360°，再减360°；若小于0°，再加360°，这样就可以确保求得的坐标方位角一定满足方位角的取值范围（0°～360°）。

【例 4.2】如图 4.20 所示，已知起始边 AB 的坐标方位角为40°48′00″，观测角如图所示，试求多边形 BC、CD、DA 的坐标方位角。

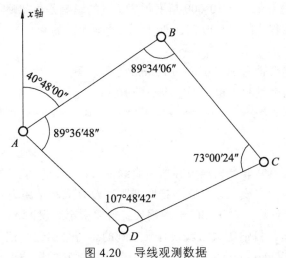

图 4.20　导线观测数据

【解】由题意知，计算坐标方位角的路线为 $ABCDA$，因此观测角度变成前进方向的右角，由式（4.28）可得：

$$\alpha_{BC} = 40°48′00″ - 89°34′06″ + 180° = 131°13′54″$$
$$\alpha_{CD} = 131°13′54″ - 73°00′24″ + 180° = 238°13′30″$$
$$\alpha_{DA} = 238°13′30″ - 107°48′42″ + 180° = 310°24′48″$$
$$\alpha_{AB} = 310°24′48″ - 89°36′48″ - 180° = 40°48′00″$$

【例 4.3】已知 $\alpha_{AB} = 143°26′38″$，观测所得的左角为 $\beta_B = 260°13′24″$，$\beta_1 = 333°42′35″$，$\beta_2 = 107°48′27″$，试计算各边的坐标方位角。

【解】由题意知，观测角度为前进方向的左角，由式（4.28）可得：

$$\alpha_{B1} = 143°26′38″ + 260°13′24″ - 180° = 223°40′02″$$
$$\alpha_{12} = (223°40′02″ + 333°42′35″ - 180°) - 360° = 17°22′37″$$
$$\alpha_{23} = 17°22′37″ + 107°48′27″ + 333°42′35″ + 180° = 305°11′04″$$

4.5　距离测量误差的主要来源和减弱措施

4.5.1　钢尺量距的误差来源及减弱措施

对同一距离进行多次丈量或往返丈量，其结果都不尽相同，这说明距离丈量过程中不可避免地产生各种误差。因此，了解这些误差的原因，并采取适当的措施将这些误差对测量结果的影响减弱到最低程度是非常重要的。钢尺量距的主要误差来源有以下几种。

1. 钢尺误差

（1）尺长误差。

尺长误差是用经检定的钢尺量距时，由于钢尺尺长方程式与其标准长度不符所造成的误差，距离愈长，其影响愈大，所以钢尺量距时，必须对钢尺进行检定，钢尺经过检定后能达到 1/10 000 的精度，这对低于 1/10 000 精度距离丈量的影响是可忽略不计的，所以只要在量距成果加上钢尺尺长方程式的尺长改正，即可消除此项误差的影响。

（2）检定误差。

钢尺经过检定后仍会带有 ±0.5 mm ~ ±0.2 mm 的检定误差。对于一般距离丈量，此项误差可以忽略不计；对于精密量距，检定误差应小于 ±0.3 mm。

2. 观测误差

（1）定线误差。

由于定线时中间各点并非严格测设在所量直线的方向上，使量得的距离不是直线长而呈折线长，其产生的误差为定线误差。它与把倾斜距离改算成水平距离具有相同的性质，在水平面内产生的误差，经计算，对于 30 m 的钢尺，若要求定线误差 $\Delta\varepsilon \leqslant \pm 3$ mm，则只需定线偏差 ε 小于 0.21 m，这是目估定线法就很容易达到的。若采用经纬仪定线，定线偏差 ε 小于 2 cm，则定线误差 $\Delta\varepsilon$ 仅 0.03 mm，即使是精密距离丈量，它的影响也是很小的。所以一般距离丈量采用目估定线，而精密距离丈量采用经纬仪定线，可将此项误差对距离丈量的影响减弱到最小。

（2）拉力误差。

钢尺具有弹性，会因受拉而伸长。量距时，如果拉力与钢尺检定时的拉力不同就会产生拉力误差。拉力的大小会影响尺长，小于标准拉力时，量出的距离偏大，反之偏小。对一般量距拉力误差不超过100N，精密量距拉力误差不超过10N，可以忽略拉力误差的影响。

（3）倾斜误差。

应用平量法丈量距离时应尽量使钢尺水平，否则会产生距离增长的误差。对 30 m 长的钢尺，一般量距法目估尺子水平的误差约为 0.44 m（倾角为 50′），由此而产生的距离误差为 3 mm，这对一般量距法的精度的影响可忽略不计。精密量距时，测出尺段两端点的高差 h，进行倾斜改正。设高差测定误差为 δ_h，则由此产生的距离误差为 $-\dfrac{h}{l}\delta_h$。欲使距离误差不大于 1 mm，当 $l = 30$ m，$h = 1$ m 时，可计算出 δ_h 不应超过 30 mm。

（4）钢尺垂曲的误差。

所谓垂曲误差，就是钢尺悬空丈量时，尺子因自重而产生下垂所引起的量距误差。一般在钢尺检定时，将尺子分成悬空与沿地面两种情况检定，得出各自相应的尺长方程式。在量距成果整理时，根据实际情况采用相应的尺长方程式计算各项改正数，即可消除此项误差的影响。

3. 外界条件影响引起的误差

（1）温度误差。

根据温度改正公式 $\Delta l_t = \alpha(t - t_0) \cdot l$，对于 30 m 的钢尺，温度变化 8 ℃，将会产生 1/10 000 尺长误差。由于用温度计测量温度，测定的是空气的温度，而不是尺子本身的温度，在夏季阳光曝晒下，此两者温度之差可大于 5 ℃。因此，钢尺量距宜在阴天进行，并用点温计测定尺温。

（2）风力误差。

北方地区冬春两季经常刮风，风力会使钢尺产生抖动，导致尺长发生变化。所以在钢尺使用过程中应注意以下问题：

①钢尺易生锈。工作结束后，应用软布擦去尺上的泥和水，涂上机油，以防生锈。

②钢尺易折断。如果钢尺出现卷曲，切不可用力硬拉。

③在行人和车辆多的地区量距时，中间要有专人保护，严防尺被车辆压过而折断。

④不准将尺子沿地面拖拉，以免磨损尺面刻画线。

⑤收卷钢尺时，应按顺时针方向转动钢尺摇柄，切不可逆转，以免折断钢尺。

4.5.2 视距测量的误差及注意事项

（1）读数误差。

用视距丝读取视距间隔的误差与尺子最小分划的宽度、距离远近、望远镜的放大倍率及成像清晰程度等因素有关；若视距间隔仅有 1 mm 的差异，将使距离产生近 0.1 m 的误差。所以读数时一定要仔细，并认真消除视差。为了减少读数误差的影响，可用上丝或下丝对准尺上的整分划数，然后用另一根视距丝估读出视距读数，同时视距测量的施测距离也不宜过大。

（2）视距尺倾斜引起的误差。

当标尺前倾时，所得尺间隔变小，当标尺后仰时，尺间隔增大，经计算表明，当水平距离 D=100 m，视线倾角 α=10°时，若视距尺倾斜为 3°，则视距测量误差约为 0.79 m。倾斜角越大，对距离影响也越大。因此，为了减小它的影响，应使用装有圆水准器的视距尺，观测时尽可能使视距尺竖直。

（3）大气折光差的影响。

视距尺不同部分的光线是通过不同密度的空气层到达望远镜的，越接近地面的光线受折光影响越显著。经验证明，当视线接近地面在视距尺上读数时，垂直折光引起的误差较大，并且这种误差与距离的平方成比例地增加，因此在阳光下作业时，应使视距尺离开地面 1 m 左右，这样可以减少垂直折光差。

（4）垂直角观测误差引起的误差。

由式（4.14）可知，垂直角观测误差对水平距离的影响随着垂直角的增大而减小。

此外，视距乘常数、水准尺刻划误差、刮风使视距尺抖动、空气的能见度，对视距测量的精度都有影响。

4.5.3 电磁波测距仪测距误差分析

（1）周期误差。这是一种由于仪器内部光电信号干扰而引起的误差。它随所测距离的不同而做周期性变化，变化周期为半个波长，误差曲线为正弦曲线。

（2）固定误差。

① 对中误差。此项误差只要作业人员精心操作，无论用光学对中器或锤球对中，一般均可把对中误差控制在±3 mm 之内。

② 仪器加常数校正误差。光电测距仪制造时由于仪器的内光路等效测距面和仪器的安置中心不一致，产生距离偏差 d_1，反射棱镜的等效反射面和反射棱镜的安置中心不重合，也产生距离偏差 d_2，如图 4.21 所示。综合 d_1、d_2 得改正数 d，称为仪器加常数。所测距离 D_{AB} 应为按相位差求得的距离 D_0 与加常数 d 之和，即 $D_{AB} = D_0 + d$，这个加常数的改正通常在仪器制造时已考虑进去。但是，可能因某种环境因素的变化而使加常数发生变化，对测距有所影响。这个变化值称为剩余加常数 k，可通过检验求得，对所测距离进行改正。

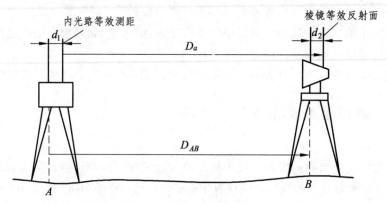

图 4.21　加常数示意图

（3）比例误差。

① 光速测定误差。其相对误差为 1/75 万，对测距影响很小。

② 大气折射率误差。该项误差由气象参数测定误差和气象参数代表性误差两项引起。光波在大气中的折射率随测线的温度、气压等气象条件变化而变化，使 $C = C_0 / n$ 发生改变而造成测距误差。

③ 调制频率的误差。调制频率决定了测尺长度，调制频率变化将给测距成果带来误差，此项误差将随距离增大而增大，其比例常数可称为乘常数，短边可不考虑其影响，但长边测量要加以检定和改正。

4.6　GNSS 测距简介

GNSS 精密定位技术的高度自动化和所达到的定位精度及潜力，为其在测量领域的应用，展现了广阔的前景。

相对于常规的测量手段来说，GNSS 测量具有以下特点：

（1）功能多、用途广。

（2）测站间无须通视。

（3）定位精度高。

（4）观测时间短。

（5）提供三维坐标。

（6）操作简便。

（7）全天候作业。

GNSS 测量相关内容参见第 7 章。

本章小结

本章主要介绍了常用的距离测量方法及其直线定向的方法。距离测量的方法有钢尺量距、视距测量、电磁波测距三种。钢尺量距适用于平坦地区的短距离量距，易受地形限制。视距测量是利用经纬仪或水准仪望远镜中的视距丝及视距标尺按几何光学原理测距，这种方法能克服地形障碍，适合于 200 m 以内低精度的近距离测量。电磁波测距是用仪器发射并接收电磁波，通过测量电磁波在待测距离上往返传播的时间计算出距离，这种方法测距精度高，测程远，一般用于高精度的远距离测量和近距离的细部测量。

当用钢尺进行精密量距时，距离丈量精度要求达到 1/10 000 ~ 1/40 000 时，在丈量前必须对所用钢尺进行检定，以便在丈量结果中加入尺长改正。另外还需配备弹簧秤和温度计，以便对钢尺丈量的距离施加温度改正。若为倾斜距离时，还需加倾斜改正。

在对钢尺量距进行误差分析时，要注意尺长误差、温度误差、拉力误差、钢尺倾斜和垂曲误差、定线误差、丈量误差的影响。视距测量主要用于地形测量的碎部测量中，分为视线水平时的视距测量、视线倾斜时的视距测量两种。在观测中需注意用视距丝读取尺间隔的误差、标尺倾斜误差、大气竖直折光的影响并选择合适的天气作业。

电磁波测距仪与传统测距工具和方法相比，它具有高精度、高效率、测程长、作业快、工作强度低、几乎不受地形限制等优点。现在的红外测距仪已经和电子经纬仪及计算机软硬件制造在一起，形成了全站仪，并向着自动化、智能化和利用蓝牙技术实现测量数据的无线传输方向飞速发展。

确定直线与标准方向线之间的夹角关系的工作称为直线定向。标准方向线有三种：真子午线方向、磁子午线方向、坐标纵轴方向。由于采用的标准方向不同，直线的方位角也有如下三种：真方位角、磁方位角和坐标方位角。

习 题

1. 直线定线的目的是什么？有哪些方法？如何进行？

2. 简述钢尺在平坦地面量距的步骤。

3. 钢尺量距中有哪些主要误差？如何减少这些误差？

4. 说明视距测量的方法。

5. 说明脉冲式测距和相位式测距的原理。

6. 直线定向的目的是什么？它与直线定线有何区别？

7. 标准方向有哪几种？表示直线的方位角有哪几种？

8. 什么是象限角？它与方位角的区别是什么？

9. 用钢尺量得 AB、CD 两段距离为：$D_{AB往}$ =126.885 m，$D_{AB返}$ =126.837 m，$D_{CD往}$ =204.576 m，$D_{CD返}$ =204.624 m。这两段距离的相对误差各为多少？哪段精度高？

10. 设已知各直线的坐标方位角分别为 47°27′、177°37′、226°48′、337°18′，试分别求出它们的象限角和反坐标方位角。

11. 如下图 4.22 所示，$\alpha_{12} = 236°$，五边形各内角分别为 $\beta_1 = 76°$，$\beta_2 = 129°$，$\beta_3 = 80°$，$\beta_4 = 135°$，$\beta_5 = 120°$，求其他各边的坐标方位角。

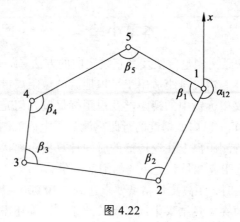

图 4.22

第5章　测量误差理论的基本知识

本章要点：本章主要介绍测量误差理论的基础知识，包括误差的分类、衡量精度的指标、误差传播定律、中误差的计算方法、同精度观测、不同精度观测、权的含义等内容。学习过程中学生应重点了解测量误差的来源和分类，了解偶然误差的特性，评定误差精度的指标，误差传播率及其应用。了解算术平均值的求取过程，并评定其精度。

5.1　测量误差的概念和分类

通常将对未知量进行测量的过程称为观测，测量的数值称为观测值。当对一个未知量，如某个角度、某两点间的距离或高差进行多次重复观测时，每次得到的结果往往并不完全一致，与其客观存在的真实值也往往有差异。这种差异实质上是观测值与真实值（简称真值）之间的差异，称为测量误差或者观测误差，亦称为真误差。在不产生歧义的情况下，也可简称为误差。

设观测值为 L_i（$i=1$，2，$\cdots$，n），其真值为 X，则测量误差 Δ 的数学表达式为：

$$\Delta_i = L_i - X \qquad (i=1，2，\cdots，n) \tag{5.1}$$

通常情况下，每次观测都会有观测误差存在。例如，在水准测量中，闭合路线的高差理论上应该等于零，但实测观测值的闭合差往往不会达到零闭合；同一组人员用同一台经纬仪对某个角度进行水平角观测，上、下半测回的角值往往不完全相等。这些现象在测量工作中是经常发生的，这就表明了观测值中不可避免地有误差。

1. 测量误差的来源

测量工作是观测者使用某种测量仪器或者工具，在一定的外界条件下进行的观测活动。因此，测量误差的来源主要有以下三个方面：

（1）仪器的误差。主要是仪器、工具构造上的缺陷及仪器、工具本身精密度的限制。

（2）观测者的误差。由于观测者测量技术水平或者感官能力的局限而产生。主要体现在仪器的对中、照准、读数等几个方面。

（3）外界条件的影响。在观测工作中，不断变化的温度、湿度、风力、可见度、大气折光等外界因素给测量带来的误差。

大量的实践证明，测量误差主要是由上述三方面因素的影响而造成的。通常将仪器、观测者和外界条件合称为观测条件。

在人们的印象中，总是希望每次测量值所出现的误差越小越好，甚至趋近于零。但要真正做到这一点，就要使用极其精密的仪器，采用十分严格的观测方法，这样一来，就会使每次的测量工作都可能变得十分繁琐复杂，消耗大量的物力和精力。实际上，根据不同的测量目的和要求，允许在测量结果中含有一定程度的测量误差。因此，我们的目标不是简单地使测量误差越小越好，而应该设法将误差限制在满足测量目的和要求的范围之内。

2. 测量误差的分类

按观测误差性质的不同，可将其分为粗差、系统误差、偶然误差三大类。观测误差是这三类误差的代数和。

（1）粗差。

粗差是由于观测者疏忽大意，操作不当，或受外界干扰等原因造成的。例如，照错了目标，读错或记错了数据等。粗差实际上是一种错误，在观测成果中是不允许存在的，由于它将严重影响观测成果的质量，因此要求测量工作者要具有高度的责任心和良好的工作作风，尽量避免粗差的发生。通过重复观测、严格检核与验算等方式均可发现粗差。国家的各类测量规范和细则一般也能起到防止粗差出现和发现粗差的作用。

含有粗差的观测值都不能采用，一旦发现粗差，该观测值必须舍弃或重测。

在测量中如何避免或发现粗差？下面是一些有效的方法：进行必要的重复观测；观测成果计算中进行必要的检核、验算；增加约束条件，通过"多余"的观测，及时发现和避免粗差。例如，从一点往几个方向观测水平角时，采用方向观测法，增加了"归零"的约束。一般来说，严格遵守国家技术监督部门和测绘管理机构制定的相关测量规范，是可以避免粗差和发现粗差的。

（2）系统误差。

在相同的观测条件下，对某量进行一系列的观测，若误差出现的符号和数值大小均相同，或按一定的规律变化，这种误差称为系统误差。例如，用名义长度为 30 m，而实际长度为 30.004 m 的钢尺量距，每量一尺段就有 –0.004 m 的系统误差，它是一个常数；又如水准仪虽经检校，视准轴与水准管轴之间仍会存在 i 角误差，观测时在水准尺上的读数便会产生 $D \cdot i'' / \rho''$ 误差。

系统误差具有累积性，对测量结果影响甚大，但它的符号和大小有一定的规律，应当设法消除或减弱其影响。具体措施如下：

① 校正仪器。如对水准仪的视准轴不平行于水准轴的校正，经纬仪照准部水准管轴不垂直于竖轴或度盘偏心的误差对测量水平角的影响的校正等。

② 采用适当的观测方法。如角度测量中的正、倒镜观测，盘左、盘右读数，分不同时间段观测；三角高程测量中的对向观测；等等。

③ 计算改正。如对测距观测值进行必要的尺长改正、温度改正、气压改正、频率改正等。

④ 系统误差补偿。即把系统误差作为一种未知参数来处理。如果用某种标准对观测值进行判断，发现有系统误差存在，但对其数值的大小和符号不能确定，这时可采用设置未知数的方法，使它与其他未知数一起通过计算求出来，这种方法称为系统误差补偿。

（3）偶然误差。

在相同的观测条件下，对某量进行一系列的观测，如误差出现的符号和大小均不一致，且从表面上看没有任何规律性，这种误差称为偶然误差。当不存在粗差和系统误差的情况下，偶然误差实际上就是观测值与真值之差，即

$$\Delta = L - X \tag{5.2}$$

式中　Δ——偶然误差；

　　　L——观测值；

　　　X——真值。

偶然误差亦称随机误差，其符号和大小虽然在表面上是无规律，但决不能说这些事实和现象的产生是无缘无故的。例如，钢尺量距时在尺上估读的小数（有时偏大，有时偏小）就属于偶然误差。因为在表面上是偶然性在起作用，实际上却始终是受其内部隐蔽着的规律所支配，问题是如何把这种隐蔽的规律揭示出来。

5.2　偶然误差的特性

大量的实践证明，如果对某量进行多次观测，在只含有偶然误差的情况下，偶然误差列呈现出统计学上的规律性。观测的次数愈多，这种规律愈明显。例如，对三角形的三个内角进行观测，因观测有误差，内角观测值之和 Σ 不等于180°，其差值 Δ 为闭合差，又称为真误差。

现观测了358个三角形，将每个三角形内角和真误差的大小按一定区间统计如表5.1所示。

表 5.1　偶然误差统计

误差区间	负误差		正误差		误差绝对值	
dΔ″	k	k/n	k	k/n	k	k/n
0～3	45	0.126	46	0.128	91	0.254
3～6	40	0.112	41	0.115	81	0.226
6～9	33	0.092	33	0.092	66	0.184
9～12	23	0.064	21	0.059	44	0.123
12～15	17	0.047	16	0.045	33	0.092
15～18	13	0.036	13	0.036	26	0.073
18～21	6	0.017	5	0.014	11	0.031
21～24	4	0.011	2	0.006	6	0.017
24 以上	0	0	0	0	0	0
Σ	181	0.505	177	0.495	358	1.000

由表中数据可以看出：

（1）小误差的个数比大误差多。

（2）绝对值相等的正负误差的个数大致相等。

（3）最大误差不超过24″。

人们通过反复实践和认识，总结出偶然误差列具有如下的特性：

（1）在一定的观测条件下，偶然误差的绝对值不会超过一定的限度。

（2）绝对值小的误差比绝对值大的误差出现的机会要多。

（3）绝对值相等的正误差与负误差出现的机会相等。

（4）同一量的等精度观测，其偶然误差的算术平均值，随着观测次数的增加而趋近于零，即

$$\lim_{n\to\infty} \frac{[\Delta]}{n} = 0 \tag{5.3}$$

式中，n 为观测次数，$[\Delta] = \Delta_1 + \Delta_2 + \cdots + \Delta_n$。

为了更直观地表示偶然误差的正、负大小的分布情况，可根据表 5.1 数据作图 5.1。图中以偶然误差的大小表示横坐标，以误差出现于各区间的频率除以区间为纵坐标，每一个误差区间上的长方条面积代表误差出现在该区间内的频率。该图在统计学中称为频率直方图。

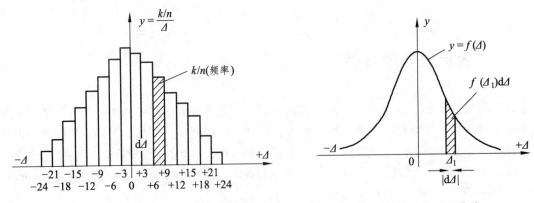

图 5.1　偶然误差的分布图　　　　图 5.2　误差正态分布曲线

显然，图 5.1 中矩形面积的总和等于 1，每一矩形的面积大小，表示在该区间内偶然误差出现的频率 n_i / n。例如图中有阴影的一个矩形面积，即表示误差出现在 $+6'' \sim +9''$ 之间的频率。横坐标轴表示偶然误差，所以各矩形上部包围的一个折线就能比较形象地表示出偶然误差的分布规律。当误差区间取得足够小，观测次数足够多时，该误差折线就趋向于一条对称于纵坐标轴的连续曲线，称为误差分布曲线。在数理统计中，这条曲线称为"正态分布密度曲线"，如图 5.2 所示。根据偶然误差的统计特性，推导出该曲线的方程式为：

$$f(\Delta) = \frac{1}{|m|\sqrt{2\pi}} e^{-\frac{\Delta^2}{2m^2}} \tag{5.4}$$

$y = f(\Delta)$ 称为分布密度。式中 m 称为中误差，在概率统计中，$|m| = \sigma$ 称为均方差。

由于偶然误差本身的特性，不能用计算改正或改变观测方法的办法来简单地加以消除，只能根据偶然误差的理论来改进观测方法和合理地处理观测数据，以减小偶然误差对测量成果的影响。

5.3 评定精度的指标

1. 精 度

精度是指在一定的观测条件下，对某个量进行观测，其误差分布的密集或离散的程度。

由于精度是表征误差分布的特征，而观测条件又是造成误差的主要来源。因此，在相同的观测条件下进行的一组观测，尽管每一个观测值的真误差不一定相等，但它们都对应着同一个误差分布，即对应着同一个标准差。这组观测称为等精度观测，所得到的观测值为等精度观测值。如果仪器的精度不同，或观测方法不同，或外界条件的变化较大，这就属于不等精度观测，所对应的观测值就是不等精度观测值。

为了衡量观测结果精度的优劣，必须有一个评定精度的统一指标，而中误差、平均误差、相对中误差和容许误差（极限误差）是测量工作中最常用的衡量指标。

2. 中误差

衡量观测结果精度的标准有许多种，测量工作中通常采用中误差。

设在等精度条件下对某未知量进行了 n 次观测，其观测值为 l_1，l_2，……，l_n，真误差相应为 Δ_1，Δ_2，……，Δ_n，则观测精度可用下式来表示：

$$m = \pm\sqrt{\frac{[\Delta\Delta]}{n}} \tag{5.5}$$

式中，$[\Delta\Delta] = \Delta_1^2 + \Delta_2^2 + \cdots + \Delta_n^2$，$m$ 称为观测值的中误差，亦称均方误差，即每个观测值都具有这个精度，在概率统计中常用字母 σ 来表示。

中误差 m 不同于各个观测值的真误差 Δ_i，它反映地是一组观测精度的整体指标，而真误差 Δ_i 是描述每个观测值误差的个体指标。在一组等精度观测中，各观测值具有相同的中误差，但各个观测值的真误差往往不等于中误差，且彼此也不一定相等，有时差别还比较大，这是由于真误差具有偶然误差特性的缘故。

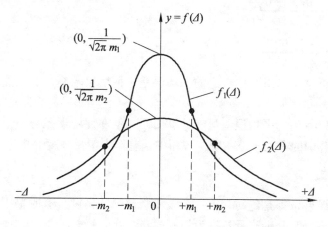

图 5.3　不同精度的误差曲线图

中误差的大小不同，其偶然误差的概率分布密度曲线也不同。如图 5.3 所示，设 $|m_2| > |m_1|$，

则说明相应于 m_1 的偶然误差列比相应于 m_2 的偶然误差列更密集在原点两侧。由于分布密度曲线与横轴之间的面积皆等于 1，故 $|m_1|$ 的曲线所截纵轴的位置比 $|m_2|$ 的曲线高，说明 m_1 所对应观测值的精度比 m_2 所对应观测值的精度高。

所以由以上可以推出，中误差 m 越小，表明该组观测值误差的分布越密集，各观测值之间的整体差异也越小，这组观测值的精度就越高。反之，该组观测值精度就越低。

【例 5.1】对某个量进行两组观测，各组均为等精度观测，各组的真误差分别如下所示：
第一组：-3，+2，-1，0，+4；第二组：+5，-1，0，+1，+2。请评定哪组的精度高？

【解】根据公式 $m = \pm\sqrt{\dfrac{[\Delta\Delta]}{n}}$，分别计算两组的中误差。

第一组：$m_1 = \pm\sqrt{\dfrac{(-3)^2 + (+2)^2 + (-1)^2 + 0 + (+4)^2}{5}} = \pm 2.4''$

第二组：$m_2 = \pm\sqrt{\dfrac{(+5)^2 + (-1)^2 + 0 + (+1)^2 + (+2)^2}{5}} = \pm 2.5''$

可见第一组具有较小的中误差，第一组的精度较高。

3. 平均误差

在测量工作中，有时为了计算简便，采用平均误差 θ 这个指标。平均误差就是在一组等精度观测中，各误差绝对值的平均数，其表达式为：

$$\theta = \pm\frac{[|\Delta|]}{n} \tag{5.6}$$

式中　$[|\Delta|]$——误差绝对值的总和。

【例 5.2】在例题 5.1 中，请计算两组的平均误差。

【解】根据公式 $\theta = \pm\dfrac{[|\Delta|]}{n}$ 分别计算两组的平均误差。

第一组：$\theta_1 = \pm\dfrac{3+2+1+0+4}{5} = \pm 2.0''$

第二组：$\theta_2 = \pm\dfrac{5+1+0+1+2}{5} = \pm 1.8''$

从计算结果分析，第二组有比较小的平均误差，精度比较高，这显然与中误差指标得到的结论相反。

从上述例子可以看到，平均误差虽然计算简便，但在评定误差分布上，其可靠性不如中误差准确。所以，我国的有关规范均统一采用中误差作为衡量精度的指标。

4. 相对误差

真误差 Δ 及中误差 m 都是绝对误差。衡量测量成果的精度，有时单用绝对误差还不能完全表达精度的优劣。例如，分别丈量长度为 100 m 和 200 m 两段距离，其中误差皆为 ±0.002 m。显然，我们不能认为这两段距离的丈量精度是相同的。为了更客观地衡量精度，还必须引入相对误差的概念。相对误差就是中误差的绝对值与相应测量结果之比，通常以分子为 1 的分式来表示。相对中误差可表示为：

$$K = \frac{|m|}{D} = \frac{1}{D/|m|}$$

（5.7）

式中，m ——长度 D 值的中误差。

上述两段距离的相对误差为：

$$K_1 = \frac{|m_1|}{D_1} = \frac{0.02}{100} = \frac{1}{5\ 000}$$

$$K_2 = \frac{|m_2|}{D_2} = \frac{0.02}{200} = \frac{1}{10\ 000}$$

在上例中用相对中误差来衡量观测精度，就可知后者的精度比前者高。

在距离测量中，往往并不知道其真值，不能直接用 $K = \frac{|m|}{D}$，常采用往、返观测值的相对误差来进行校核，相对误差的表达式为：

$$\frac{|D_{往} - D_{返}|}{D_{平均}} = \frac{\Delta D}{D_{平均}} = \frac{1}{D_{平均}\big/ \Delta D}$$

（5.8）

从表达式可以看出，相对误差实质上是相对中误差。它反映了该次往、返观测值的误差情况。显然，相对误差越小，观测结果越可靠。

在这里应该指出，经纬仪角度测量、水准测量等不能用相对误差的概念来衡量精度，因为其误差与观测值本身的大小无关。

5. 容许误差

由偶然误差的第一个特性可知，在一定的观测条件下，偶然误差的绝对值不会超过一定的限值。观测值的中误差只是衡量精度的一个标准，它并不代表某一个别观测值的真误差的大小。但是中误差与被衡量值的真误差之间，存在着一定的统计学上的关系。根据误差理论和大量的实践证明，在一列等精度观测误差中，绝对值大于中误差的偶然误差出现个数约为30%；绝对值大于两倍中误差出现的个数约为5%；绝对值大于三倍中误差的出现个数仅为3‰。因此，在观测次数不多的情况下，可认为大于三倍中误差的偶然误差实际上是不可能出现的。故常以三倍中误差作为偶然误差的极限值（称为极限误差），即

$$\Delta_{极} = 3\,m$$

（5.9）

在实际工作中，有的测量规范要求观测值不容许存在较大的误差时，常以两倍中误差为误差的容许值，称为容许误差，即

$$\Delta_{允} = 2\,m$$

（5.10）

如果观测值中出现了超过 $2\,m$ 的误差，就可以认为该观测值不可靠，应舍去不用。式（5.10）要求比较严格，式（5.9）要求相对宽松。

5.4 误差传播定律及其应用

在实际工作中，某些未知量不可能或不便于直接进行观测，而需要由另外一些直接观测值用间接的方法计算出来。例如，欲求某一点的坐标（x、y），则是通过观测该点与已知点间的水平距离和水平角来进行计算。显然，在此种情况下，未知量是各个独立直接观测值的函数。因此，所求未知量的中误差与观测值的中误差之间必有一定的关系，阐述这种关系的定律，称为误差传播定律。

1. 误差传播定律

设 Z 是独立观测量 x_1，$x_2,\cdots$，x_n 的函数，即

$$Z = f(x_1,\ x_2,\cdots,\ x_n) \tag{5.11}$$

其中函数 Z 的中误差为 m_Z，各独立观测量 x_1，$x_2,\cdots$，x_n 的中误差分别为 m_1，$m_2,\cdots$，m_n。根据式（5.1），设：

$$x_i = l_i - \Delta_i \tag{5.12}$$

式中　　l_i——各独立观测量 x_i 相应的观测值；

Δ_i——各观测值 l_i 的偶然误差。

将式（5.12）代入式（5.11），则有：

$$Z = f(l_1 - \Delta_1,\ l_2 - \Delta_2,\cdots,\ l_n - \Delta_n)$$

用泰勒级数展开成线性函数的形式，并整理成：

$$Z = f(l_1,\ l_2,\cdots,\ l_n) - \left(\frac{\partial f}{\partial x_1}\Delta_1 + \frac{\partial f}{\partial x_2}\Delta_2 + \cdots + \frac{\partial f}{\partial x_n}\Delta_n \right)$$

等式的右边第二项就是函数 Z 的误差 Δ_Z 的表达式，即：

$$\Delta_Z = \frac{\partial f}{\partial x_1}\Delta_1 + \frac{\partial f}{\partial x_2}\Delta_2 + \cdots + \frac{\partial f}{\partial x_n}\Delta_n \tag{5.13}$$

各独立观测量 x_i 都观测了 k 次，则函数的误差 Δ_Z 的平方和展开式为：

$$\sum_{j=1}^{k} \Delta_Z^2 = \left(\frac{\partial f}{\partial x_1}\right)^2 \sum_{j=1}^{k} \Delta_{1j}^2 + \left(\frac{\partial f}{\partial x_2}\right)^2 \sum_{j=1}^{k} \Delta_{2j}^2 + \cdots + \left(\frac{\partial f}{\partial x_n}\right)^2 \sum_{j=1}^{k} \Delta_{nj}^2 +$$

$$2\frac{\partial f}{\partial x_1} \cdot \frac{\partial f}{\partial x_2} \sum_{j=1}^{k} \Delta_{1j}\Delta_{2j} + 2\frac{\partial f}{\partial x_1} \cdot \frac{\partial f}{\partial x_3} \sum_{j=1}^{k} \Delta_{1j}\Delta_{3j} + \cdots \tag{5.14}$$

因为 Δ_i、Δ_j（$i \ne j$）均为独立观测值的偶然误差，其乘积 $\Delta_i\Delta_j$ 也必然具有偶然误差的特性。根据偶然误差特性（4），有：

$$\lim_{n \to \infty} \frac{\sum \Delta_i\Delta_j}{n} = 0\,(i \ne j)$$

所以当观测次数 k 足够多，式（5.14）可以简写成：

$$\sum_{j=1}^{k} \Delta_z^2 = \left(\frac{\partial f}{\partial x_1}\right)^2 \sum_{j=1}^{k} \Delta_{1j}^2 + \left(\frac{\partial f}{\partial x_2}\right)^2 \sum_{j=1}^{k} \Delta_{2j}^2 + \cdots + \left(\frac{\partial f}{\partial x_n}\right)^2 \sum_{j=1}^{k} \Delta_{nj}^2 \tag{5.15}$$

根据式 $m = \pm\sqrt{\dfrac{[\Delta^2]}{n}}$ ，有：

$$\sum_{j=1}^{k} \Delta_{z_j}^2 = km_z^2 \tag{5.16}$$

$$\sum_{j=1}^{k} \Delta_{i_j}^2 = km_i^2 \tag{5.17}$$

上式中 i=1，2，…，n。将式（5.16）、式（5.17）代入式（5.15），可得：

$$m_z^2 = \left(\frac{\partial f}{\partial x_1}\right)^2 m_1^2 + \left(\frac{\partial f}{\partial x_2}\right)^2 m_2^2 + \cdots + \left(\frac{\partial f}{\partial x_n}\right)^2 m_n^2 \tag{5.18}$$

即

$$m_z = \sqrt{\left(\frac{\partial f}{\partial x_1}\right)^2 m_1^2 + \left(\frac{\partial f}{\partial x_2}\right)^2 m_2^2 + \cdots + \left(\frac{\partial f}{\partial x_n}\right)^2 m_n^2} \tag{5.19}$$

式（5.19）就是一般函数的误差传播定律的表达式。利用式（5.19）可以推导出一些典型函数的误差传播定律，常见函数的计算公式见表 5.2。

表 5.2 常见函数的误差传播公式

函数名称	函数关系式	中误差传播公式
和差函数	$Z = x_1 \pm x_2$	$m_z = \pm\sqrt{m_1^2 + m_2^2}$
	$Z = x_1 \pm x_2 \pm \cdots \pm x_n$	$m_z = \pm\sqrt{m_1^2 + m_2^2 + \cdots + m_n^2}$
倍数函数	$Z = Cx$（C 为常数）	$m_z = \pm Cm$
线性函数	$Z = k_1x_1 \pm k_2x_2 \pm \cdots \pm k_nx_n$	$m_z = \pm\sqrt{k_1^2m_1^2 + k_2^2m_2^2 + \cdots + k_n^2m_n^2}$

2. 误差传播定律的应用

误差传播定律在测绘领域的应用十分广泛，不仅可以求得观测值函数的中误差，还可以研究确定容许误差，或事先分析观测可能达到的精度等。

应用误差传播定律时，首先应根据问题的性质，列出正确的观测值函数关系式，再利用误差传播公式求解。下面举例说明其应用。

【例 5.3】在视距测量中，当视线水平时读得的视距间隔 l = 1.35 m ±1.2 mm，试求水平距离 D 及其中误差 m_D。

解：视线水平时，水平距离 D 为：

$$D = kl = 100 \times 1.35 = 135.00 \text{ m}$$

根据误差传播定律的倍数关系式，可求得 m_D 为：

$$m_D = 100m_l = \pm 100 \times 1.2 = \pm 120 \text{ mm} = \pm 0.12 \text{ m}$$

水平距离的最终结果可以写成：$D = 135.00 \pm 0.12$ m。

【例 5.4】对一个三角形三个内角进行观测，已观测 α、β 两内角，观测值分别为 $\alpha = 72°34'12'' \pm 5.0''$，$\beta = 56°46'18'' \pm 4.0''$。求另一个内角 γ 的角值及其中误差 m_γ。

解：根据题意，有 $\alpha + \beta + \gamma = 180°$，因此：

$$\gamma = 180° - \alpha - \beta = 180° - 72°34'12'' - 56°46'18'' = 50°39'30''$$

在 γ 的函数式里，$180°$ 是常数，而 $m_\alpha = \pm 5.0''$，$m_\beta = \pm 4.0''$，所以根据表 1.5 中和差函数求中误差的公式，有：

$$m_\gamma = \pm\sqrt{m_\alpha^2 + m_\beta^2} = \pm\sqrt{5^2 + 4^2} = \pm 6.4''$$

所以，另一个内角 $\gamma = 50°39'30'' \pm 6.4''$。

【例 5.5】坐标增量计算公式 $\Delta x = D\cos\alpha$，观测值 $D = 152.60 \text{ m} \pm 0.06 \text{ m}$，$\alpha = 106°30'15'' \pm 8''$，求 Δx 的中误差 m_x。

解：根据式（1.19），有：

$$\frac{\partial f}{\partial D} = \cos\alpha \quad \text{和} \quad \frac{\partial f}{\partial \alpha} = -D\sin\alpha$$

$$m_x = \pm\sqrt{\left(\frac{\partial f}{\partial D}\right)^2 m_D^2 + \left(\frac{\partial f}{\partial \alpha}\right)^2 m_\alpha^2} = \pm\sqrt{\cos^2\alpha \cdot m_D^2 + (-D\sin\alpha)^2 \left(\frac{m_\alpha}{\rho}\right)^2}$$

$$= \pm\sqrt{(-0.284)^2 \times 0.06^2 + (-152.60 \times 0.959)^2 \times \left(\frac{8}{206265}\right)^2}$$

$$\approx \pm 0.02 \text{ m}$$

【例 5.6】普通水准测量中，视距为 75 m 时在标尺上读数的中误差 $m_h \approx \pm 2$ mm（包括照准误差、气泡居中误差及水准标尺刻画误差等）。若以 3 倍中误差作为容许误差，试求普通水准测量观测 n 站所得高差闭合差的容许误差。

解：设每一测站进行观测时前后视距相等，每测站高差为 $h_i = a_i - b_i$（$i=1$，2，…，n），则每一测站观测高差的中误差 m 为：

$$m = \pm\sqrt{m_a^2 + m_b^2} = \pm m_h\sqrt{2} \approx \pm 2.8 \text{ mm}$$

观测 n 站所得高差 $h = h_1 + h_2 + \cdots + h_n$，高差闭合差 $f_h = h - h_0$，h_0 是已知量，可认为其中误差等于零。则闭合差 f 的中误差 m_{f_h} 为：

$$m_{f_h} = \pm\sqrt{m_1^2 + m_2^2 + \cdots + m_n^2}$$

每一测站是等精度观测，所以 $m_1 = m_2 = \cdots = m_n = m$，因此：

$$m_{f_h} = \pm m\sqrt{n} = \pm 2.8\sqrt{n} \text{ mm}$$

以 3 倍中误差为容许误差，则高差闭合差的容许误差为：

$$\Delta = \pm 3 \times 2.8\sqrt{n} \approx \pm 8\sqrt{n} \text{ mm}$$

考虑到其他影响因素的存在，在普通水准测量中，实际的高差闭合差容许误差是 $\pm 12\sqrt{n}$ mm。

【例 5.7】设对某三角形 $\triangle abc$ 内角做 n 次等精度观测，三角形闭合差 $f_i = a_i + b_i + c_i - 180°$ $(i = 1, 2, \cdots, n)$，试求一测回角值的中误差 m_β。

解：设闭合差 f_i 的中误差为 m_f。根据误差传播定律的和差函数关系式，有：

$$m_f = \pm m_\beta \sqrt{3}$$

由于三角形内角和的真值是 $180°$，所以三角形闭合差属于真误差，因此：

$$m_f = \pm \sqrt{\frac{[f^2]}{n}} = \pm \sqrt{\frac{[f \cdot f]}{n}}$$

代入上式，可得：

$$m_\beta = \pm \sqrt{\frac{[f \cdot f]}{3n}}$$

这就是按照三角形闭合差计算观测角中误差的菲列罗公式，它广泛应用于三角形评定测角精度中。

5.5 同精度独立观测量的最佳估值及其中误差

在实际测量工作中，为了提高测量成果的精度，同时也为了发现和消除粗差和系统误差，往往会对某个未知量进行重复观测。

重复测量形成了多余观测，由于观测值必然含有误差，这就使观测值之间产生了矛盾。为了消除这种矛盾，须依据一定的数据处理准则和适当的计算方法，对产生矛盾的观测值进行合理的调整和改正，从而得到未知量的最佳结果，同时对观测质量进行评估。把这一数据处理的过程称为测量平差。

对只有一个未知量的直接观测值进行平差，称为直接观测平差。根据观测条件的不同，可以分为等精度观测和不等精度观测。对这两类进行直接观测平差的方法也不同，本节将讲述等精度直接观测平差的方法。

设对某未知数进行了 n 次同精度独立观测，其观测值分别为 l_1，l_2，$\cdots$，l_n，则同精度独立观测量（算术平均值）x 为：

$$x = \frac{l_1 + l_2 + \cdots + l_n}{n} = \frac{[l]}{n} \tag{5.20}$$

在等精度直接观测平差中，观测值的算术平均值是最接近于未知量真值的一个估值，称为最或然值或最可靠值。下面用偶然误差的特性来证明这一结论。

设观测值的真值为 X，则观测值的真误差为：

$$\left.\begin{array}{l} \Delta_1 = l_1 - X \\ \Delta_2 = l_2 - X \\ \vdots \\ \Delta_n = l_n - X \end{array}\right\} \qquad (5.21)$$

上式（5.21）两端相加，并除以 n，得：

$$\frac{[\Delta]}{n} = \frac{[l]}{n} - X$$

将式（5.20）代入上式，并整理得：

$$x = X + \frac{[\Delta]}{n}$$

当观测次数无限增大时，根据偶然误差特性（4），有：

$$\lim_{n \to \infty} \frac{[\Delta]}{n} = 0$$

可以得出：

$$\lim_{n \to \infty} x = X \qquad (5.22)$$

由此可以得到：观测值的算术平均值是最接近于未知量真值 X 的一个估值。

在实际测量中，观测次数总是有限的，所以算术平均值只是趋近于真值，但不能视为等同于未知量的真值。此外，在数据处理时，不论观测次数有多少，均以算术平均值 x 作为未知量的最或然值，这是误差理论中的一个公理。

1. 观测值改正数

在实际测量中，观测值的真值 X 是不知道的，因此，不能利用式（5.1）求出观测值的真误差 Δ_i，也就不能直接利用式（5.5）求观测值的中误差。

但观测值的算术平均值 x 是可以得到的，且算术平均值 x 与观测值 l_i 的差值也是可以计算的，即：

$$v_i = x - l_i \qquad (i = 1, 2, \cdots, n) \qquad (5.23)$$

式中　v_i ——算术平均值 x 与观测值 l_i 的差值，称为观测值改正数。

设某组等精度观测进行了 n 次，则将 n 次的观测值改正数 v_i 相加，有：

$$[v] = [l] - nx = 0 \qquad (5.24)$$

可以看到，在等精度观测条件下，观测值改正数的总和为零。式（5.24）可以作为计算的检核内容，如果 v_i 计算无误的话，其总和必然为零。

有些教材使用另一个概念最或然误差，即观测值与算术平均值的差值。最或然误差具有与改正数同样的数学特征，它与改正数的绝对值相等，符号相反。

2. 观测值中误差

下面通过观测值的算术平均值 x 和观测值改正数 v_i 来推导观测值中误差的公式。

将式（5.1）$\Delta_i = l_i - X$ $(i = 1, 2, \cdots, n)$ 和式（5.23）$v_i = x - l_i$ $(i = 1, 2, \cdots, n)$ 两端相加，
得：

$$\Delta_i + v_i = x - X \quad (i = 1, 2, \cdots, n) \tag{5.25}$$

令 $\delta = x - X$，则：

$$\Delta_i = \delta - v_i \quad (i = 1, 2, \cdots, n) \tag{5.26}$$

将式（5.26）等号的两端取平方和，得：

$$[\Delta^2] = [v^2] + n\delta^2 - 2\delta[v] \tag{5.27}$$

$$[\Delta^2] = [v^2] + n\delta^2 \tag{5.28}$$

因为 $\delta = x - X$，两端自乘，得：

$$\delta^2 = (x - X)^2 = (\frac{[l]}{n} - X)^2 = \frac{1}{n^2}[(l_1 - X) + (l_2 - X) + \cdots + (l_n - X)]^2$$

$$= \frac{1}{n^2}(\Delta_1 + \Delta_2 + \cdots + \Delta_n)^2 = \frac{1}{n^2}(\Delta_1^2 + \Delta_2^2 + \cdots + \Delta_n^2 + 2\Delta_1\Delta_2 + 2\Delta_1\Delta_3 + \cdots)$$

$$= \frac{[\Delta^2]}{n^2} + \frac{2(\Delta_1\Delta_2 + \Delta_1\Delta_3 + \cdots)}{n^2}$$

根据偶然误差的特性（4），当 $n \to \infty$ 时，等式右边的第二项趋近于零，所以有：

$$\delta^2 = \frac{[\Delta^2]}{n^2} \tag{5.29}$$

将式（5.29）代入到式（5.28），于是有：

$$\frac{[\Delta^2]}{n} = \frac{[v^2]}{n} + \frac{[\Delta^2]}{n^2}$$

整理后，得：

$$m = \pm\sqrt{\frac{[v^2]}{n-1}} \tag{5.30}$$

式（5.30）就是等精度观测中，用观测值改正数 v_i 计算的观测值中误差公式。

3. 最或然值中误差

设对某未知量进行了 n 次等精度观测，观测值分别为 l_1，l_2，$\cdots$，l_n，中误差为 m，则算术平均值 x 为：

$$x = \frac{[l]}{n} = \frac{l_1 + l_2 + \cdots + l_n}{n} = \frac{1}{n}l_1 + \frac{1}{n}l_2 + \cdots + \frac{1}{n}l_n \tag{5.31}$$

设最或然值中误差为 M，根据误差传播定律，有：

$$M = \pm\sqrt{\left(\frac{1}{n}\right)^2 m^2 + \left(\frac{1}{n}\right)^2 m^2 + \cdots + \left(\frac{1}{n}\right)^2 m^2} \tag{5.32}$$

整理，得：

$$M = \pm \frac{m}{\sqrt{n}} \qquad (5.33)$$

将式（5.30）代入上式，得：

$$M = \pm \sqrt{\frac{[v^2]}{n(n-1)}} \qquad (5.34)$$

这就是等精度观测条件下，最或然值中误差的计算公式，也称为白塞尔公式。

【例 5.8】在等精度观测条件下，对某段距离丈量 4 次，结果分别为 62.345m、62.339 m、62.350 m、62.342 m。试求观测值中误差、最或然值中误差及其相对中误差。

【解】设算术平均值为 x，则有：

$$x = \frac{1}{4} \times (62.345 + 62.339 + 62.350 + 62.342) = 62.344 \text{ m}$$

观测值改正数计算如下表 5.3 所示。

表 5.3　观测值改正数计算表

丈量结果（m）	观测值改正数 v（mm）	v^2
62.345	−1	1
62.339	+5	25
62.350	−6	36
62.342	+2	4
	$[v] = 0$	$[v^2] = 66$

根据式（5.30），观测值中误差 m 为：

$$m = \pm \sqrt{\frac{66}{4-1}} = \pm 4.7 \text{ mm}$$

根据式（5.34），最或然值中误差 M 为：

$$M = \pm \sqrt{\frac{66}{4 \times (4-1)}} = \pm 2.3 \text{ mm}$$

最或然值的相对中误差为：

$$K = \frac{M}{D_{平均}} = \frac{2.3}{62.344 \times 1\,000} \approx \frac{1}{27\,100}$$

式（5.33）表明，算术平均值的精度比各观测值的精度提高了 $\sqrt{n}$ 倍。因此，增加观测次数可以提高算术平均值的精度。但当 n 增加到一定的次数后，提高精度的效果就变得不明显。因此，不能单纯以增加观测次数来提高测量成果的精度，应采取提高仪器等级、改进观测方法和改善观测环境等因素来实现。

5.6 广义算术平均值及权

如果对某个未知量进行 n 次同精度观测，则其最或然值即为 n 次观测量的算术平均值。

$$x = \frac{[l]}{n} = \frac{l_1 + l_2 + \cdots + l_n}{n} = \frac{1}{n}l_1 + \frac{1}{n}l_2 + \cdots + \frac{1}{n}l_n$$

相同条件下对某段长度进行两组测量，第一组的测量值为 l_1，l_2，…，l_4，第二组的测量值为 l_5，l_6，…，l_{10}。则算术平均值分别为：

$$L_1 = \frac{1}{4}(l_1 + l_2 + \cdots + l_4) = \frac{1}{4}\sum_{i=1}^{4} l_i$$

$$L_2 = \frac{1}{6}(l_5 + l_6 + \cdots + l_{10}) = \frac{1}{6}\sum_{j=5}^{10} l_j$$

其中误差分别为：$m_{L_1} = \dfrac{m}{\sqrt{4}}$

$$m_{L_2} = \frac{m}{\sqrt{6}}$$

很明显，$\quad m_{L_1} \neq m_{L_2}$

那么有：$\quad 4 = \dfrac{m^2}{m_{L_1}^2}$

$$6 = \frac{m^2}{m_{L_2}^2}$$

所以，全部同精度观测值的最或然值为：

$$x = \frac{[l]}{10} = \frac{\sum_{i=1}^{4} l_i + \sum_{j=5}^{10} l_j}{10} = \frac{4L_1 + 6L_2}{4+6} = \frac{\dfrac{m^2}{m_{L_1}^2}L_1 + \dfrac{m^2}{m_{L_2}^2}L_2}{\dfrac{m^2}{m_{L_1}^2} + \dfrac{m^2}{m_{L_2}^2}}$$

此时，令 $p_i = \dfrac{m^2}{m_{L_i}^2} = \dfrac{\mu^2}{m_{L_i}^2}$，则

$$x = \frac{p_1 L_1 + p_2 L_2}{p_1 + p_2}$$

由此可知，p_i 值的大小体现了 L_i 在 x 中的比重的大小，称 p_i 为 L_i 的权。

若有不同精度观测值 L_1，L_2，…，L_n，其权分别为 p_1，p_2，…，p_n，该量的最或然值可扩充为：

$$x = \frac{p_1 L_1 + p_2 L_2 + \cdots + p_n L_n}{p_1 + p_2 + \cdots + p_n} = \frac{[pL]}{[p]} \tag{5.35}$$

称之为广义算术平均值。

由此可得权的基本公式为：

$$p_i = \frac{\mu^2}{m_i^2} \tag{5.36}$$

当观测值 L_i 中误差 $m_i = \mu$，$p_i = 1$ 称为单位权，此时，L_i 为单位权观测值，μ 称为单位权

中误差。

可见，用中误差衡量精度是绝对的，而用权衡量精度是相对的，即权是衡量精度的相对标准。

总结出权的特性如下：

$$p_1 : p_2 : \cdots : p_n = \frac{\mu^2}{m_1^2} : \frac{\mu^2}{m_2^2} : \cdots : \frac{\mu^2}{m_n^2} = \frac{1}{m_1^2} : \frac{1}{m_2^2} : \cdots : \frac{1}{m_n^2}$$

（1）权反映了观测值的相互精度关系。

（2）μ 值可以任意选定，对广义算术平均值的结果无影响。但对同一个问题，只能选定一个 μ 值。

（3）不在乎权本身数值的大小，而在于相互的比例关系。

（4）若 L_i 是同类量观测值，此时，权无单位；若 L_i 是不同类量的观测值，权是否有单位不能一概而论，视具体情况而定。

本章小结

本章主要介绍了测量误差的来源和衡量精度的指标。

观测误差是客观存在不可避免的。产生误差的原因有观测误差、仪器和工具的误差、外界条件的影响。这三个方面综合起来称为观测条件。测量误差按其性质可分为系统误差和偶然误差两类。

我国采用中误差作为评定观测精度的标准，对于观测次数较少的测量工作，多数采用两倍中误差作为极限误差。对于某些观测成果，用中误差还不能完全判断测量精度的优劣。为了能客观反映实际精度，通常用相对误差来表达边长观测值的精度。当观测次数趋于无限时，算术平均值趋近于该量的真值。

习　题

1. 误差的来源有哪几个方面？

2. 何谓真值、观测值？何谓真误差、观测值改正数？何谓中误差、真误差？

3. 什么是系统误差？它有哪些特点？如何使之消除或者削弱？

4. 什么是偶然误差？它具有哪些统计特性？

5. 等精度观测与不等精度观测的区别在哪里？为什么算术平均值可以作为等精度观测结果的最或然值？

6. 测得一正方形的边长 $a = 93.30 \pm 0.08$ m，试求正方形面积及其中误差。

7. 在 1:1 000 的地形图上，量取一个半径为 3 cm 的圆。试求：

（1）半径的实地长度及其中误差。

（2）圆周的实地长度及其中误差。

（3）实地面积及其中误差。

8. 在相同的观测条件下，对某段距离丈量了 4 次，各次丈量的结果分别为 112.622 m、112.613 m、112.630 m、112.635 m。试求：

（1）距离的算术平均值。

（2）算术平均值中误差及其相对中误差。

9. 在相同的观测条件下，用经纬仪观测某水平角，共测了 3 个测回，各测回观测值分别为 63°28′16″，63°28′14″，63°28′15″。试求：

（1）一测回观测值的中误差。

（2）算术平均值及其中误差。

10. 等精度观测五边形内角各两个测回，一测回角观测值中误差为 3″，试求：

（1）五边形角度闭合差的中误差。

（2）若使角度闭合差的中误差不超过 ±50″，需观测几个测回？

第6章　小区域控制测量

本章要点：本章主要介绍了控制测量的基本原理及方法；详细介绍了导线测量原理及其计算方法；简要介绍了 GNSS 控制网以及三、四等水准测量和三角高程测量原理及方法。学生需要了解小区域控制测量的技术要求，明确导线测量外业工作的内容及施测要求，掌握导线测量的内业计算方法以及三、四等水准测量和三角高程测量的原理和方法。本章难点在于控制测量方法的选择和控制网平差的计算方法。

6.1　控制测量概述

测量工程必须遵循"从整体到局部，由高级到低级，先控制后碎部"的原则，无论是地形图测绘、建筑施工测量还是变形监测，都需要先进行控制测量，然后进行碎部测量和测设工作。

控制测量分为平面控制测量和高程控制测量两部分。测定控制点平面位置(x, y)的工作称为平面控制测量，测定控制点高程(H)的工作称为高程控制测量。

在全国范围内建立的控制网，称为国家控制网。它是全国各种比例尺测图的基本控制网，并为确定地球的形状和大小提供研究资料。国家控制网是用精密测量仪器和方法依照《国家三角测量和精密导线测量规范》《全球定位系统测量规范》《国家一、二等水准测量规范》及《国家三、四等水准测量规范》按一、二、三、四等四个等级，由高级到低级逐级加密点位建立。随着 GPS 全球定位系统技术的广泛应用，我国已经在全国范围内测定了 700 多个高精度的 GPS 点，其精度已达到国际先进水平。

6.1.1　平面控制测量

国家平面控制测量按其布网要求和精度不同分为一、二、三、四等四个等级，由高到低，逐级控制。传统的平面控制测量方法有三角测量、边角测量和导线测量等。一等平面控制网以三角锁为主（见图 6.1），是国家平面控制网的骨干；二等平面控制网是在一等三角锁环内布设成全面网，是国家平面控制网的全面基础（见图 6.2）；三、四等平面控制网是在二等三角网的基础上进一步加密得来。

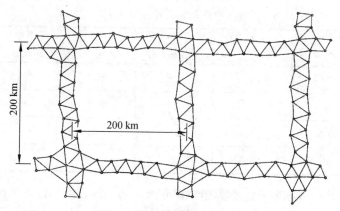

图 6.1　国家一等控制网（锁）

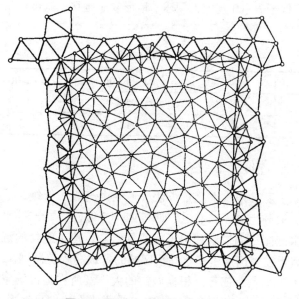

图 6.2　国家二等控制网（锁）

在城市和工程建设地区，为测绘大比例尺地形图、进行市政工程和建筑工程放样，在国家控制网的控制下建立的控制网，称为城市控制网。城市平面控制网的布设分为二、三、四等和一、二级小三角网，或一、二、三级导线网，其主要技术要求如表 6.1、6.2 所示。

表 6.1　城市三角网及图根三角网的主要技术要求

等级	测角中误差（″）	三角形最大闭合差（″）	平均边长（km）	起始边相对中误差	最弱边相对中误差	测回数		
						DJ$_1$	DJ$_2$	DJ$_6$
二等	±1.0	±3.5	9	1∶30 万	1∶12 万	12		
三等	±1.8	±7.0	5	首级 1∶20 万	1∶8 万	6	9	
四等	±2.5	±9.0	2	首级 1∶12 万	1∶4.5 万	4	6	
一级	±5.0	±15	1	1∶4 万	1∶2 万		2	6
二级	±10	±30	0.5	1∶2 万	1∶1 万		1	2
图根	±20	±60	不大于测图最大视距 1.7 倍	1∶1 万				1

表 6.2　城市导线及图根导线的主要技术要求

等级	测角中误差（"）	方位角闭合差（"）	附合导线长度（km）	平均边长（m）	测距中误差（mm）	全长相对中误差
一级	±5	±10$\sqrt{n}$	3.6	300	±15	1 : 14 000
二级	±8	±16$\sqrt{n}$	2.4	200	±15	1 : 10 000
三级	±12	±24$\sqrt{n}$	1.5	120	±15	1 : 6 000
图根	±30	±60$\sqrt{n}$				1 : 2 000

　　直接供地形图使用的控制点，称为图根控制点。测定图根点坐标的工作，称为图根控制测量。图根控制点的密度，取决于测图比例尺的大小和地形的复杂程度。一般来说，平坦开阔地区图根点的密度不低于表 6.3 规定的要求；地形复杂地区、城市建筑密集区和山区可适当加大图根点的密度。

表 6.3　图根点的密度

测图比例尺	1 : 500	1 : 1 000	1 : 2 000	1 : 5 000
每平方千米图根点数	150	50	15	5
每幅图图根点数	9	12	15	20

6.1.2　高程控制测量

　　高程控制网的建立主要采用水准测量方法，遵循由高级到低级，从整体到局部，逐级加密的原则。国家水准测量分为一、二、三、四等四个等级。一、二等水准测量称为精密水准测量，作为三、四等水准测量的控制和用于一些重要建（构）筑物的沉降监测。三、四等水准测量主要用于国家高程控制网加密和建立小区域的首级高程控制网。

　　城市水准测量分为二、三、四等，根据城市的大小及所在地区国家水准点的分布情况，从某一等开始布设。在四等水准以下，再布设直接为测绘大比例尺地形图所用的图根水准网。城市二、三、四等水准测量和图根水准测量的主要技术要求如表 6.4 所示。

表 6.4　城市水准测量主要技术要求

等级	每千米高差中误差（mm）	附合路线长度（km）	水准仪级别	测段往返测高差不符值（mm）	附合路线或环线闭合差（mm）
二等	±2	400	DS1	±4$\sqrt{R}$	±4$\sqrt{L}$
三等	±6	45	DS3	±12$\sqrt{R}$	±12$\sqrt{L}$
四等	±10	15	DS3	±20$\sqrt{R}$	±20$\sqrt{L}$
图根	±20	8	DS3		±40$\sqrt{L}$

　　注：表中 R 为测段长度，L 为环线或附合线路长度，均以 km 为单位。

　　在山区、丘陵地区或不便于进行水准测量的地区，可以采用三角高程测量的方法布设高程控制网。

6.2 导线测量

6.2.1 导线布设形式

导线测量是建立小区域平面控制网常用的一种方法，特别是地物分布较复杂的建筑区、视线障碍较多的隐蔽区和带状地区，多采用导线测量的方法。根据测区的不同情况和要求，导线网可布设成以下三种形式。

1. 闭合导线

如图 6.3 所示，导线从已知控制点 B 和已知方向 BA 出发，经过 1、2、3、4 最后仍回到起点 B，形成一个闭合多边形，称为闭合导线。闭合导线本身存在着严密的几何条件，具有检核作用。

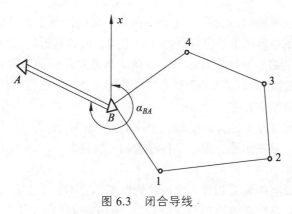

图 6.3　闭合导线

2. 附合导线

如图 6.4 所示，导线点两端连接于高级控制点 B、C 的称为附合导线。它从一个已知高级控制点 B 和已知坐标方位角 α_{AB} 出发，经过 1、2、3 点，最后附合到另一个已知高级控制点 C 和已知坐标方位角 α_{CD} 上。与闭合导线一样，附合导线也具有检核成果的作用。

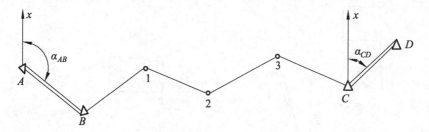

图 6.4　附合导线

3. 支导线

从一个已知点和一个已知坐标方位角出发，既不附合到另一个已知点，也不回到原始起点的导线，称为支导线。如图 6.5 所示，B 点为已知控制点，α_{AB} 为已知方向，1、2 为支导线点。

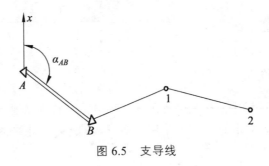

图 6.5 支导线

6.2.2 导线测量外业工作

导线测量的外业工作主要包括：踏勘选点及建立标志、量边、测角和连测等。

1. 踏勘选点及建立标志

选点前，应调查搜集测区内已有的地形图和高一级的控制点成果资料，之后将控制点展绘在地形图上，然后在地形图上拟定导线的布设方案，最后到野外去踏勘，实地核对、修改、落实点位和建立标志。如果测区没有地形图资料，则需要详细踏勘现场，根据已知控制点的分布、测区地形条件及测图和施工的需要等具体情况，合理地选定导线点的位置。

实地选点时应注意以下几点：

（1）相邻点间通视良好，地势较平坦，便于测角和量距。

（2）点位应选在土质坚实处，便于保存标志和安置仪器。

（3）视野开阔，便于施测碎部。

（4）导线各边的长度应大致相等，除特殊情形外，应不大于 350 m，也不宜小于 50 m。

（5）导线点应具有足够的密度，分布较均匀，便于控制整个测区。

导线点选定后，要在每一点位上打一大木桩，在其周围浇灌一圈混凝土，桩顶钉一小钉，作为临时性标志，若导线点需要保存的时间较长，就要埋设混凝土桩或石桩，桩顶刻"十"字，作为永久性标志（见图 6.6）。为了便于管理和使用，导线点应统一编号，并绘制导线点与附近地物间的关系草图，注明尺寸，称为点之记，如图 6.7 所示。

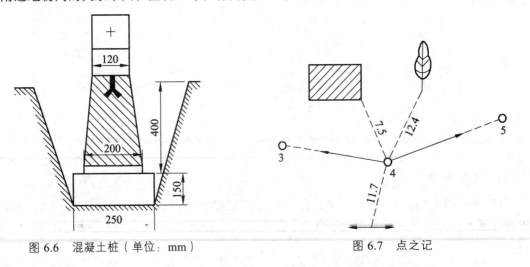

图 6.6 混凝土桩（单位：mm）　　　　　图 6.7 点之记

2. 量 边

导线边长可用光电测距仪测定，测量时要同时观测竖直角，供倾斜改正之用。若用钢尺丈量，钢尺必须经过检定。对于一、二、三级导线，应按钢尺量距的精密方法进行丈量。对于图根导线，用一般方法往返丈量或同一方向丈量两次；当尺长改正数大于 1/10 000 时，应加尺长改正；量距时平均尺温与检定时温度相差 10 ℃时，应进行温度改正；尺面倾斜大于 1.5%时，应进行倾斜改正；取其往返丈量的平均值作为最终成果，并要求其相对误差不大于 1/3 000。

3. 测 角

用测回法施测导线左角（位于导线前进方向左侧的角）或右角（位于导线前进方向右侧的角）。一般在附合导线中，测量导线左角，在闭合导线中均测内角。若闭合导线按逆时针方向编号，则其左角就是内角。图根导线，一般用 DJ6 级光学经纬仪测一个测回。若盘左、盘右测得角值的较差不超过 40″，则取其平均值作为该测回观测角值。

测角时，为了便于瞄准，可在已埋设的标志上用三根竹竿吊一个大垂球，或用测钎、觇牌作为照准标志。

4. 联 测

导线为了取得统一的坐标系统，应与高等级控制点进行连接，由此而进行的边角测量，称为联测。联测是作为传递坐标方位角和坐标之用。如果附近无高级控制点，则应用罗盘仪施测导线起始边的磁方位角，并假定起始点的坐标作为起算数据。

6.2.3 导线测量的内业计算

导线测量内业计算的目的是计算各导线点的坐标。在计算之前，应全面检查导线测量外业记录，数据是否齐全，有无记错、算错，成果是否符合精度要求，起算数据是否准确。然后绘制导线略图，在图上注明已知点及导线点点号等。

1. 导线基本计算

（1）坐标正算。

坐标正算是根据已知点坐标、已知边长和已知坐标方位角，推算未知点坐标。如图 6.8 所示，已知 A 点的坐标为 x_A、y_A，A 点到 B 点的边长和坐标方位角分别为 D_{AB} 和 α_{AB}，则待定点 B 的坐标为：

$$\left.\begin{array}{l} x_B = x_A + \Delta x_{AB} \\ y_B = y_A + \Delta y_{AB} \end{array}\right\} \tag{6.1}$$

式中　Δx_{AB}、Δy_{AB} 为 A 点和 B 点之间的坐标增量。

由图 6.8 可知：

$$\left.\begin{array}{l} \Delta x_{AB} = D_{AB} \cos \alpha_{AB} \\ \Delta y_{AB} = D_{AB} \sin \alpha_{AB} \end{array}\right\} \tag{6.2}$$

式中　D_{AB} ——AB 之间的水平边长；

　　α_{AB} ——AB 边的坐标方位角。

将式（6.2）代入式（6.1），则有：

$$\left.\begin{array}{l} x_B = x_A + D_{AB}\cos\alpha_{AB} \\ y_B = y_A + D_{AB}\sin\alpha_{AB} \end{array}\right\} \qquad (6.3)$$

式（6.2）是计算坐标增量的基本公式，式（6.3）是计算坐标的基本公式，称为坐标正算公式。

（2）坐标反算。

坐标反算是指根据两个已知点的坐标推算其边长和坐标方位角，即已知 A、B 两点坐标 x_A，y_A 和 x_B，y_B，欲求 AB 的边长 D_{AB} 和坐标方位角 α_{AB}，则有：

$$\tan\alpha_{AB} = \frac{y_B - y_A}{x_B - x_A} = \frac{\Delta y_{AB}}{\Delta x_{AB}} \qquad (6.4)$$

$$D_{AB} = \sqrt{(X_B - X_A)^2 + (Y_B - Y_A)^2} \qquad (6.5)$$

$$\alpha_{AB} = \arctan\frac{y_B - y_A}{x_B - x_A} = \arctan\frac{\Delta y_{AB}}{\Delta x_{AB}} \qquad (6.6)$$

应该指出，由式（6.6）求得 α_{AB} 后，还应根据表 6.5 和图 6.9 按坐标增量 Δx、Δy 正负号，最后计算出坐标方位角 α_{AB}。

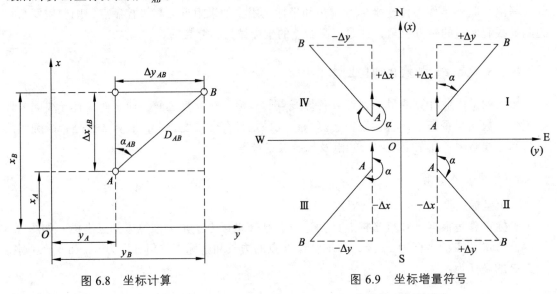

图 6.8　坐标计算　　　　　　　　图 6.9　坐标增量符号

表 6.5　坐标增量符号与方位角

坐标方位角 （°）	所在象限	坐标增量的正负号	
		Δx	Δy
0～90	I	+	+
90～180	II	−	+
180～270	III	−	−
270～360	IV	+	−

（3）坐标方位角的推算公式。

如图 6.10 所示，箭头所指的方向为"前进"方向，位于前进方向左侧的观测角称为左观测角，简称左角；位于前进方向右侧的角称为右观测角，简称右角。

① 观测左角时的坐标方位角计算公式。

在图 6.10 与 6.11 中，已知 AB 边的方位角为 α_{AB}，$\beta_{左}$ 为左观测角，需要求得 BC 边的方位角 α_{BC}。β 是外业观测得到的水平角，从图上可以看出已知方位角 α_{AB} 与左观测角 $\beta_{左}$ 之和有两种情况：大于 180°或小于 180°。图 6.10 中为大于 180°的情况，图 6.11 中为小于 180°的情况。

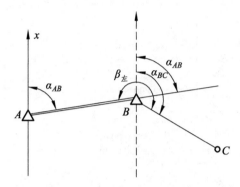
图 6.10　坐标方位角推算

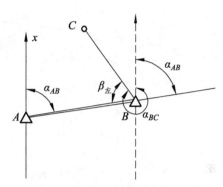
图 6.11　坐标方位角推算

从图 6.10 可知，BC 边的坐标方位角为：

$$\alpha_{BC} = \alpha_{AB} + \beta_{左} - 180° \qquad (6.7)$$

从图 6-11 可知，BC 边的坐标方位角为：

$$\alpha_{BC} = \alpha_{AB} + \beta_{左} + 180° \qquad (6.8)$$

综上所述两式则有：

$$\alpha_{前} = \alpha_{后} + \beta_{左} \pm 180° \qquad (6.9)$$

式（6.9）是按照边的前进方向，根据后一条边的已知方位角计算前一条边方位角的基本公式。公式说明：导线前一条边的坐标方位角等于后一条边的坐标方位角加上左观测角，其和大于 180°时应减去 180°，小于 180°时应加上 180°。

② 观测右角时的坐标方位角计算公式。

从图 6.10 或图 6.11 可以看出：

$$\beta_{左} = 360° - \beta_{右} \qquad (6.10)$$

将式（6.10）代入式（6.9），得：

$$\alpha_{前} = (\alpha_{后} - \beta_{右} \pm 180°) + 360° \qquad (6.11)$$

当方位角大于 360°时，应减去 360°，方向不变。所以上式变为：

$$\alpha_{前} = \alpha_{后} - \beta_{右} \pm 180° \qquad (6.12)$$

上式说明：导线前一条边的坐标方位角等于后一条边的坐标方位角减去右观测角，其差大于180°时应减去180°，小于180°时应加上180°。

使用式（6.9）与（6.12）时，还应注意相应两条边的前进方向必须一致，计算结果大于360°时，则应减去360°，方向不变。

2. 闭合导线的坐标计算

现以图 6.12 所注的数据为例（该例为图根导线），结合"闭合导线坐标计算表"的使用，说明闭合导线坐标计算的步骤。

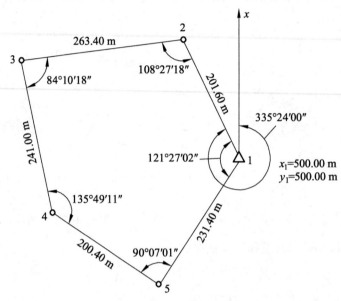

图 6.12　闭合导线略图

（1）准备工作。

将校核过的外业观测数据及起始数据填入表 6.6 中，起算数据用单线标明。

（2）角度闭合差的计算与调整。

① 计算角度闭合差。

如图 6.12 所示，n 边形闭合导线内角和的理论值为：

$$\sum \beta_{理} = (n-2) \times 180° \tag{6.13}$$

式中　　n——导线边数或转折角数。

由于观测水平角不可避免地含有误差，使得实测的内角之和 $\sum \beta_{测}$ 不等于理论值 $\sum \beta_{理}$，两者之差称为角度闭合差，用 f_β 表示，即

$$f_\beta = \sum \beta_{测} - \sum \beta_{理} = \sum \beta_{测} - (n-2) \times 180° \tag{6.14}$$

② 计算角度闭合差的容许值。

角度闭合差的大小反映了测角精度，对于图根导线而言，角度闭合差的容许值为：

$$f_{\beta容} - \pm 60'' \sqrt{n} \tag{6.15}$$

③ 计算水平角改正数。

如角度闭合差不超过角度闭合差的容许值，则将角度闭合差反符号平均分配到各观测水平角中，改正数 v_β 的计算公式为：

$$v_\beta = -\frac{f_\beta}{n} \tag{6.16}$$

计算检核：水平角改正数之和应与角度闭合差大小相等，符号相反，即

$$\sum v_\beta = -f_\beta$$

④ 计算改正后的水平角。

改正后的水平角 $\beta_{i改}$ 等于所测水平角加上水平角改正数。

$$\beta_{i改} = \beta_i + v_\beta \tag{6.17}$$

计算检核：改正后的闭合导线内角之和应为 $(n-2) \times 180°$，本例为 540°。

本例中 f_β、$f_{\beta容}$ 的计算见表 6.6 辅助计算栏，水平角的改正数和改正后的水平角见表 6.6 第 3、4 栏。

（3）推算各边的坐标方位角。

根据已知坐标方位角及改正后的水平角，按式（6.9）和式（6.12）推算其他各导线边的坐标方位角。本例观测左角，按式（6.9）推算，填入表 6.6 的第 5 栏内。

计算检核：最后推算出起始边坐标方位角，它应与原有的起始边已知坐标方位角相等，否则应重新检查计算。

（4）坐标增量的计算及其闭合差的调整。

① 计算坐标增量。

根据导线边的坐标方位角和边长，按式（6.2）计算两点间的纵、横坐标增量，填入表 6.6 的第 7、8 两栏。

② 计算坐标增量闭合差。

由解析几何知，闭合导线纵、横坐标增量代数和的理论值应为零，即

$$\begin{aligned} \sum \Delta X_{理} &= 0 \\ \sum \Delta Y_{理} &= 0 \end{aligned} \tag{6.18}$$

实际上，由于测边误差和角度闭合差调整后残余误差的影响，实际计算所得的 $\sum \Delta X_{测}$、$\sum \Delta Y_{测}$ 不一定等于零，其不符值即为纵、横坐标增量闭合差 f_x、f_y，即

$$\left. \begin{aligned} f_x &= \sum \Delta X_{测} \\ f_y &= \sum \Delta Y_{测} \end{aligned} \right\} \tag{6.19}$$

f_x、f_y 的几何意义如图 6.13 所示。由于 f_x、f_y 的存在，使得导线不能闭合，1-1′的长度称为导线全长闭合差 f_D。

$$f_D = \sqrt{f_x^2 + f_y^2} \tag{6.20}$$

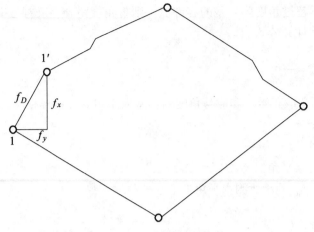

图 6.13　坐标增量闭合差

仅从 f_D 值的大小还不能说明导线的测量精度，通常用导线全长闭合差与导线全长 ΣD 之比来表示导线全长相对闭合差，用于衡量导线测量的精度，即

$$K = \frac{f_D}{\sum D} = \frac{1}{\sum D / f_D} \tag{6.21}$$

由上式可知，分母越大，精度越高。不同等级的导线全长相对闭合差的容许值见表 6-2。若 K 值大于容许值，则成果不合格（图根导线的容许值为 1/2 000）。此时应对导线的内业计算和外业观测进行检查，必要时要重测。

本例中 f_x、f_y、f_D 及 K 的计算见表 6.6 辅助计算栏。

③ 调整坐标增量闭合差。

调整原则是"反符号按边长成正比例分配"。以 v_{xi}、v_{yi} 分别表示第 i 边的纵、横坐标增量改正数，即

$$\left. \begin{aligned} v_{xi} &= -\frac{f_x}{\sum D} \cdot D_i \\ v_{yi} &= -\frac{f_y}{\sum D} \cdot D_i \end{aligned} \right\} \tag{6.22}$$

由式（6.22）计算出各导线边的纵、横坐标增量改正数，填入表 6.6 的第 7、8 栏坐标增量值相应方格的上方。

计算检核：纵、横坐标增量改正数之和应满足：

$$\left. \begin{aligned} \sum v_x &= -f_x \\ \sum v_y &= -f_y \end{aligned} \right\} \tag{6.23}$$

④ 计算改正后的坐标增量。

各边坐标增量计算值加上相应的改正数，即得各边的改正后的坐标增量。

$$\left. \begin{aligned} \Delta x_{i改} &= \Delta x_i + v_{x_i} \\ \Delta y_{i改} &= \Delta y_i + v_{y_i} \end{aligned} \right\} \tag{6.24}$$

由式（6.24）计算出各导线边的改正后坐标增量，填入表 6.6 的第 9、10 栏内。

计算检核：改正后纵、横坐标增量之代数和应分别为零。

（5）计算各导线点的坐标。

根据起始点 1 的已知坐标和改正后各导线边的坐标增量，按下式依次推算各导线点的坐标：

$$\left.\begin{array}{l} x_i = x_{i-1} + \Delta x_{i-1改} \\ y_i = y_{i-1} + \Delta y_{i-1改} \end{array}\right\} \qquad （6.25）$$

将推算出的各导线点坐标，填入表 6.6 中的第 11、12 栏内。最后还应再次推算起始点 1 的坐标，其值应与原有的已知值相等，以作为计算检核。

表 6.6　闭合导线坐标计算表

点号	观测角左角	改正数/″	改正角	坐标方位角 α	距离 D/m	增量计算值 Δx/m	增量计算值 Δy/m	改正后增量 Δx/m	改正后增量 Δy/m	坐标值 x/m	坐标值 y/m	点号
1				335°24′00″	201.6	+5 183.3	+2 -83.92	183.35	-83.9	500	500	1
2	108°27′18″	-10	108°27′08″	263°51′08″	263.4	+7 -28.21	+2 -261.89	-28.14	-261.87	683.35	416.1	2
3	84°10′18″	-10	84°10′08″	168°01′16″	241	+7 -235.75	+2 50.02	-235.68	50.04	655.21	154.23	3
4	135°49′11″	-10	135°49′01″	123°50′17″	200.4	+5 -111.59	+1 166.46	-111.54	166.47	419.53	204.27	4
5	90°07′01″	-10	90°06′51″	33°57′08″	231.4	+6 191.95	+2 129.24	192.01	129.26	307.99	370.74	5
1	121°27′02″	-10	121°26′52″	335°24′00″						500	500	1
2												
Σ	540°00′50″	-50	540°00′00″		1 137.8	-0.3	-0.9	0	0			
辅助计算	$\sum \beta_测 = 540°00′50″$　　$f_x = \sum \Delta x_测 = -0.3\,\text{m}$　　$f_y = \sum \Delta y_测 = -0.09\,\text{m}$　　$\sum \beta_理 = 540°00′00″$ $f_D = \sqrt{f_x^2 + f_y^2} = 0.31\,\text{m}$　　$f_\beta = \pm 50″$　　$K = \dfrac{0.31}{1\,137.80} = \dfrac{1}{3\,600} < K_容 = \dfrac{1}{2\,000}$　　$f_{\beta容} = \pm 60″\sqrt{5} = \pm 134″$ $\|f_\beta\| < \|f_{\beta容}\|$											

3. 附合导线坐标计算

附合导线的坐标计算与闭合导线的坐标计算基本相同，仅在角度闭合差的计算与坐标增量闭合差的计算方面稍有差别。

（1）角度闭合差的计算与调整。

① 计算角度闭合差。

如图 6.14 所示，根据起始边 AB 的坐标方位角 α_{AB} 及观测的各右角，按式（6.12）推算 CD 边的坐标方位角 $\alpha_{CD}{}'$。

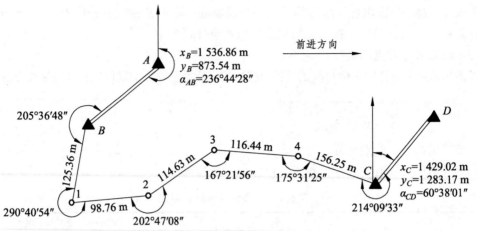

图 6.14 附合导线略图

$$\alpha_{B1} = \alpha_{AB} + 180° - \beta_B$$
$$\alpha_{12} = \alpha_{B1} + 180° - \beta_1$$
$$\alpha_{23} = \alpha_{12} + 180° - \beta_2$$
$$\alpha_{34} = \alpha_{23} + 180° - \beta_3 \tag{6.26}$$
$$\alpha_{4C} = \alpha_{34} + 180° - \beta_4$$
$$\alpha_{CD} = \alpha_{4C} + 180° - \beta_C$$

$$\alpha_{CD} = \alpha_{AB} + 6 \times 180° - \sum\beta_{测} \tag{6.27}$$

写成一般公式为：

$$\alpha_{CD} = \alpha_{AB} + n \times 180° - \sum\beta_{测} \tag{6.28}$$

若观测左角，则按下式计算：

$$\alpha_{CD} = \alpha_{AB} + n \times 180° + \sum\beta_{测} \tag{6.29}$$

附合导线的角度闭合差 f_β 为：

$$f_\beta = \alpha_{CD测} - \alpha_{CD理} \tag{6.30}$$

② 调整角度闭合差。

当角度闭合差在容许范围内，如果观测的是左角，则将角度闭合差以相反符号平均分配到各左角上；如果观测的是右角，则将角度闭合差以相同符号平均分配到各右角上。

（2）坐标增量闭合差的计算。

附合导线的坐标增量代数和的理论值应等于始、终两点的已知坐标值之差，即

$$\sum\Delta x_{理} = x_C - x_B$$
$$\sum\Delta y_{理} = y_C - y_B \tag{6.31}$$

由于测量误差的存在，使得附合导线坐标增量代数和的理论值与始、终两点的已知坐标之差不等，其差值即为纵、横坐标增量闭合差。纵、横坐标增量闭合差为：

$$f_x = \sum\Delta x_{测} - \sum\Delta x_{理}$$
$$f_y = \sum\Delta y_{测} - \sum\Delta y_{理} \tag{6.32}$$

附合导线全长闭合差、全长相对闭合差和容许相对闭合差的计算以及坐标增量闭合差的调整，与闭合导线相同。计算过程见表 6.7。

表 6.7 附合导线坐标计算表

点号	观测角 右角	改正数 /"	改正角	坐标方位角 α	距离 D/m	增量计算值 Δx/m	增量计算值 Δy/m	改正后增量 Δx/m	改正后增量 Δy/m	坐标值 x/m	坐标值 y/m	点号
A				236°44'28"								A
B	205°36'48"	-13	205°36'35"	211°07'53"	125.36	+4 / -107.31	-2 / -64.81	-107.27	-64.83	1 536.86	837.54	B
1	290°40'54"	-12	290°40'42"	100°27'11"	98.71	+3 / -17.92	-2 / 97.12	-17.89	97.1	1 429.59	772.71	1
2	202°47'08"	-13	202°46'55"	77°40'16"	114.63	+4 / 30.88	-2 / 141.29	30.92	141.27	1 411.7	869.81	2
3	167°21'56"	-13	167°21'43"	90°18'33"	116.44	+3 / -0.63	-2 / 116.44	-0.6	116.42	1 442.62	1 011.08	3
4	175°31'25"	-13	175°31'12"	94°47'21"	156.25	+5 / -13.05	-3 / 155.7	-13	155.67	1 442.02	1 127.5	4
C	214°09'33"	-13	214°09'20"	60°38'01"						1 429.02	1 283.17	C
D												D
Σ	1 256°07'44"	-77	1 256°06'25"		641.44	-108.03	445.74	-107.84	445.63			

辅助计算

$\alpha_{CD} = \alpha_{AB} + 6 \times 180° - \sum \beta_{测} = 60°36'44"$　　$f_\beta = \alpha_{CD测} - \alpha_{CD理} = +1'17"$

$f_x = -0.19\text{m}$　$f_y = +0.11\text{m}$　$\sum \Delta x = -108.03$　$\sum \Delta y = +445.74$　$f_{\beta容} = ±60"\sqrt{6} = ±147"$

$|f_\beta| < |f_{\beta容}|$

$K = \dfrac{0.22}{641.44} = \dfrac{1}{2\,900} < K_容 = \dfrac{1}{2\,000}$　　$f_D = \sqrt{f_x^2 + f_y^2} = 0.22\text{m}$

4. 支导线的坐标计算

支导线中没有检核条件，因此没有闭合差产生，导线转折角和计算的坐标增量均不需要进行改正。支导线的计算步骤为：

（1）根据观测的转折角推算各边的坐标方位角。

（2）根据各边坐标方位角和边长计算坐标增量。

（3）根据各边的坐标增量推算各点的坐标。

6.3 交会测量

当测区内已有控制点的密度不能满足工程施工或测图要求，而且需要加密的控制点数量又不多时，可以采用交会法加密控制点，称为交会定点。交会定点的方法有角度前方交会、侧方交会、后方交会和距离交会。本节仅介绍角度前方交会和距离交会的方法。

6.3.1 角度前方交会

如图 6.15 所示，A、B 为坐标已知的控制点，P 为待定点。在 A、B 点上安置经纬仪，观测水平角 α、β，根据 A、B 两点的已知坐标和 α、β 角，通过计算可得出 P 点的坐标。

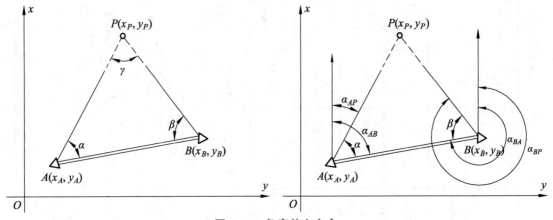

图 6.15　角度前方交会

1. 角度前方交会的计算方法

（1）计算已知边 AB 的边长和方位角。

根据 A、B 两点的坐标 (x_A, y_A)、(x_B, y_B)，按坐标反算公式计算两点间边长 D_{AB} 和坐标方位角 α_{AB}。

（2）计算待定边 AP、BP 的边长。

按三角形正弦定理，得：

$$\left. \begin{aligned} D_{AP} &= \frac{D_{AB}\sin\beta}{\sin\gamma} = \frac{D_{AB}\sin\beta}{\sin(\alpha+\beta)} \\ D_{BP} &= \frac{D_{AB}\sin\alpha}{\sin(\alpha+\beta)} \end{aligned} \right\} \tag{6.33}$$

（3）计算待定边 AP、BP 的坐标方位角。

$$
\left.\begin{array}{l}
\alpha_{AP} = \alpha_{AB} - \alpha \\
\alpha_{BP} = \alpha_{BA} + \beta = \alpha_{AB} \pm 180° + \beta
\end{array}\right\} \qquad (6.34)
$$

（4）分别由 A、B 点推算待定点 P 的坐标。

$$
\left.\begin{array}{l}
x_P = x_A + \Delta x_{AP} = x_A + D_{AP} \cos\alpha_{AP} \\
y_P = y_A + \Delta y_{AP} = y_A + D_{AP} \sin\alpha_{AP}
\end{array}\right\} \qquad (6.35)
$$

$$
\left.\begin{array}{l}
x_P = x_B + \Delta x_{BP} = x_B + D_{BP} \cos\alpha_{BP} \\
y_P = y_B + \Delta y_{BP} = y_B + D_{BP} \sin\alpha_{BP}
\end{array}\right\} \qquad (6.36)
$$

上述两组计算结果应相等，由于计算过程中数字凑整等原因，可能相差 2～3 mm，取平均值作为 P 点的最终坐标值。

当使用计算器计算 P 点坐标时，可采用如下的余切公式：

$$
\left.\begin{array}{l}
x_P = \dfrac{x_A \cot\beta + x_B \cot\alpha + (y_B - y_A)}{\cot\alpha + \cot\beta} \\[3mm]
y_P = \dfrac{y_A \cot\beta + y_B \cot\alpha + (x_A - x_B)}{\cot\alpha + \cot\beta}
\end{array}\right\} \qquad (6.37)
$$

应用该公式时，应注意已知点和待定点必须按 A、B、P 逆时针方向编号，在 A 点观测角编号为 α，在 B 点观测角编号为 β。

2. 角度前方交会的观测检核

在实际工作中，为了保证交会定点的精度，避免测角错误的发生，一般要求从三个已知点 A、B、C 分别向 P 点观测水平角 α_1、β_1、α_2、β_2，作两组前方交会。如图 6.16 所示，按式（6.37），分别在 $\triangle ABP$ 和 $\triangle BCP$ 中计算出 P 点的两组坐标 $P'(x'_P、y'_P)$ 和 $P''(x''_P、y''_P)$。当两组坐标较差符合规定要求时，取其平均值作为 P 点的最后坐标。

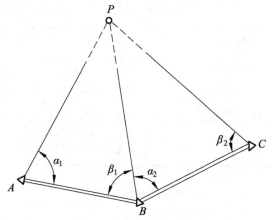

图 6.16　三点前方交会

一般规范规定，两组坐标较差 e 不大于两倍比例尺精度，用公式表示为：

$$
e = \sqrt{\delta_x^2 + \delta_y^2} \leqslant e_{容} = 2 \times 0.1M \text{ mm} \qquad (6.38)
$$

式中　$\delta_x = x'_p - x''_p$；　$\delta_y = y'_p - y''_p$；　M 为测图比例尺分母。

- 129 -

3. 角度前方交会计算实例（见表 6.8）

表 6.8　前方交会法坐标计算

略图	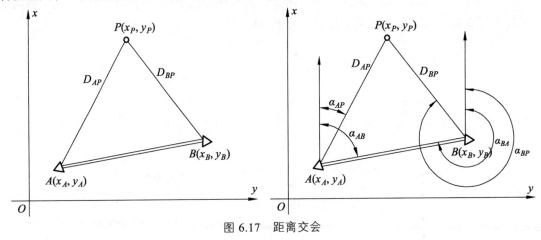	点号	x/m	y/m
		已知数据 A	116.942	683.295
		B	522.909	794.647
		C	781.305	435.018
		观测数据 α_1	59°10′42″	
		β_1	56°32′54″	
		α_2	53°48′45″	
		β_2	57°33′33″	

计算结果	（1）由 I 计算得：$x'_p = 398.151\ \mathrm{m}$，$y'_p = 413.249\ \mathrm{m}$；
	（2）由 II 计算得：$x''_p = 398.127\ \mathrm{m}$，$y''_p = 413.215\ \mathrm{m}$；
	（3）两组坐标较差：$e = \sqrt{\delta_x^2 + \delta_y^2} = 0.042\ \mathrm{m} \leqslant e_{容} = 1\,000/5\,000 = 0.2\ \mathrm{m}$；
	（4）P 点最后坐标为：$x_P = 398.139\ \mathrm{m}$，$y_P = 413.215\ \mathrm{m}$

注：测图比例尺分母 M=1 000。

6.3.2　距离交会

如图 6.17 所示，A、B 为已知控制点，P 为待定点，测量了边长 D_{AP} 和 D_{BP}，根据 A、B 点的坐标及边长 D_{AP} 和 D_{BP}，通过计算求出 P 点坐标，这就是距离交会。随着电磁波测距仪的普及应用，距离交会也成为加密控制点的一种常见方法。

图 6.17　距离交会

1. 距离交会的计算方法

（1）计算已知边 AB 的边长和坐标方位角。

与角度前方交会相同，根据已知点 A、B 的坐标，按坐标反算公式计算边长 D_{AB} 和坐标方位角 α_{AB}。

（2）计算 $\angle BAP$ 和 $\angle ABP$。

按三角形余弦定理，得：

$$\left.\begin{array}{l}\angle BAP = \arccos \dfrac{D_{AB}{}^2 + D_{AP}{}^2 - D_{BP}{}^2}{2D_{AB}D_{AP}} \\[4mm] \angle ABP = \arccos \dfrac{D_{AB}{}^2 + D_{BP}{}^2 - D_{AP}{}^2}{2D_{AB}D_{BP}}\end{array}\right\} \quad (6.39)$$

（3）计算待定边 AP、BP 的坐标方位角。

$$\left.\begin{array}{l}\alpha_{AP} = \alpha_{AB} - \angle BAP \\ \alpha_{BP} = \alpha_{BA} + \angle ABP\end{array}\right\} \quad (6.40)$$

（4）计算待定点 P 的坐标。

$$\left.\begin{array}{l}x_P = x_A + \Delta x_{AP} = x_A + D_{AP}\cos\alpha_{AP} \\ y_P = y_A + \Delta y_{AP} = y_A + D_{AP}\sin\alpha_{AP}\end{array}\right\} \quad (6.41)$$

$$\left.\begin{array}{l}x_P = x_B + \Delta x_{BP} = x_B + D_{BP}\cos\alpha_{BP} \\ y_P = y_B + \Delta y_{BP} = y_B + D_{BP}\sin\alpha_{BP}\end{array}\right\} \quad (6.42)$$

以上两组坐标分别由 A、B 点推算，所得结果应相同，可作为计算的检核。

2. 距离交会的观测检核

在实际工作中，为了保证定点的精度，避免边长测量错误的发生，一般要求从三个已知点 A、B、C 分别向 P 点测量三段水平距离 D_{AP}、D_{BP}、D_{CP}，作两组距离交会。计算出 P 点的两组坐标，当两组坐标较差满足式（6.38）要求时，取其平均值作为 P 点的最后坐标。

3. 距离交会计算实例（见表 6.9）

表 6.9　距离交会坐标计算表

略图			已知数据/m	x_A	1 807.041	y_A	719.853
				x_B	1 646.382	y_B	830.660
				x_C	1 765.500	y_C	998.650
			观测值 /m	D_{AP}	105.983	D_{BP}	159.648
				D_{CP}	177.491		

D_{AP} 与 D_{CP} 交会		D_{BP} 与 D_{CP} 交会	
D_{AB}/m	195.165	D_{BC}/m	205.936
α_{AB}	145°24′21″	α_{BC}	54°39′37″
$\angle BAP$	54°49′11″	$\angle CBP$	56°23′37″
α_{AP}	90°35′10″	α_{BP}	358°16′00″

Δx_{AP} / m	−1.084	Δy_{AP} / m	105.977	Δx_{BP} / m	159.575	Δy_{BP} / m	−4.829
x_P' / m	1 805.957	y_P' / m	825.830	x_P'' / m	1 805.957	y_P'' / m	825.831

x_P / m	1 805.957	y_P / m	825.830

辅助计算	$\delta_x = 0$ mm，$\delta_y = -1$ mm； $e = \sqrt{\delta_x^2 + \delta_y^2} = 1$ mm $\leqslant e_{容} = 1\,000/5\,000$ m $= 200$ mm

注：测图比例尺分母 $M = 1\,000$。

6.4 GNSS 控制网

GNSS 的全称是全球导航卫星系统（Global Navigation Satellite System），它是泛指所有的卫星导航系统，包括全球的、区域的和增强的，如美国的 GPS、俄罗斯的 GLONASS、欧洲的 GALILEO、中国的北斗卫星导航系统；以及相关的增强系统，如美国的 WAAS（广域增强系统）、欧洲的 EGNOS（欧洲静地导航重叠系统）和日本的 MSAS（多功能运输卫星增强系统）等，还涵盖在建和以后要建设的其他卫星导航系统。

以最早建设完成的 GPS 为代表的全球导航卫星系统，主要应用于建立测量控制网，随着技术进步，也应用于数字测图和施工放样。GNSS 技术的相关内容参见第 7 章。

6.5 三、四等水准测量

小区域高程控制测量首先布设三等或四等水准测量，然后在进行地形测量时用图根水准测量或三角高程测量进行高程控制点的加密，三角高程测量主要用于非平坦地区。工程建设施工时，在三、四等水准点的基础上进行工程水准测量。

6.5.1 三、四等水准测量的主要技术要求

三、四等水准测量路线一般沿道路布设，尽量避开土质松软地段，水准点间距在城市建筑区为 1~2 km，在郊区为 2~4 km。水准点应选在地基稳固，能长久保存和便于观测的地方。三、四等水准测量的主要技术要求参见表 6.4，在观测中，每一测站的技术要求见表 6.10。

表 6.10 三、四等水准测量测站技术要求

等 级	视线长度 /m	前后视距离差 /m	前后视距离 累积差 /m	红黑面 读数差 /mm	红黑面所测 高差之差 /mm
三 等	≤65	≤3	≤6	≤2	≤3
四 等	≤80	≤5	≤10	≤3	≤5

6.5.2 三、四等水准测量的方法

1. 观测方法

三、四等水准测量的观测应在通视良好、望远镜成像清晰稳定的情况下进行，可以采用"两次仪器高法"或"双面尺法"。下面介绍用双面尺法在一个测站上的观测程序。

（1）在距前、后水准尺视距大致相等处安置水准仪，后视水准尺黑面，精平，读取上、下视距丝和中丝读数，记入记录表（见表 6.11，下同）中（1）、（2）、（3）。

（2）前视水准尺黑面，精平，读取上、下视距丝和中丝读数，记入记录表中（4）、（5）、（6）。

（3）前视水准尺红面，精平，读取中丝读数，记入记录表中（7）。

（4）后视水准尺红面，精平，读取中丝读数，记入记录表中（8）。

这样的观测顺序简称为"后—前—前—后"，其优点是可以减弱仪器下沉误差的影响。概括起来，每个测站共需读取 8 个读数，并立即进行测站计算与检核，满足三、四等水准测量的有关限差要求后（见表 6.10）方可迁站。

表 6.11　三、四等水准测量记录

测站编号	视准点	后尺 上丝 / 下丝 后视距 ∑ 视距差		前尺 上丝 / 下丝 前视距 ∑ 视距差		方向及尺号	水准尺读数		黑+K-红 K=4.787	平均高差
							黑色面	红色面		
1		（1）		（4）		后尺号	（3）	（8）	（14）	
		（2）		（5）		前尺号	（6）	（7）	（13）	（18）
		（9）		（10）		后—前	（15）	（16）	（17）	
		（11）		（12）						
1	BM2-TP1	1 402		1 343		后 103	1 289	6 073	+3	
		1 173		1 100		前 104	1 221	6 010	-2	+0.066
		22.9		24.3		后—前	+0.068	+0.063	+5	
		-1.4		-1.4						
2	TP1-TP2	1 460		1 950		后 104	1 260	6 050	-3	
		1 050		1 560		前 103	1 761	6 549	-1	-0.500
		41.0		39.0		后—前	-0.501	-0.499	-2	
		2.0		+0.6						
3	TP2-TP3	1 660		1 795		后 103	1 412	6 200	-1	
		1 160		1 295		前 104	1 540	6 325	+2	-0.126
		50.0		50.0		后—前	-0.128	-0.125	-3	
		0.0		+0.6						
4	TP3-BM3	1 575		1 545		后 104	1 300	6 088	-1	
		1030		0954		前 103	1 250	6 035	+2	+0.052
		54.5		59.1		后—前	+0.050	+0.053	-3	
		-4.6		-4.0						
检核计算		$\sum(9)=168.4$ $\sum(10)=172.4$ $\sum(9)-\sum(10)=-4.0$ $\sum(9)+\sum(10)=340.8$		$\sum(3)=5\,261$ $\sum(6)=5\,772$ $\sum(15)=-0.511$ $\sum(15)+\sum(16)=-1.019$			$\sum(8)=24\,411$ $\sum(7)=24\,919$ $\sum(16)=-0.508$ $2\sum(18)=-1.016$			

注：表中所示的（1）、（2）、…、（18）表示读数、记录和计算的顺序。

2. 测站计算与检核

（1）视距计算与检核。

根据前、后视的上、下视距丝读数，计算前、后视的视距：

$$后视距离 \quad (9)=100\times\{(1)-(2)\}$$
$$前视距离 \quad (10)=100\times\{(4)-(5)\}$$

计算前、后视距差（11）：

$$(11)=(9)-(10)$$

计算前、后视距离累积差（12）：

$$(12)=上站(12)+本站(11)$$

以上计算的前、后视距，视距差及视距累积差均应满足表6.10要求。

（2）水准尺读数检核。

对于同一根水准尺，黑面与红面读数之差的检核如下：

$$(13)=(6)+K-(7)$$
$$(14)=(3)+K-(8)$$

K 为双面水准尺的红面分划与黑面分划的零点差，是一常数（4.687 m 或 4.787 m）。对于三等水准测量，不得超过 2 mm；对于四等水准测量，不得超过 3 mm。

（3）高差计算与检核。

按前、后视红、黑面中丝读数，分别计算该测站红、黑面高差：

$$黑面测得的高差 \quad (15)=(3)-(6)$$
$$红面测得的高差 \quad (16)=(8)-(7)$$
$$红、黑面高差之差 \quad (17)=(15)-(16)=(14)-(13)$$

对于三等水准测量，（17）不得超过 3 mm；对于四等水准测量，（17）不得超过 5 mm。红、黑面高差之差在允许范围以内时，取其平均值作为该站的高差观测值：

$$(18)=\{(15)+(16)\pm0.100\}/2$$

上式计算时，当（15）>（16），0.100前取正号计算；反之取负号计算。总之，平均高差（18）应与黑面高差（15）很接近。

（4）每页水准测量记录的计算检核。

高差检核：

$$\sum(3)-\sum(6)=\sum(15)$$
$$\sum(8)-\sum(7)=\sum(16)$$

或

$$\sum(15)+\sum(16)=2\sum(18) \qquad （偶数站）$$
$$\sum(15)+\sum(16)=2\sum(18)\pm0.100 \qquad （奇数站）$$

视距差检核：$\sum(9)-\sum(10)=$ 本页末站(12)−前页末站(12)。

本页总视距：$\sum(9)+\sum(10)$。

3. 成果整理

三、四等水准测量的闭合路线或附合路线的成果整理先应按表6.4的规定，检验测段（两水准点之间的线路）往返测高差不符值（往、返测高差之差）及附合路线或环线闭合差。如果在容许范围内，则测段高差取往、返测高差的平均值，线路的高差闭合差则反其符号按测段的长度成正比例进行分配。

6.6　三角高程测量

6.6.1　测量原理

在山区或地形起伏较大的地区测定地面点高程时，采用水准测量进行高程测量一般难以进行，故实际工作中常采用三角高程测量的方法施测。三角高程测量是根据两点间水平距离和竖直角计算两点的高差，如图 6.18 所示。已知 A 点高程为 H_A，A 点安置经纬仪，B 点安置观测标志杆，量取标志高 l 和仪器高 i，测得竖直角 α；根据两点间水平距离 D，计算 A、B 两点间高差如下：

$$h_{AB} = D \cdot \tan\alpha + i - l \tag{6.43}$$

则 B 点的高程为：

$$H_B = H_A + h_{AB} \tag{6.44}$$

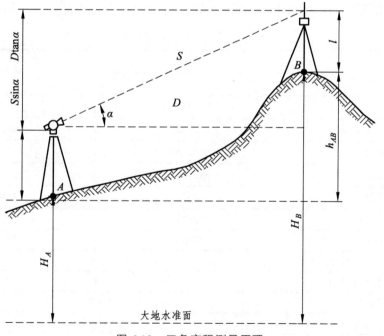

图 6.18　三角高程测量原理

当两点间距离大于 300 m 时，考虑地球曲率和大气折光对高差的影响，应对观测得到的高差加"两差"改正：

地球曲率改正：

$$f_1 = \frac{D^2}{2R} \tag{6.45}$$

大气折光改正：

$$f_2 = -0.14\frac{D^2}{2R} \tag{6.46}$$

两差改正：

$$f = f_1 + f_2 = 0.43\frac{D^2}{R} \tag{6.47}$$

当水平距离等于 300 m 时，f=6 mm。可见，这种影响需要考虑。对于三、四等高程控制测量，一般应进行对向观测，即由 A 点观测 B 点，再由 B 点观测 A 点，取对向观测的正反向观测高差绝对值的平均值，可以消除或削弱地球曲率和大气折光的影响。

6.6.2 观测与计算

（1）安置经纬仪于 A 点，量取仪器高 i 和标志高 l，分别量两次，精确至 0.5 cm，两次的结果之差不大于 1cm，取其平均值记入表 6.12 中。

（2）用经纬仪望远镜的横丝瞄准 B 点，使竖盘指标水准管气泡居中，盘左、盘右观测，读取竖盘读数 L 和 R，计算出竖直角 α，记入表 6.12 中。

（3）将经纬仪搬至 B 点，同法对 A 点进行观测。

外业观测结束后，按式（6.43）和式（6.44）计算高差和所求点高程，计算实例见表 6.12。

表 6.12 三角高程测量计算

所求点	B	
起算点	A	
	往	返
水平距离 D/m	286.36	286.36
竖直角 α	10°32′26″	-9°58′41″
$D\tan\alpha$/m	53.28	-50.38
仪器高/m	1.52	1.48
标志高 l/m	-2.76	-3.20
高差 h/m	52.04	-52.10
对向观测的高差较差/m	-0.06	
高差较差容许值/m	0.11	
平均高差/m	50.07	
起算点高程/m	105.72	
所求点高程/m	157.79	

当用三角高程测量方法测定平面控制点的高程时，应组成闭合或附合三角高程路线，每边均要进行对向观测。用对向观测所得高差平均值，计算闭合或附合路线的高差闭合差容许值，即

$$f_{h容} = \pm 0.05 \sqrt{[D^2]}(m) \qquad\qquad (6.48)$$

式中，D 为水平距离，以"km"为单位。当高差闭合差小于或等于容许值时，则按边长成正比例反符号分配到各高差之中，然后用改正后的高差，从起算点推算各待定点高程。

本章小结

本章主要讲述控制测量的原理及方法。重点介绍导线测量、交会测量原理和平差计算方法以及三、四等水准测量和三角高程测量原理及方法。

习　题

1. 在全国范围内，平面控制网和高程控制网是如何布设的？局部地区的控制网是如何布设的？

2. 导线的布设形式有哪些？外业工作有哪些内容？

3. 象限角与坐标方位角有何不同？如何进行换算？

4. 已知 A、B、C 三点的坐标（见表 6.13），试分别计算 AB 和 AC 边的边长、象限角和坐标方位角。

表 6.13　坐标反算

点名	X 坐标/ m	Y 坐标/ m
A	44 987.766	23 370.405
B	44 975.270	23 460.231
C	45 082.862	23 167.244

5. 何为坐标正算？何为坐标反算？写出相应的计算公式。

6. 用测边交会测定 P 点的位置。已知点 A、B 的坐标和观测的边长 a, b，如图 6.19 所示，计算 P 点的坐标。

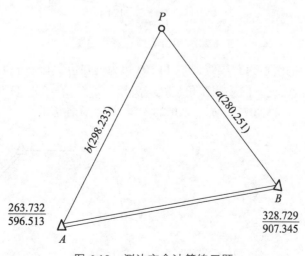

图 6.19　测边交会计算练习题

7. 用后方交会测定 P 点的位置。已知点 A、B、C 的坐标和观测的水平方向值 R_A，R_B，R_C，如图 6.20 所示，计算 P 点的坐标。

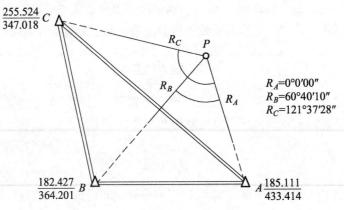

$R_A=0°0'00''$
$R_B=60°40'10''$
$R_C=121°37'28''$

图 6.20　后方交会计算练习题

8. 如图 6.21 所示的闭合导线，已知 A 点坐标为（100，100），$A1$ 边的坐标方位角为 $145°52'43''$，观测图中的 5 个水平角和 5 条边长，试用 Excel 计算各点的坐标（边长单位：m）。

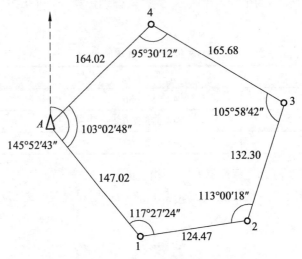

图 6.21　闭合导线计算练习题

9. 如图 6.22 所示的图根附合导线，BA 和 CD 边为已知边，坐标方位角 $\alpha_{BA}=120°25'05''$ 和 $\alpha_{CD}=125°27'22''$，现沿前进方向观测左角，$\beta_A=93°21'12''$，$\beta_1=259°43'52''$，$\beta_2=125°35'28''$，$\beta_3=132°16'19''$，$\beta_4=253°37'07''$，$\beta_C=220°28'31''$，试推算各边的坐标方位角。

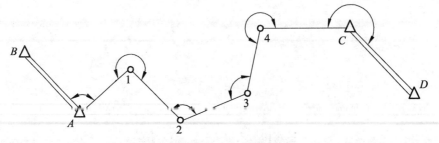

图 6.22　附合导线计算练习题

10. 图 6.23 所示为四等单结点水准网，其中，A、B、C、D 为已知高程的三等水准点，网中有 4 条线路汇集于结点 N，在表 6.14 中计算结点 N 的高程最或然值并评定其精度。

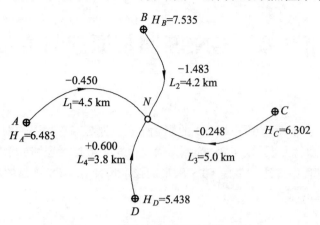

图 6.23　单结点水准网计算练习题

表 6.14　单结点水准网结点高程平差计算

线路号	线路长度 L/km	线路观测高差 $\sum h_i$/m	起始点高程 H/mm	结点观测高程 H_i/mm	ΔH/mm	$P = \dfrac{1}{L}$	$P\Delta H$/mm	v/mm	pv/mm	pvv/mm²
1 2 3 4										
		$H_0 =$		$\sum$						
结点高程及中误差										

第7章 GNSS 测量原理与方法

本章要点：本章介绍了 GNSS 的概念、定位原理与应用。简要介绍了 GNSS 的误差来源/定位原理，以 GPS 为例，简要介绍了数据处理和成果转换的方法；学生在学习过程中应注意掌握 GPS 测量的技术设计和 GPS 测量的外业实施以及 GPS 数据处理的流程。

7.1 概　述

全球卫星导航系统（Global Navigation Satellite System，GNSS）是能在全球范围内提供导航服务的卫星导航系统的通称。

GNSS 是利用人造地球卫星发射的无线电信号进行导航的综合系统，通常包括导航卫星星座（空间段）、系统运行管理设施（地面段）和用户接收设备（用户段）。

北斗卫星导航系统（BeiDou Navigation Satellite System，BDS）是由中国研制建设和管理的卫星导航系统。为用户提供实时的三维位置、速度和时间信息，包括公开、授权和短报文通信等服务。

20 世纪后期，中国开始探索适合国情的卫星导航系统发展道路，逐步形成了三步走发展战略：2000 年年底，建成北斗一号系统，向中国提供服务；2012 年年底，建成北斗二号系统，向亚太地区提供服务；截止到 2018 年 11 月 19 日成功发射四十三颗北斗导航卫星。北斗三号系统完成建设，于 2018 年 12 月 26 日开始提供全球服务。标志着北斗系统服务范围由区域扩展为全球，北斗系统正式迈入全球时代。

BDS 空间段由若干地球静止轨道卫星、倾斜地球同步轨道卫星和中圆地球轨道卫星三种轨道卫星组成混合导航星座。地面段包括主控站、时间同步/注入站和监测站等若干地面站。用户段包括北斗兼容其他卫星导航系统的芯片、模块、天线等基础产品，以及终端产品、应用系统与应用服务等。

BDS 具有以下特点：

（1）北斗系统空间段采用三种轨道卫星组成的混合星座，与其他卫星导航系统相比，高轨卫星更多，抗遮挡能力强，尤其低纬度地区的性能特点更为明显。

（2）北斗系统提供多个频点的导航信号，能够通过多频信号组合使用等方式提高服务精度。

（3）北斗系统创新融合了导航与通信能力，具有实时导航、快速定位、精确授时、位置报告和短报文通信服务五大功能。

全球定位系统（Global Positioning System，GPS）是由美国研制建设和管理的一种全球卫星导航系统。为全球用户提供实时的三维位置、速度和时间信息，包括精密定位服务（PPS）和标准定位服务（SPS）等服务。

GPS 的建立经历了方案论证和初步设计、全面研制和试验以及实用组网三个阶段。1993年年底建成实用的 GPS 网即（21+3）GPS 星座。1995 年 7 月 17 日，GPS 达到 FOC——完全运行能力（Full Operational Capability）。

格洛纳斯卫星导航系统（Global Navigation Satellite System，GLONASS）是由俄罗斯研制建设和管理的一种全球卫星导航系统。为全球用户提供实时的三维位置、速度和时间信息，包括标准精度通道（CSA）和高精度通道（CHA）等服务。

伽利略卫星导航系统（Galileo Navigation Satellite System，GALILEO）是由欧盟研制建设和管理的全球卫星导航系统。为全球用户提供实时的三维位置、速度和时间信息，包括开放、商业、生命安全、公共授权和搜救支持等服务。

GNSS 系统具有以下特点：

1. 全球全天候工作

全球只要能够接收到卫星信号的地方，都可以用 GNSS 进行导航定位。目前 GNSS 观测可在一天 24 小时内的任何时间进行，不受阴天黑夜、起雾刮风、下雨下雪等气候的影响。不过不能在有雷电、大雪、大雨和大风的时候观测。

2. 测站间无须通视

只要保证测站高度角大于 15°的空间视野开阔，能够实时接收到 GNSS 卫星信号即可进行测量。为了常规测量方法能够利用 GNSS 点，在布网时，每个 GNSS 点至少需要一个通视方向。

3. 定位精度高

以 GPS 为例，应用实践已经证明，GNSS 相对定位精度在 50 km 以内可达 2×10^{-6} ~ 1×10^{-6}，100 ~ 500 km 可达 1×10^{-6} ~ 1×10^{-7}，在距离大于 1 000 km 可达 10^{-8}。在 300 ~ 1 500 m 精密工程定位中，1 小时以上观测的解其平面位置误差小于 1 mm。

实时动态定位 RTK 和实时差分定位 RTD 的定位精度可达厘米和分米级。

4. 观测时间短

随着 GNSS 的不断完善，软件的不断更新，目前，20 km 以内相对静态定位，单频机仅需1 小时左右，而双频仅需 15 ~ 20 分钟；动态相对定位测量中，当每个流动站与基准站相距在5 km 以内时，流动站只需静止观测时间 1 ~ 5 分钟，然后即可随时定位，每点观测只需几秒钟。

5. 可提供三维坐标

经典大地测量将平面与高程采用不同方法分别施测。GNSS 可同时精确测定测站点的三维坐标。目前，GNSS 水准可达到四等水准测量的精度。GNSS 测量的这一特点，不仅为研究大地水准面的形状和确定地面点的高程开辟了新的途径，也为航空物探、航空摄影测量及精密导航提供了重要的高程数据。

6. 操作简便

GNSS 接收机不断被改进，自动化程度越来越高，有的已达"傻瓜化"的程度，观测员只需开关仪器，记录天线高度、气象数据、测站信息和监视仪器的工作状态即可。接收机的体积越来越小，重量越来越轻，可极大地减轻测量工作者的工作紧张程度和劳动强度。

7. 用途多、功能广

GNSS 不仅可用于测量、导航，还可用于测速、测时。测速的精度可达 0.1 m/s，测时的精度可达几十毫微秒。其应用领域不断扩大。

7.2　GNSS 组成及其信号

GNSS 由空间段、地面段和用户段所组成，如图 7.1 所示。

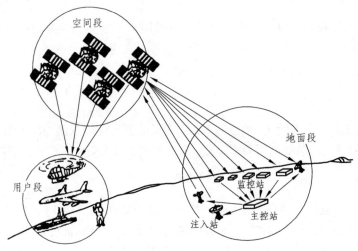

图 7.1　GNSS 的组成

7.2.1　空间段（space segment）

空间段是卫星导航系统中空间所有卫星及其星座的总称。

BDS 由 35 颗卫星组成，包括 5 颗静止轨道卫星、27 颗中地球轨道卫星、3 颗倾斜同步轨道卫星。5 颗静止轨道卫星定点位置为东经 58.75°、80°、110.5°、140°、160°；中地球轨道卫星运行在 3 个轨道面上，轨道面之间为相隔 120°均匀分布。

GPS 的基本特征如图 7.2 所示，其基本特征如下：

（1）卫星颗数：24[21（工作）+3（备用）]。

（2）轨道面数：6。

（3）轨道倾角：55°。

（4）轨道高度：20 200 km。

（5）运行周期：11 小时 58 分。

（6）目前实际在轨卫星为 32 颗。

（7）每天任何时刻、任何位置都能够同时观测到至少 4 颗卫星。

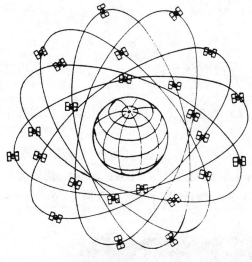

图 7.2　GPS 卫星星座

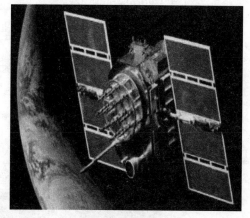

图 7.3　GPS 卫星

GPS 卫星的特点：

（1）GPS 卫星主体呈圆柱形，如图 7.3 所示，直径 1.5 m，重量约 774 kg（其中有 310 kg 燃料）。

（2）有 4 台高精度原子钟。

（3）两侧有 2 块双叶太阳能板，自动旋转定向。

GPS 卫星的作用：

（1）接收并存储监控站发送的导航信息。

（2）接收并执行监控站发送的指令。

（3）卫星的微处理机进行部分数据处理。

（4）通过原子钟提供精密的时间标准。

（5）向用户发送定位信息。

（6）按照地面指令调整卫星姿态。

（7）按照地面指令起用备用卫星。

7.2.2　地面段（ground segment）

地面段是维持卫星导航系统正常运行的地面系统的总称。一般包括主控站、监测站和时间同步/注入站等，以及相互之间的数据通信网络。

1. 主控站（master control station）

主控站为卫星导航系统的地面信息处理和运行控制中心。完成导航卫星和运控系统的业务管理与控制，收集观测数据，确定卫星轨道、卫星钟差和电离层参数，执行导航信息上行注入等业务。北斗主控站还具备广域差分处理以及 RDSS 定位、授时、通信业务的集中处理等功能。

2. 监测站（monitor station）

监测站接收卫星导航信号，向主控站提供业务处理所需的伪距、载波相位、气象及工况信息等观测数据。

3. 注入站（uplink station）

注入站为向导航卫星发送导航电文和业务控制指令的地面站。北斗注入站同时承担星地时间比对任务。

以 GPS 为例，其地面段由若干个跟踪站所组成的监控系统构成，分布全球。根据其作用的不同，这些跟踪站又被分为主控站、监测站和注入站。主控站有 1 个，位于美国科罗拉多（Colorado）的法尔孔（Falcon）空军基地，主控站同时具有监测站的功能；监测站有 5 个，除了主控站外，其他 4 个分别位于夏威夷（Hawaii）、阿松森群岛（Ascencion）、迭哥伽西亚（Diego Garcia）、卡瓦加兰（Kwajalein）；注入站有 3 个，它们分别位于阿松森群岛（Ascencion）、迭哥伽西亚（Diego Garcia）、卡瓦加兰（Kwajalein），如图 7.4 所示。

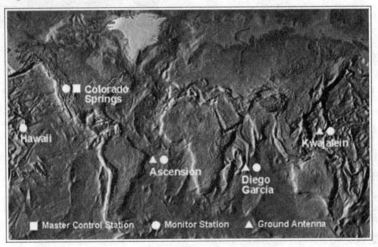

图 7.4　GPS 地面监控系统的分布

7.2.3　用户段（user segment）

用户段是用于接收、处理导航卫星信号并实现定位、测速和授时等功能的设备总称。

以 GPS 为例，用户段主要包括 GPS 接收机及其相应处理的软件，主要任务是接收 GPS 卫星发射的无线电信号，通过解调获得必要的定位信息及观测量，并经数据处理而完成定位工作。

根据 GPS 用户的不同要求，所需接收设备各异，但其基本组成大同小异，主要由 GPS 接收机硬件和数据处理软件，以及微处理机及其终端设备组成。几种典型的 GPS 接收机见图 7.5。

GPS 接收机的类型：

（1）根据用途分为大地型（测地型）、导航型与授时型。

（2）根据能否接收测距码（伪距码）分为有码与无码。

（3）根据接收伪距码的种类分为 P 码与 C/A 码。

（4）根据接收不同频率载波的数量分为单频与双频。

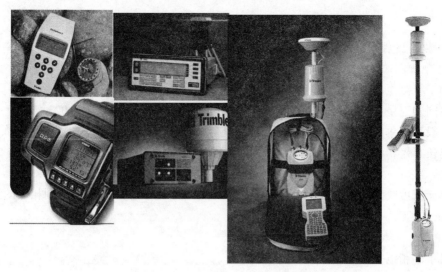

图 7.5 几种典型的 GPS 接收机

7.2.4 GNSS 卫星信号

以 GPS 卫星所发播的信号为例，GPS 卫星发射 L_1、L_2 两种频率的载波信号（见图 7.6），频率分别是基础频率 10.23 MHz 的 154 倍和 120 倍。在 L_1、L_2 上又分别调制着 C/A 码、P 码、Y 码和导航电文等多种信号（见图 7.7）。

1. 载 波

（1）L_1 载波频率 1 575.42 MHz、波长 19.03 cm。

（2）L_2 载波频率 1 227.60 MHz、波长 24.42 cm。

载波的作用：

（1）搭载其他调制信号。

（2）测距。

（3）测定多普勒频移。

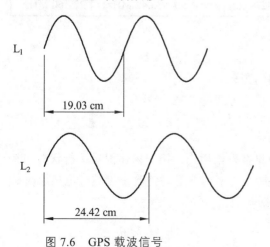

图 7.6 GPS 载波信号

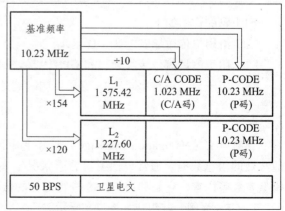

图 7.7 GPS 信号的构成及产生机制

2. 测距码

GPS 测距码包括 P 码（精码）和 C/A 码（粗码）。

（1）C/A 码。

① 用于粗测距和捕获 GPS 卫星信号的伪随机码。

② 不同的卫星具有不同的 C/A 码，但其周期均为 1 ms，码率均为 1.023 MHz。

③ 一般最简单的导航接收机的伪距测量分辨率达到 0.1 m。

④ 码长很短，易于捕获。共有 1 023 个码元，若以每秒 50 码元速度搜索，只需 20.5 秒即可完成。

⑤ 码元宽度较大。假设两个序列的码元对齐误差为码元宽度的 1/100，则相应的测距误差可达 2.9 m。

（2）P 码。

① 卫星的精测码，码率为 10.23 MHz。

② 每颗卫星采用不同的 P 码。

③ 反电子欺骗政策 AS（AntiSpoofing）。在 P 码上增加一个极度保密的 W 码，形成新的 Y 码，绝对禁止非特许用户使用。

④ 码长很长。一般先捕获 C/A 码，再根据导航电文中的信息捕获 P 码。

⑤ 码元宽度为 C/A 码的 1/10，精度高，专为军用。假设两个序列的码元对齐误差为码元宽度的 1/100，则相应的测距误差只有 0.29 m。

两种测距码的参数对比见表 7.1。

表 7.1　P 码和 C/A 码的参数对比

参数	伪噪声码	
伪噪声码的长度周期	1 023 bit	6.187×10^{12} bit
时钟脉冲速率	1.023 Mbit/s	10.23 Mbit/s
伪噪声码重复周期	1 ms	7 d
数据率	50 bit/s	50 bit/s
伪噪声码的载波频率	1 575.42 MHz	1 575.42 MHz，1 227.60 MHz

测距码的作用如下：

（1）给用户传送导航电文（D 码）。

（2）用于测量信号接收天线和 GPS 卫星之间的距离。

（3）用于识别来自不同 GPS 卫星而同时到达接收天线的 GPS 信号。

3. 导航电文

导航电文（Navigation Message）是由导航卫星播发给用户，用于描述卫星运行状态和其他参数的信息数据，通常包括卫星健康状况、星历、历书、卫星时钟改正参数、电离层时延模型参数等内容。它是利用 GNSS 进行定位的数据基础。

以 GPS 为例，其组成如图 7.8 所示。

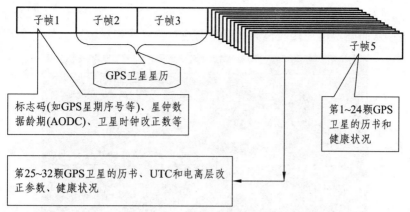

图 7.8　GPS 导航电文的组成

导航电文的格式及发播：

（1）导航电文是二进制编码，按规定格式组成数据帧，按帧向外播发，每帧电文含有 1 500 bit，播发速度为 50 bit/s，所以一帧电文的播发时间是 30 s。

（2）每帧电文含有 5 个子帧，每个子帧含 10 个字，每个字含 30 bit，按播发速度 50 bit/s，每个子帧播发需 6 s。

（3）1、2、3 子帧含有卫星的广播星历和卫星钟参数，其内容每小时更新一次。

（4）第 4、5 子帧存放所有空中 GPS 卫星的历书，各含有 25 页，子帧 1、2、3 和 4、5 子帧的每一页均构成一个主帧，故完整的导航电文共 25 帧、37 500 bit，需 12.5 min 才能播完。

（5）子帧 4、5 的内容仅在地面注入站注入数据时才更新。

4. GNSS 卫星星历

卫星星历：描述某一时刻卫星运动轨道及其变率的参数。

根据卫星星历就可以计算出任一时刻的卫星位置及速度，这样就为 GNSS 导航定位提供了动态已知点。

根据星历的精度，GPS 卫星星历分为预报星历（广播星历）和后处理星历（精密星历）。

预报星历又叫广播星历，通常包括相对某一参考历元的开普勒轨道根数和必要的轨道摄动改正项参数。相应参考历元的卫星开普勒轨道根数也叫参考星历。

后处理星历是一些国家某部门，根据各自建立的卫星跟踪站所获得的对 GPS 卫星的精密观测资料，应用与确定广播星历相似的方法而计算的卫星星历。它可以向用户提供在用户观测时间内的卫星星历，避免了星历外推时产生误差。由于这种星历是在事后向用户提供的在其观测时间内的精密轨道信息，因此称为后处理星历或精密星历。

7.3　GNSS 定位的基本原理

7.3.1　概　述

GNSS 进行定位的基本原理就是把卫星视为"运动"的已知控制点，根据卫星轨道参数计算其瞬时坐标，以 GNSS 卫星和用户接收机天线之间距离（或距离差）为观测量，进行空间距离后方交会，从而确定用户接收机天线所处的绝对位置或相对位置，如图 7.9 所示。

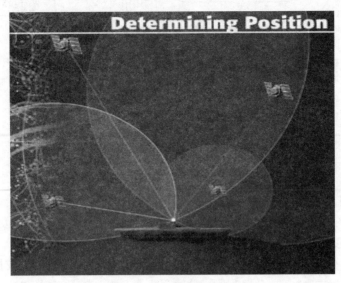

图 7.9　GNSS 定位原理

（1）GNSS 定位必须解决两个本质问题：

① 确定观测瞬间的卫星位置。主要利用导航电文中的卫星星历进行计算。

② 确定观测瞬间测站至 GPS 卫星的距离。主要通过测定卫星信号传播到测站的时间进行计算。

（2）GNSS 定位方法有很多种，以 GPS 为例介绍，其分类如下：

依据测距的原理划分：

① 伪距法定位（测码）。

② 载波相位测量定位（测相）。

③ 差分 GPS 定位。

根据待定点的运动状态划分：

① 静态定位。

② 动态定位。

7.3.2　GNSS 测量误差

GNSS 测量是通过地面接收机设备接收卫星传送的信息来确定地面点的三维坐标的。影响测量结果的误差主要来源于四个方面：与 GNSS 卫星有关的因素、与卫星信号传播途径有关的因素、与地面接收设备有关的因素和其他因素。在高精度的 GNSS 测量中，还应注意与地球整体运动有关的地球潮汐、负荷潮及相对论效应等的影响，如图 7.10 所示。

按误差性质，GNSS 测量误差可分为系统误差与偶然误差两类。偶然误差主要包括信号的多路径效应；系统误差主要包括卫星的星历误差、卫星钟差、接收机钟差以及大气折射的误差等。其中，系统误差无论从误差的大小还是对定位结果的危害性都比偶然误差要大得多，它是 GNSS 测量的主要误差来源；同时，系统误差有一定的规律可循，可采取一定的措施加以消除或减小，如表 7.2 所示。

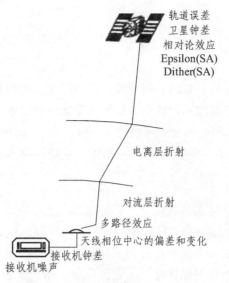

轨道误差
卫星钟差
相对论效应
Epsilon(SA)
Dither(SA)

电离层折射

对流层折射
多路径效应
天线相位中心的偏差和变化
接收机钟差
接收机噪声

图 7.10　GNSS 测量的误差来源

表 7.2　GNSS 误差分类

误差来源		对距离测量的影响/m
与卫星有关的误差	① 星历误差； ② 钟误差； ③ 相对论效应	1.5 ~ 15
与信号传播有关的误差	① 电离层； ② 对流层； ③ 多路径效应	1.5 ~ 15
与接收机有关的误差	① 钟的误差； ② 位置误差； ③ 天线相位中心变化	1.5 ~ 5
其他有关的误差	① 地球潮汐； ② 负荷潮	1.0

以 GPS 测量误差的来源和分类为例，简介如下。

1. 卫星星历误差

由星历所给出的卫星的空间位置与实际位置之差称为卫星星历误差，即星历精度。

（1）星历精度。

广播星历（预报星历）精度：20 ~ 30 m。

精密星历（后处理星历）：1d 解的精度为 15 ~ 30 cm，7d 解的精度为 5 ~ 15 cm，13d 解的精度为 3 ~ 5 cm。

相对定位时，因星历误差对两站的影响具有很强的相关性，所以在求坐标差时，共同的影响可自行消去，从而获得精度很高的相对坐标。

（2）解决星历误差的主要方法。

① 建立自己的卫星跟踪网独立定轨。

② 轨道松弛法。

③ 同步观测求差法。

2. 卫星钟差

卫星钟的钟差包括由钟差、频偏、频漂等产生的误差，也包含钟的随机误差。在 GPS 测量中，无论是码相位观测或载波相位观测，均要求卫星钟和接收机保持严格同步。

经改正后，各卫星钟之间的同步差可保持在 20 ns 以内，由此引起的等效距离偏差不会超过 6 m。卫星钟差和经改正后的残余误差，则需采用在接收机间求一次差等方法来进一步消除。

3. 相对论效应

相对论效应是由于卫星钟和接收机钟所处的运动状态（运动速度和重力位）不同而引起卫星钟和接收机钟之间产生相对钟差的现象。

由相对论效应知，将地面上的时钟放到卫星上，频率会变快。消除相对论的影响，一般分两步：第一步，在地面上将卫星钟降低一定的频率；第二步，对卫星钟给出的时间加上相应的相对论效应改正数。

4. 电离层折射

当 GPS 信号通过电离层时，如同其他电磁波一样，信号的路径会发生弯曲，传播速度也会发生变化，如图 7.11 所示。所以，用信号的传播时间乘上真空中光速而得到的距离就不等于卫星至接收机间的几何距离，这种偏差叫电离层折射误差。

减弱电离层影响的措施：

（1）利用双频观测。

（2）利用电离层改正模型加以改正。

（3）利用同步观测值求差。

图 7.11　电离层延迟

5. 对流层及其影响

对流层与地面接触并从地面得到辐射热能，其温度随高度的上升而降低。GPS 信号通过对流层时，因介质温度变化造成传播的路径发生弯曲，从而使测量距离产生偏差，这种现象叫作对流层折射。

减弱对流层影响的措施：

（1）模型改正。

常用的模型有霍普菲尔德（Hopfield）模型、萨斯塔莫宁（Saastamoinen）模型和勃兰克（Black）模型。

（2）引入描述对流层影响的附加待估参数，在数据处理中一并求得。

（3）利用同步观测值求差。

6. 多路径效应

在 GPS 测量中，如果测站周围的反射物所反射的卫星信号（反射波）进入接收机天线，这就将和直接来自卫星的信号（直接波）产生干涉，从而使观测值偏离真值产生所谓的"多路径效应"，如图 7.12 所示。

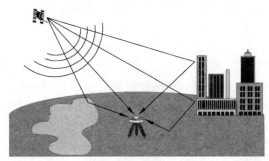

GPS多路径效应适应图

图 7.12　多路径效应

避免多路径效应的方法：

（1）选择合适的站址。

① 测站应远离大面积平静的水面。

② 测站不宜选择在山坡、山谷和盆地中。

③ 测站应离开高层建筑物。

（2）对接收机天线的要求。

① 在天线中设置抑径板。

② 接收机天线对于极化特性不同的反射信号应该有较强的抑制作用。

7. 接收机钟误差

GPS 接收机一般采用高精度的石英钟，其稳定度约为 10^{-9}。若接收机钟与卫星钟间的同步差为 1 ns，则由此引起的等效距离误差约为 300 m。

减弱接收机钟差的方法：

（1）把每个观测时刻的接收机钟差当作一个独立的未知数，在数据处理中与观测站的位置参数一并求解。

（2）认为各观测时刻的接收机钟差是相关的，像卫星钟那样，将接收机钟差表示为时间多项式，并在观测量的平差计算中求解多项式的系数。这种方法可以大大减少未知数个数。该方法成功与否的关键在于钟误差模型的有效程度。

（3）通过在卫星间求一次差来消除接收机的钟差。此法和（1）原理上是相似的。

8. 接收机的位置误差

接收机天线相位中心相对观测标志中心位置的误差，称为接收机位置误差。

9. 天线相位中心位置的偏差

在 GPS 测量中，观测值都是以接收机天线的相位中心位置为准的，而天线的相位中心与其几何中心，在理论上应保持一致。可实际上天线的相位中心随着信号输入的强度和方向不同而有所变化，即观测时相位中心的瞬时位置（一般称相位中心）与理论上的相位中心将有所不同，这种差别叫天线相位中心的位置偏移。这种偏差的影响，可达数毫米至数厘米。故如何减少相位中心的偏移是天线设计中的一个重要问题。

在实际工作中，如果使用同一类型的天线，在相距不远的两个或多个观测站上同步观测一组卫星，便可以通过观测值的求差来削弱相位中心偏移的影响。

10. 其他误差

（1）地球自转的误差。

当卫星信号传播到观测站时，而与地球相固联的协议地球坐标系相对的卫星的上述瞬时位置已产生了旋转（绕 Z 轴），从而造成误差。

（2）地球潮汐改正。

地球并非一个刚体，在太阳和月球的万有引力作用下，地球产生周期性的弹性形变，称为固体潮。

此外，在日月引力的作用下，地球上的负荷也将发生周期性的变动，使地球产生周期的形变，称为负荷潮汐，如海潮。固体潮和负荷潮引起的测站位移可达 80 cm，使不同时间的测量结果互不一致，在高精度相对定位中应考虑其影响。

在 GPS 测量中，除所提到的各种误差外，卫星钟和接收机钟振荡器的随机误差、大气折射模型和卫星轨道摄动模型的误差等，也都会对 GPS 的观测量产生影响。

7.3.3　GNSS 伪距定位原理

伪距（pseudo-range）是指接收机通过测量导航信号到达的本地时间与卫星发播信号的卫星时间之间的时间间隔所获得的距离，包含两者之间的几何距离和钟差等。

以 GPS 为例，伪距定位所采用的观测值是 GPS 伪距观测值。由于各种误差的存在，该量测距离与卫星到测站的实际几何距离有一定差值。其包括 C/A 码伪距和 P 码伪距。

伪距观测值可用下式表示：

$$\tilde{\rho}^i = c\tau = \rho^i + c(d_t^i - d_T) + d_{\text{ion}}^i + d_{\text{trop}}^i \qquad (7.1)$$

式中　　i——卫星号；

　　　　ρ^i——卫星到接收天线的真实距离；

　　　　d_t^i——卫星钟差，

　　　　d_T——接收机钟差；

$c(d_t^i - d_T)$——时钟偏差引起的距离偏差；

d_{ion}^i——电离层效应引起的距离偏差；

d_{trop}^i——对流层引起的距离偏差。

卫星到接收天线的真实距离 ρ^i 可用下式表示：

$$\rho^i = [(X^i - X_u)^2 + (Y^i - Y_u)^2 + (Z^i - Z_u)^2]^{1/2} \qquad (7.2)$$

式中　X^i, Y^i, Z^i——第 i 颗卫星的三维坐标，可从导航电文中求得；

　　　X_u, Y_u, Z_u——用户接收天线的三维坐标，为待求的未知数。

把式（7.2）代入式（7.1）得：

$$\tilde{\rho}^i = [(X^i - X_u)^2 + (Y^i - Y_u)^2 + (Z^i - Z_u)^2]^{1/2} + c(d_t^i - d_T) + d_{\text{ion}}^i + d_{\text{trop}}^i \qquad (7.3)$$

式（7.3）中有 4 个未知数（用户三维坐标和接收机的钟差 d_T）。这样在任何一个观测瞬间，用户至少需要同时观测 4 颗卫星，以便解算 4 个未知数。

伪距测量的特点：

（1）适用于导航和低精度测量（P 码定位误差约为 10 m，C/A 码定位误差为 20～30 m）。

（2）定位速度快。

（3）可作为载波相位测量中解决整波数不确定问题（模糊度）的辅助资料。

7.3.4　GNSS 载波相位定位原理

载波相位定位所采用的观测值是 GPS 载波相位观测值。载波相位观测值（Carrier Phase Observation）是由 GNSS 接收机锁定载波信号后测得的 GNSS 信号载波的累积相位，载波相位定位的优点是观测值的精度高，缺点是数据处理过程复杂，存在整周模糊度问题，通常应用于高精度定位。

以 GPS 为例，图 7.13 中，λ 代表波长，φ_S 代表卫星发射信号时的相位，φ_R 表示 GNSS 接收机接收信号时的相位值。

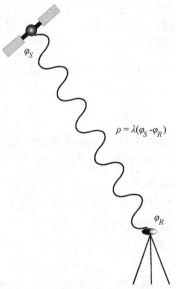

图 7.13　载波相位测量原理

载波相位观测值可以表示为整周部分和不足一周的小数部分之和。因为载波信号是一无符号的正弦波，接收机的测相计只能测定不足一周的小数部分，而整数部分是未知的。卫星信号被锁定后，整数部分保持不变，是一个未知常数，即是通常所说的整周未知数或整周模糊度。接收机自动记录的历元间的载波相位变化的整周数，是一个已知量，称为整周计数。载波相位的实际观测值，即 GNSS 接收机输出的值为锁定信号时的整周未知数、整周计数与测定的不足一周的小数部分，如图 7.14 所示。

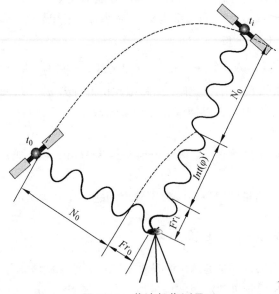

图 7.14　载波相位测量

首次观测：　$\varphi_0 = Fr(\varphi)_0$；

之后的观测：　$\varphi_i = Int(\varphi)_i + Fr(\varphi)_i$；

载波相位观测值通常表示为：　$\tilde{\varphi} = N_0 + Int(\varphi) + Fr(\varphi)$；

其中，N_0 是整周未知数，$Int(\varphi)$ 是整周计数。

整周未知数需要按照一定的数学方法解算出。一旦整周未知数被解算出，高精度的相位观测值即可转换为相应的高精度距离观测值。

快速、正确地确定整周未知数是 GNSS 载波相位定位中的一个关键问题。

7.3.5　绝对定位原理

绝对定位又称单点定位，是一种采用一台接收机进行定位的模式。以 GNSS 卫星和用户接收机天线之间的距离（或距离差）观测值为基础，根据已知的卫星瞬时坐标，来确定接收机天线所对应的观测站点位的绝对坐标。

GNSS 绝对定位方法的实质是空间距离后方交会。原则上，观测站位于以 3 颗卫星为球心、相应距离为半径的球与观测站所在平面交线的交点上。

由于 GNSS 采用单程测距原理，实际观测的站星距离均含有卫星钟和接收机钟同步差的影响（伪距），卫星钟差可根据导航电文中给出的有关钟差参数加以修正，而接收机的钟差一般难以预料。通常将其作为一个未知参数，在数据处理中与观测站坐标一并求解。一个观测站实时求解 4 个未知数，至少需要 4 个同步伪距观测值，即观测 4 颗卫星。

绝对定位可根据天线所处的状态分为动态绝对定位和静态绝对定位。无论动态还是静态，所依据的观测量都是所测的站星伪距。根据观测量的性质，伪距分为测码伪距和测相伪距，故绝对定位又可分为测码伪距绝对定位和测相伪距绝对定位。

静态绝对定位主要用于大地测量，而动态绝对定位只能应用于一般性的导航定位中。

7.3.6 相对定位原理

相对定位（Relative Positioning）是一种通过在多个测站上进行同步观测，测定测站之间相对位置的卫星定位技术手段。

用两台 GNSS 接收机安置在基线的两端，同步观测同样的卫星，通过两个测站同步采集 GNSS 数据，经过数据处理确定基线两端点的相对位置或基线向量，如图 7.15 所示。

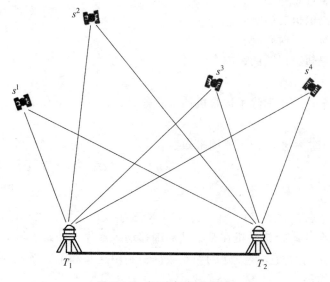

图 7.15　相对定位示意图

这种方法可以推广到用多台 GNSS 接收机安置在多条基线的端点，通过观测相同的卫星以确定多条基线向量。

相对定位中，至少需要将一个测站的坐标作为基准，利用观测解算出的基线向量，去求解其他点的坐标。

相对定位，按照接收机是否处于运动状态，可分为静态相对定位和动态相对定位。静态相对定位一般采用载波相位观测值，而动态相对定位可采用测距码或载波相位观测值。

静态相对定位设置在基线端点的接收机是固定的，可通过连续观测，取得充分的多余观测数据，以改善定位精度。以 GPS 为例，对于中等长度的基线（100 ~ 500 km），相对定位精度可达 $10^{-6} \sim 10^{-7}$。

对两个或多个观测站同步观测相同卫星得到的观测值求差，可有效地消除或减弱各种误差的影响。可在接收机间、卫星间、不同历元间求差。常用的求差方式有站间一次差，在站间求差的基础上在星间求差的二次差和将二次差在历元间求差的三次差，简称单差、双差和三差，如图 7.16 所示。

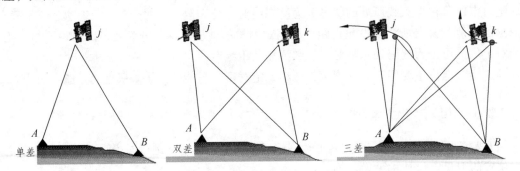

图 7.16　常用的观测值求差方式

单差的特点：

（1）消除了卫星钟差影响。

（2）削弱了电离层折射影响。

（3）削弱了对流层折射影响。

（4）削弱了卫星轨道误差的影响。

双差的特点：

在单差的基础上进一步消除了接收机钟差的影响。

三差的特点：

在双差的基础上进一步消掉了整周未知数。

7.3.7　差分定位

差分定位，即动态相对定位：一台或多台 GNSS 接收机安置在坐标已知的固定测站不动，称为基准站；另一台或多台接收机在基准站周围移动，称为流动站。流动站在对卫星观测的同时，还接收基准站通过数据链发送的修正数据，利用这些修正数据对观测结果进行处理，以获得精确的定位结果。

差分定位的原理：利用基准站和流动站误差相关性，采用求差处理，以达到消除或削弱相关误差的影响，从而提高定位精度。

差分定位的三类误差：① 基准站和流动站共有的误差，如卫星钟误差、星历误差、电离层误差和对流层误差等；② 不能由用户测量或用校正模型计算的误差；③ 基准站和流动站各自固有的误差，如多路径误差、内部噪声、通道延迟等。

差分技术对各类误差的影响：① 误差可以完全消除或极大削弱；② 误差大部分可以消除；③ 误差无法消除，甚至可能会增大。

目前测量中最常用的技术是实时动态测量（Real-Time Kinematic，RTK）。

RTK 是 GNSS 相对定位技术的一种，主要通过基准站和流动站之间的实时数据链路和载波相对定位快速解算技术，实现高精度动态相对定位，如图 7.17 所示。其基本思想如下：

基准站不进行测相伪距修正数的计算，而是将其载波相位观测值和基准站坐标信息一起通过数据实时发送给流动站，然后由流动站进行载波相位求差原理进行解算，从而解算出流动站的位置坐标。

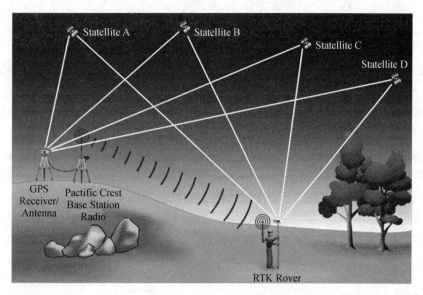

图 7.17　RTK 测量原理

RTK 作业过程如下：

（1）流动站静止观测若干历元（2~5 min）后，接收基准站发送的载波相位观测量和坐标数据组成双差观测方程，然后采用相应的程序解算整周模糊度，并确认整周模糊度正确无误。这一过程称为初始化。

（2）将确认的整周模糊度代入双差观测方程，此时由于基准站坐标已知，卫星的位置可以通过星历计算出，则只剩下流动站的位置坐标是未知的，只需三个双差观测方程，也即同步观测 4 颗卫星，即可解算出流动站的位置坐标。

（3）一旦卫星信号失锁，整周模糊度的数值将产生变化，就需要重新初始化。重新初始化完毕后，才能继续测量。

因此，整周模糊度的快速动态解算是 RTK 技术的关键。

7.4　GNSS 测量实施

GNSS 测量按照工作流程可分为资料的搜集利用、技术设计；点位标志的建立和外业施测；数据处理三个阶段。

本节以 GPS 系统为例讲述技术设计和外业施测阶段的工作内容。

7.4.1　GPS 控制网的技术设计

技术设计是 GPS 测量最基础的工作，它是按照测量任务书和 GPS 测量规范对控制网的网形、精度、基准和观测方案等进行的具体设计；它既是 GPS 控制网施测的依据，也是成果验收的依据。

1. GPS 控制网技术设计的依据

GPS 控制网技术设计的依据包括测量任务书和 GPS 测量规范。

测量任务书是上级单位或合同甲方下达的技术要求文件，该文件对测量任务的范围、目的、精度、密度、工期和经济指标等做出了明确的规定。

GPS 测量规范是测绘行政主管部门或行业主管部门制定的技术法规，是进行 GPS 测量作业时所遵循的技术标准。目前，主要的 GPS 测量规范如下：

（1）2001 年国家质量技术监督局发布的《全球定位系统（GPS）测量规范》（以下简称"规范"）。

（2）1998 年建设部发布的行业标准《全球定位系统城市测量技术规程》（以下简称"规程"）。

（3）各行业根据本行业的特点制定的其他 GPS 测量规程或细则。

在 GPS 控制网技术设计中，一般依据测量任务书的精度和密度指标，结合规范（规程）和现场的踏勘情况，从而确定控制点的连接方式、设站次数和观测时段长度的布网观测方案。

2. GPS 控制网技术设计的精度、密度和基准设计

（1）GPS 控制网的精度标准和分级。

① GPS 测量精度分级。

控制网的精度主要取决于用途。规范将 GPS 控制网分为 A、B、C、D、E 五个等级，A 级主要用于区域性的地球动力学和地壳形变测量；B 级主要用于局部变形监测和各种精密工程测量，A、B 级也是目前国家大地测量的主要方式；C 级主要用于大中城市级工程测量的基本控制网；D、E 级主要用于中小城市的城镇及测图、地籍、土地信息、房产、物探、勘测等施工测量，如表 7.3 所示。

表 7.3 GPS 测量精度分级（一）

级别	固定误差 a/mm	比例误差 b/10^{-6}
A	≤5	≤0.1
B	≤8	≤1
C	≤10	≤5
D	≤10	≤10
E	≤10	≤20

规程中规定 GPS 控制网分为二、三、四等和一级、二级五个等级，主要用于城市和工程的 GPS 控制网，如表 7.4 所示。

表 7.4 GPS 测量精度分级（二）

等级	平均距离/km	a/mm	b/10^{-6}	最弱边相对中误差
二	9	≤10	≤2	1/120 000
三	5	≤10	≤5	1/80 000
四	2	≤10	≤10	1/45 000
一级	1	≤10	≤10	1/20 000
二级	1	≤15	≤20	1/10 000

② GPS 测量的精度标准。

GPS 测量的精度标准通常用网中相邻点之间的距离中误差表示，其计算式为：

$$\sigma = \sqrt{a^2 + (b \times d)^2} \qquad (7.4)$$

式中 σ——距离中误差，mm；

       a——固定误差，mm；

       b——比例误差系数，10^{-6}；

       d——相邻点之间的距离，km。

实际生产中，应根据测区大小、GPS 网的用途，来设计网的等级和精度标准。

（2）GPS 控制网的密度标准。

GPS 网的密度标准，主要考虑任务要求和用途。其密度可参照表 7.5 的规定执行。

表 7.5   GPS 网中相邻点间距离   （单位：km）

项目	级别				
	A	B	C	D	E
相邻点最小距离	100	15	5	2	1
相邻点最大距离	2 000	250	40	15	10
相邻点平均距离	300	70	15~10	10~5	5~2

要注意的是，GPS 测量规范和规程中的各项规定和指标都是针对一般情况而言，并不适合于所有场合。所以在特殊情况下，测量施工单位仍需按照测量任务书或合同书提出的要求进行技术设计，而不可一概套用 GPS 测量规范和规程的相关规定。

尤其当某个项目的精度要求界于两个等级之间而向上靠一级又会大幅度增加工作量时，也应另行设计，以便使成果既能满足要求，又不致付出过高的代价。

（3）GPS 控制网的基准设计。

GPS 测量得到的是 GPS 基线向量，是属于 WGS-84 坐标系的三维坐标差，而实际需要的成果是国家大地坐标系或地方独立坐标系的坐标。因此在 GPS 网的技术设计中，必须明确 GPS 网的成果所采用的坐标系统和起算数据的工作，称为 GPS 网的基准设计。GPS 网的基准包括位置基准、方位基准和尺度基准。

位置基准一般由给定的起算点坐标确定。若要求所布设的 GPS 网与已有地面成果有较高的吻合度，则起算点越多越好；若不要求吻合，则一般选 3~5 个起算点即可。这样既保证了新、老坐标成果一致，又不降低 GPS 测量的精度。在选择起算点时，应注意起算点之间的兼容性。

方位基准一般由给定的起算方位角确定，起算方位可布设在网中任意位置，但不宜过多；起算方位也可由 GPS 向量的方位确定。

尺度基准一般由高精度电磁波测距边长确定，数量可视测区大小和网的精度要求而定，可设置在网中任意位置，也可由起算点之间的距离确定，亦可由 GPS 基线向量确定。

GPS 网基准设计应注意以下几点：

① 对 GPS 网内重合的高等级国家点或原城市等级控制点，除未知点连接图形观测外，对它们也要适当地构成长边图形。

② 联测的高程点需均匀分布于网中，对丘陵或山区联测高程点应按高程拟合曲面的要求进行布设。

③ 新建 GPS 网的坐标应尽可能与测区过去采用的坐标系一致。

3. GPS 网图形设计

GPS 网图形设计即根据对所布设的 GPS 网的精度要求和其他方面的要求，设计出由独立边构成的多边形网（或称为环形网）。

依据用途的不同，GPS 网的布设通常有如下几种方式：多基准站式（枢纽点式）、同步图形扩展式、单基准站式（星形）。

（1）多基准站式。

所谓多基准站式的布网形式，就是有若干台接收机在一段时间里长期固定在某几个点上进行长时间的观测，这些测站称为基准站。在基准站进行观测的同时，另外一些接收机则在这些基准站周围相互之间进行同步观测，如图 7.18 所示。

采用多基准站式的布网形式所布设的 GPS 网，由于在各个基准站之间进行了长时间的观测，因此，可以获得较高精度的定位结果，这些高精度的基线向量可以作为整个 GPS 网的骨架。另外，其余的进行了同步观测的接收机间除了自身间有基线向量相连外，它们与各个基准站之间也存在有同步观测，因此，也有同步观测基线相连，这样可以获得更精确的图形结构。

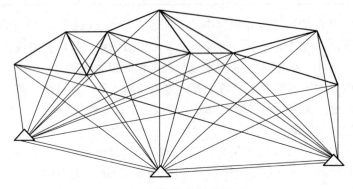

图 7.18　多基准站式图形

（2）同步图形扩展式。

定义：多台接收机在不同测站上进行同步观测，在完成一个时段的同步观测后，又迁移到其他的测站上进行同步观测。每次同步观测都可以形成一个同步图形，在测量过程中，不同的同步图形间一般有若干个公共点相连，整个 GPS 网就是由这些同步图形构成的。

特点：同步图形扩展式的布网形式具有扩展速度快、图形强度较高，且作业方法简单的优点。同步图形扩展式是布设 GPS 网时最常用的一种布网形式。

形式：点连式、边连式、网连式和混连式。

① 点连式。

相邻同步图形之间只有一个公共点连接，没有或极少有非同步图形闭合条件。这种布网方式几何强度较弱、抗粗差能力较差，一般可以加测几个时段以增加网的异步图形闭合条件的个数，从而提高其可靠性，如图 7.19 所示。

② 边连式。

相邻同步图形由一条公共基线连接。这种布网方式几何强度较高，抗粗差能力较强，有较多的复测边和非同步图形闭合条件，在相同的仪器个数的条件下，观测时段比点连接方式大大增加，如图 7.20 所示。

③ 网连式。

相邻同步图形由三个或以上的公共点连接。这种布网方式几何强度高、抗粗差能力强，有大量的复测边和非同步图形闭合条件，在相同的仪器个数的条件下，观测时段比边连接方式大大增加，但观测效率极为低下，一般只用于对 GPS 网精度和可靠性要求非常严格的场合。

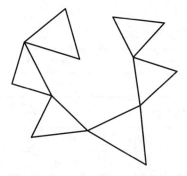
图 7.19　点连式图形

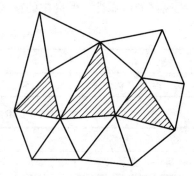
图 7.20　边连式图形

④ 混连式。

该方式是把点连式和边连式有机地结合在一起，既提高了网的几何强度和可靠性指标，又减少了外业工作量，是一种较为理想的布网方法，如图 7.21 所示。

（3）单基准站式（星形）。

布网形式：单基准站式的布网方式又称作星形网方式，它以一台接收机作为基准站，在某个测站上连续开机观测，其余的接收机在此基准站观测期间，在其周围流动，每到一点就进行观测，流动的接收机之间一般不要求同步。这样，流动的接收机每观测一个时段，就与基准站间测得一条同步观测基线，所有这样测得的同步基线就形成了一个以基准站为中心的星形，如图 7.22 所示。流动的接收机有时也称为流动站。

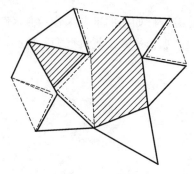
图 7.21　混连式图形

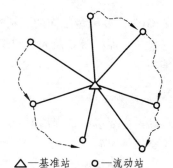
△—基准站　○—流动站
图 7.22　星形图形

由于各流动站一般只与基准站之间有同步观测基线。直接观测边之间不构成闭合图形，图形强度很弱，检查与发现粗差能力差。但单基准站式的布网方式的效率很高，只需两台仪器即可作业，适用于快速静态定位和准动态定位等快速作业模式，广泛用于精度要求较低的测量工作。

（4）GPS 图形设计的几个原则。

① GPS 网中不应存在自由基线。所谓自由基线，是指不构成闭合图形的基线。由于自由基线不具备发现粗差的能力，因而必须避免出现，也就是 GPS 网一般应通过独立基线构成闭合图形。

② GPS 网中的闭合条件中基线数不可过多，各等级 GPS 网中每个闭合环或附合线路中的边数应符合表 7.6（a）和 7.6（b）的规定。网中各点最好有三条或更多基线分支，以保证检核条件，提高网的可靠性，使网中的精度、可靠性较均匀。

表 7.6（a）闭合环或附合路线边的规定

级别	A	B	C	D	E
闭合环或附合线路的边数	≤5	≤6	≤6	≤8	≤10

表 7.6（b）闭合环或附合路线边数的规定

等级	二	三	四	一级	二级
闭合环或附合线路的边数	≤6	≤8	≤10	≤10	≤10

③ GPS 网应以"每个点至少独立设站观测两次"的原则布网。这样不同接收机数测量构成的网的精度和可靠性指标比较接近。

④ 为了实现 GPS 网与地面网之间的坐标转换，GPS 网至少应与地面网有 2 个重合点。研究和实践表明，应有 3 ~ 5 个精度较高、分布均匀的地面点作为 GPS 网的一部分，以便 GPS 成果较好地转换至地面网中。同时，还应与相当数量的地面水准点重合，以提供大地水准面的研究资料，实现 GPS 大地高向正常高的转换。

⑤ 为了便于观测，GPS 点应选在交通便利、视野开阔、容易到达的地方。尽管 GPS 网的观测不需要考虑通视的问题，但是为了便于用经典方法扩展，故要求至少应与网中另一点通视。

7.4.2　GPS 测量前的准备工作

为了 GPS 外业测量工作的顺利实施，在测量之前需进行如下的准备工作：测区踏勘，资料收集，设备、器材筹备及人员组织，拟定外业观测计划，GPS 接收机选型、检验以及技术设计书编写。

1. 测区踏勘

测区踏勘主要了解下列情况：

（1）交通情况。

（2）水系分布情况。

（3）植被情况。

（4）控制点分布情况

（5）居民点分布情况。

（6）当地风俗民情。

2. 资料收集

（1）各类图件。

（2）各类控制点成果。

（3）测区有关的地质、气象、交通、通信等方面的资料。

（4）城市及乡、村行政区划表。

3. 设备、器材筹备及人员组织

设备、器材筹备及人员组织包括以下内容：

（1）筹备仪器、计算机及配套设备。

（2）筹备机动设备及通信设备。

（3）筹备施工器材，计划油料、材料的消耗。

（4）组建施工队伍，拟定施工人员名单及岗位。

（5）进行详细的投资预算。

4. 拟订外业观测计划

拟订观测计划的主要依据：

（1）GPS 网的规模大小。

（2）GPS 卫星星座几何图形强度。

（3）参加作业的接收机数量。

（4）交通、通信及后勤保障。

观测计划的主要内容：

（1）编制 GPS 卫星的可见性预报图。

（2）选择卫星的几何图形强度。

（3）选择最佳观测时段。

（4）观测区域的设计与划分。

（5）编排作业调度表、作业调整度表，见表 7.7。

表 7.7 GPS 作业调度

时段编号	观测时间	观测者		观测者		观测者	
		机号		机号		机号	
		点名	备注	点名	备注	点名	备注
		点号		点号		点号	
1							
2							

7.4.3 GPS 测量的外业实施

GPS 测量外业实施包括 GPS 点的选点、埋石和观测等工作。

1. 选 点

选点工作应遵守以下原则：

（1）点位应设在易于安装接收设备、视野开阔的较高的点上。

（2）点位目标要显著，视场周围 15°以上不应有障碍物，以避免 GPS 信号被遮挡或障碍物吸收。

（3）点位应远离功率无线电发射源（如电视机、微波炉等），其距离不少于 200 m；远离高压输电线，其距离不得少于 50 m，以避免电磁场对 GPS 信号造成干扰。

（4）点位附近不应有大面积水域或不应有强烈干扰卫星信号接收的物体，以减弱多路径效应的影响。

（5）点位应选在交通方便、有利于其他观测手段扩展与联测的地方。

（6）地面基础稳定，易于点的保存。

（7）选点人员应按技术设计进行踏勘，在实地按要求选定点位。

（8）网形应有利于同步观测边、点联结。

（9）当所选点位需要进行水准联测时，选点人员应实地踏勘水准路线，提出有关建议。

（10）当利用旧点时，应对旧点的稳定性、完好性以及觇标是否安全可用做检查，符合要求方可使用。

2. 标志埋设

GPS 网点一般应埋设具有中心标志的标石，以精确标志点位，点的标石和标志必须稳定、坚固，以利长久保存和利用。在基岩露头地区，也可以直接在基岩上嵌入金属标志。

每个点标石埋设结束后，应按表 7.8 填写"点之记"并提交以下资料：

（1）点之记。

（2）GPS 网的选取点网图。

（3）土地占用批准文件与测量标志委托保管书。

（4）选点与埋石工作技术总结。

3. 观测工作

（1）天线安置。

① 正常点位。天线应架设在三脚架上，并安置在标志中心的上方，直接对中；天线基座上的圆水准气泡必须整平。

② 特殊点位。当天线需要安置在三角点觇标的观测台或回光台上时，应先将觇顶拆除，以防止对 GPS 信号造成遮挡。

天线的定向标志应指向正北，并顾及当地磁偏角的影响，以减弱相位中心偏差的影响。天线定向误差依定位精度不同而异，一般不应超过±（3°～5°）。

③ 刮风天气安置天线时，应将天线进行三向固定，以防倒地碰坏。在雷雨天气安置时，应该注意将其底盘接地，以防雷击天线。

④ 架设天线不宜过低，一般应距地 1 m 以上。天线架设好后，在圆盘天线间隔 120°的三个方向分别量取天线高，三次测量结果之差不应超过 3 mm，取其三次结果的平均值记入测量手簿中，天线高记录取值 0.001 m。

⑤ 测量气象参数。在高精度 GPS 测量中，要求测定气象元素。每时段气象观测应不少于 3 次（时段开始、中间、结束），气压读至 0.1 mbar（1 mbar=100 Pa），气温读至 0.1 ℃；对一般城市及工程测量只记录天气状况。

⑥ 复查点名并记入测量手簿中，将天线电缆与仪器进行连接，经检查无误后，方能通电启动仪器。

表 7.8 GPS 点 "点之记"

日期：　　年　　月　　日　　　　　记录者：　　绘图者：　　校对者：

点名及等级	点名		土质		
	点号				
	等级		标石说明		
	通视点列表				
			旧点名		
			概略位置（L，B）	纬度	
				经度	
所在地					
交通路线					
选点情况			点位略图		
单位					
选点员		日期			
联测水准情况					
联测水准等级					
点位说明					

（2）开机观测。

观测作业的主要目的是捕获 GPS 卫星信号，并对其进行跟踪、处理和量测，以获得所需要的定位信息和观测数据。

天线安置完成后，在离开天线适当位置的地面上安放 GPS 接收机，接通接收机与电源、天线、控制器的连接电缆，并经过预热和静置，即可启动接收机进行观测。

通常来说，在外业观测工作中，仪器操作人员应注意以下事项：

① 当确认外接电源电缆及天线等各项连接完全无误后，方可接通电源，启动接收机。

② 开机后，接收机有关指示显示正常并通过自测后，方能输入有关测站和时段控制信息。

③ 接收机在开始记录数据后，应注意查看有关观测卫星数量、卫星号、相位测量残差、实时定位结果及其变化、存储介质记录等情况。

④ 一个时段观测过程中，不允许进行以下操作：关闭又重新启动、进行自测试（发现故障除外）、改变卫星高度角、改变天线位置、改变数据采样间隔、按动关闭文件和删除文件等功能键。

⑤ 每一观测时段中，气象元素一般应在始、中、末各观测记录一次，当时段较长时可适当增加观测次数。

⑥ 在观测过程中要特别注意供电情况，除在出测前认真检查电池容量是否充足外，作业中观测人员不要远离接收机，听到仪器的低电报警要及时予以处理，否则可能会造成仪器内部数据的破坏或丢失。对观测时段较长的观测工作，建议尽量采用太阳能电池或汽车电瓶进行供电。

⑦ 仪器高的测定，一定要按规定始、末各测一次，并及时输入及记入测量手簿之中。

⑧ 接收机在观测过程中，不要靠近接收机使用对讲机。雷雨季节架设天线要防止雷击，雷雨过境时应关机停测，并卸下天线。

⑨ 观测站的全部预定作业项目，经检查均已按规定完成，且记录与资料完整无误后方可迁站。

⑩ 观测过程中要随时查看仪器内存或硬盘容量，每日观测结束后，应及时将数据转存至计算机硬、软盘上，确保观测数据不丢失。

（3）观测记录。

① 观测记录。

观测记录由 GPS 接收机自动进行，均记录在存储介质（如硬盘、硬卡或记忆卡等）上，其主要内容有：

a. 载波相位观测值及相应的观测历元；

b. 同一历元的测码伪距观测值；

c. GPS 卫星星历及卫星钟差参数；

d. 实时绝对定位结果；

e. 测站控制信息及接收机工作状态信息。

② 测量手簿。

测量手簿是在接收机启动前及观测过程中，由观测者随时填写的。其记录格式在现行《规范》和《规程》中略有差别，视具体工作内容选择。为便于使用，这里列出《规程》中城市与工程 GPS 网观测记录格式（见表 7.9）供参考。

观测记录和测量手簿都是 GPS 精密定位的依据，必须认真、及时填写，坚决杜绝事后补记或追记。

外业观测中存储介质上的数据文件应及时拷贝一式两份，分别保存在专人保管的防水、防静电的资料箱内。存储介质的外面适当处应贴制标签，注明文件名、网区名、点名、时段名、采集日期、测量手簿编号等。

表 7.9　GPS 观测记录簿

点号		点名		图幅编号	
观测员		日期段号		观测日期	
接收机名称 及编号		天线类型及 其编号		存储介质编号 及数据文件名	
近似纬度	° ′ ″N	近似经度	° ′ ″E	近似高程	m
采样间隔	s	开始记录时间	h min	结束记录时间	h min
天线高测定		天线高测定方法及略图		点位略图	
测前：　　　测后： 测定值_____　_____m 修正值_____　_____m 天线高_____　_____m 平均值_____　_____m					

接收机内存数据文件在转录到外存介质上时，不得进行任何剔除或删改，不得调用任何对数据实施重新加工组合的操作指令。

7.5　GNSS 测量的数据处理

GNSS 控制网的数据处理就是将采集的数据经平差处理后归化到参考椭球面上并投影到所采用的平面上，得到点的准确位置。其过程大致可以分为：

（1）观测数据的预处理。

（2）基线向量解算。

（3）三维无约束平差。

（4）约束平差或与地面网联合平差。

（5）精度评定。

在讲述数据处理之前，需要知道 GNSS 测量所涉及的坐标系统。

7.5.1　GNSS 测量的坐标系

1．地球坐标系

由于地球上一固定点在天球坐标系中的坐标随地球自转而变化，应用不方便。为了描述地面观测点的位置，有必要建立与地球体相固联的坐标系——地球坐标系。地球坐标系与地球固连在一起，随地球一起自转，又称地固坐标系。地球坐标系的主要任务是用以描述地面点在地球上的位置，也可用以描述卫星在近地空间中的位置。

根据坐标原点所处位置的不同，地球坐标系分为地心坐标系和参心坐标系两类。

2．地心坐标系

地球坐标系点的位置可以用空间直角坐标和大地坐标两种方法表示。

（1）地心空间直角坐标系。

坐标原点位于地心，Z 轴指向地极原点，X 轴指向经度零点，Y 轴在赤道面内，构成右手坐标系。其点的位置用（X，Y，Z）表示，如图 7.23 所示。地极原点、经度零点和赤道面定义不同，所得到的坐标系也不同。

（2）地心大地坐标系。

以地球椭球为基准建立的大地坐标系，其大地纬度 B 为过地面点的椭球法线与椭球赤道面的夹角，大地经度 L 为过地面点的子午面与格林尼治子午面的夹角，大地高 H 为地面点沿椭球法线至椭球面的距离，其点的位置用（B，L，H）表示。如图 7.24 所示。

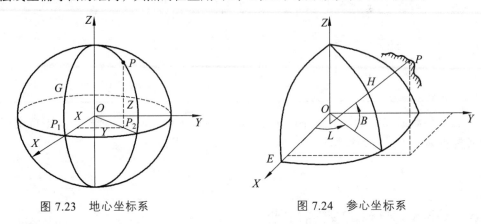

图 7.23　地心坐标系　　　　　　图 7.24　参心坐标系

3. 参心坐标系

参心坐标系是以参考椭球为基准建立的，分为参心大地坐标系和参心空间直角坐标系。

一般参心坐标系指的是参心大地坐标系，简称大地坐标系。

参心空间直角坐标系一般只用于地心坐标系和参心坐标系，或参心坐标系和参心坐标系之间的转换。其大地纬度 B 为过地面点的椭球法线与椭球赤道面的夹角，大地经度 L 为过地面点的子午面与格林尼治子午面的夹角，大地高 H 为地面点沿椭球法线至椭球面的距离，其点的位置用（B，L，H）表示。

参心空间直角坐标系的坐标原点与参考椭球的球心重合，Z 轴指向参考椭球的短轴，X 轴指向格林尼治平子午面与参考椭球赤道面的交点，Y 轴垂直于 XOZ 平面构成右手坐标系，其点的位置用（X，Y，Z）表示。

参心大地坐标系和空间直角坐标系的转换与地心坐标系的转换相同。

地心坐标系是全球统一的坐标基准，而参心坐标系则是某个国家或几个国家的坐标基准。

4. GNSS 测量常用的坐标系统

（1）2000 中国大地坐标系统（China Geodetic Coordinate System 2000，CGCS2000）。

由中国建立的大地坐标系统，其坐标系的原点位于包括海洋和大气的整个地球的质量中心，Z 轴指向（国际时间局）BIH1984.0 定义的协议地球极（CTP）方向，X 轴指向 BIH1984.0 的零度子午面和 CTP 赤道的交点，Y 轴满足右手法则。其实现以 ITRF97 参考框架为基准，参考历元为 2000.0。

（2）WGS-84 大地坐标系（World Geodetic System -84）。

美国 GPS 采用的大地坐标系统。其坐标系的原点位于地球质心，Z 轴指向国际地球参考系 IERS 极的方向（IRP），与 BIH1984.0 协议地球极的指向相差 ±0.005″，X 轴指向国际地球参考系 IERS 首子午面且垂直于 Z 轴方向，与 BIH1984.0 协议零子午面相差 ±0.005″，Y 轴满足右手法则。

GPS 所发布的星历参数和历书参数等都是基于此坐标系统的。

WGS-84 坐标系采用的椭球称为 WGS-84 椭球，其参数采用的是 1979 年第 17 届国际大地测量和地球物理联合会推荐值，如图 7.25 所示。

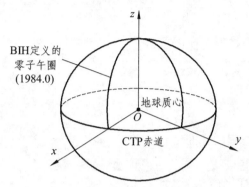

图 7.25　WGS-84 坐标系

（3）PZ-90 大地坐标系（PZ-90 Geodetic System）。

俄罗斯建立的大地坐标系统。其坐标系的原点位于地球质心，Z 轴指向 IERS 推荐的协议地球原点（CTP），即 1900—1905 年的平均北极，X 轴指向地球赤道与 BIH 定义的零度子午线的交点，Y 轴满足右手法则。

（4）Galileo 大地参考坐标系（Galileo Terrestrial Reference Frame，GTRF）。

Galileo 系统采用的大地坐标系统。其坐标系的原点位于地球质心，Z 轴指向 IERS 推荐的协议地球原点（CTP），X 轴指向地球赤道与 BIH 定义的零度子午线的交点，Y 轴满足右手法则。

（5）1954 年北京坐标系。

该坐标系是一种参心坐标系，采用的是克拉索夫斯基椭球参数，并与苏联 1942 年普尔科沃坐标系进行联测，原点在苏联的普尔科沃天文台圆形大厅中心。

该坐标系在全国的基础测绘工作中发挥了巨大的作用，但也存在着比较明显的缺点和问题。该坐标系的椭球参数与现代精确椭球参数相比，长半轴有较大误差；只涉及长半轴、扁率两个几何性质的椭球参数，满足不了当今理论研究和实际工作中所需的描述地球的四个基本参数的要求；参考椭球面与我国大地水准面差距较大，存在着自西向东的明显的系统性倾斜；定向不明确。其具有几何大地测量和物理大地测量应用的参考面不统一；椭球只有两个几何参数，缺乏物理意义；按分区平差，在分区的结合部误差较大等缺点。

（6）1980 年西安坐标系。

该坐标系是一种参心坐标系，大地原点位于我国陕西省泾阳县永乐镇。该坐标系采用的是国际大地测量和地球物理联合会于 1975 年推荐的椭球参数，简称 1975 旋转椭球。该椭球面同大地水准面在我国境内拟合良好，椭球定向明确，其短轴指向我国地极原点 JYD1968.0 方向，大地起始子午面平行于格林尼治平均天文台的子午面，大地高程基准面采用 1956 黄海高程系统。

7.5.2 数据预处理

观测数据的预处理过程包括以下两个阶段：

1. 预处理的准备工作

（1）数据传输。

（2）数据分流，应自动将原始记录中的数据分为以下几个部分：

① 观测值文件；

② 星历参数文件；

③ 电离层参数和 UTC 参数文件；

④ 测站信息文件。

（3）数据解码。

2. 数据预处理的内容

（1）GNSS 卫星轨道方程的标准化。

（2）卫星钟差的标准化。

（3）观测值文件的标准化：

① 记录格式文件标准化；

② 采样密度标准化；

③ 数据单位标准化。

7.5.3 基线解算

基线的定义：两测站点地面标志中心的连线。它是空间矢量，通常用两测站空间直角坐标差或大地坐标差表示，也称基线向量。独立基线（Independent Baseline）是 GNSS 网解算时推算坐标所必要的最小基线组合。

一般取相位观测值的差分模型，通过平差计算求解观测站之间的基线向量。

基线解算（Baseline Solution）就是在 GNSS 相对定位中，通过数据处理得到基线向量的过程。解算结果通常包括两点间的坐标差和基线长度。

基线向量的解算一般采用多测站、多时段自动处理的方法进行。

GNSS 基线解算的流程如图 7.26 所示。

具体处理中应注意以下几个问题：

（1）基线解算一般采用双差相位观测值，对于边长超过 30 km 的基线，解算时则可采用三差相位观测值。

（2）卫星广播星历坐标值可作为基线解的起算数据。对于特大城市的首级控制网，也可采用其他精密星历作为基线解算的起算值。

（3）基线解算中所需的起算点坐标，应按以下优先顺序采用：

① 国家 GNSS A、B 级网控制点或其他高级 GNSS 网控制点已有的 CGCS2000 坐标系或 WGS-84 坐标系坐标。

② 国家或城市较高等级控制点转到 CGCS2000 坐标系或 WGS-84 坐标系后的坐标值。

③ 不少于观测 30 min 的单点定位结果的平差值提供的 CGCS2000 坐标系或 WGS-84 系坐标。

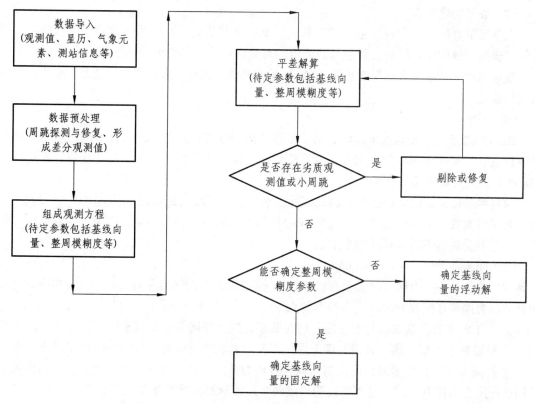

图 7.26　GNSS 基线处理流程

（4）在采用多台接收机同步观测的一同步时段中，可采用单基线模式解算，也可以只选独立基线按多基线处理模式统一解算。

（5）同一等级的 GNSS 网根据基线长度的不同可采用不同的数据处理模型。若基线长小于 0.8 km，需采用双差固定解；小于 30 km，可在双差固定解和双差浮点解中选择最优结果；大于 30 km 时，则可采用三差解作为基线解算结果。

（6）同步观测时间小于 30 min 的快速定位基线，应采用合格的双差固定解作为基线解算的最终结果。

基线向量的解算结构分析：基线解算后，可以通过 RATIO、RDOP、RMS 和数据删除率这几个质量指标来衡量基线解算的质量。

（1）RMS。

RMS 即均方根误差（Root Mean Square），通常认为，若 RMS 偏大，则说明观测值质量较差；RMS 越小，观测值质量越好。RMS 不受观测条件（如卫星分布好坏）的影响。

依照数理统计的理论，观测值误差落在 1.96 倍 RMS 的范围内的概率是 95%。

（2）RATIO。

RATIO 即整周模糊度分解后，次最小 RMS 与最小 RMS 的比值。

RATIO 反映了所确定出的整周未知数参数的可靠性，这一指标取决于多种因素，既与观测值的质量有关，也与观测条件的好坏有关。

RATIO 是反映基线质量好坏的最关键值，通常情况下，要求 RATIO 值大于 3。

（3）数据删除率。

在基线解算时，如果观测值的改正数大于某一个阈值时，则认为该观测值含有粗差，需要将其删除。被删除观测值的数量与观测值的总数的比值就是所谓的数据删除率。

数据删除率从某一方面反映出了 GPS 原始观测值的质量，数据删除率越高，说明观测值的质量越差。

（4）RDOP。

RDOP 值指的是在基线解算时，待定参数的协因数阵的迹的平方根，RDOP 值的大小与基线位置、卫星在空间中的几何分布及运行轨迹（即观测条件）有关。当基线位置确定后，RDOP 值就只与观测条件有关了。

而观测条件又是时间的函数，因此实际上对与某条基线向量来讲，其 RDOP 值的大小与观测时间段有关。RDOP 表明了 GNSS 卫星的状态对相对定位的影响，即取决于观测条件的好坏，它不受观测值质量好坏的影响。

（5）同步环闭合差（Close Loop）。

GNSS 测量中，由同一时段观测的 GNSS 基线所构成的闭合环称为同步环，相应的坐标闭合差称为同步环闭合差。其具有如下特点：

① 由于同步观测基线间具有一定的内在联系，同步环闭合差在理论上应总为 0。

② 只要数学模型正确、数据处理无误，即使观测值质量不好，同步环闭合差将非常小。

③ 若同步环闭合差超限，则说明组成同步环的基线中至少存在一条基线向量是错误的；若同步环闭合差没有超限，也不能说明组成同步环的所有基线在质量上均合格。

各独立观测边的坐标分量差之和为：

$$\begin{cases} \omega_X = \sum_{i=1}^{n} \Delta X_i \\ \omega_Y = \sum_{i=1}^{n} \Delta Y_i \\ \omega_Z = \sum_{i=1}^{n} \Delta Z_i \end{cases} \tag{7.5}$$

同步环闭合差为：

$$\begin{cases} \omega_X \leqslant 2\sqrt{n}\sigma \\ \omega_Y \leqslant 2\sqrt{n}\sigma \\ \omega_Z \leqslant 2\sqrt{n}\sigma \\ \omega \leqslant 2\sqrt{3n}\sigma \end{cases} \tag{7.6}$$

表示第 i 条基线向量的坐标分量差。

三边同步环中第三边处理结果与前两边的代数和之差应小于下列数值：

$$\omega = \sqrt{\omega_X^2 + \omega_Y^2 + \omega_Z^2} \tag{7.7}$$

$$(\Delta X_i, \ \Delta Y_i, \ \Delta Z_i) \tag{7.8}$$

（6）异步环闭合差（Closure Comparison）。

GNSS 测量中，由不同时段基线构成的闭合环称为异步环，相应的坐标闭合差称为异步环闭合差。其实质是，异步环闭合差满足限差要求时，则表明组成异步环的基线向量的质量是合格的；当异步环闭合差不满足限差要求时，则表明组成异步环的基线向量中至少有一条基线向量的质量不合格。要确定出哪些基线向量的质量不合格，可以通过多个相邻的异步环或重复基线来判定。

在整个 GNSS 网中选取一组完全的独立基线构成独立环，各独立环的坐标分量闭合差和全长闭合差应符合下式：

$$\omega_X \leqslant \frac{\sqrt{3}}{5}\sigma, \quad \omega_Y \leqslant \frac{\sqrt{3}}{5}\sigma, \quad \omega_Z \leqslant \frac{\sqrt{3}}{5}\sigma \quad \omega = \sqrt{\omega_X^2 + \omega_Y^2 + \omega_Z^2} \leqslant \frac{3}{5}\sigma \qquad (7.9)$$

（7）复测基线较差（重复基线互差）。

不同观测时段，对同一条基线进行观测，即所谓的重复基线。这些观测结果之间的差异，就是复测基线较差。

重复观测边的任意两个时段的成果互差，均应小于相应等级规定精度（按平均边长计算）的 $2\sqrt{2}$ 倍。

复测基线较差满足限差要求时，则表明基线向量的质量是合格的；复测基线较差不满足限差要求时，则表明复测基线中至少有一条基线向量的质量不合格。要确定出哪些基线向量的质量不合格，可以通过多条复测基线来判定。

7.5.4 GNSS 网平差

GNSS 网平差（GNSS network adjustment）就是利用 GNSS 基线解算结果，采用测量平差的方法得到 GNSS 网各站点坐标及其精度的方法。

GNSS 网平差的目的是为了消除基线向量网中各类图形闭合条件的不符值，并建立网的基准，即网的位置、方向和尺度基准。

GNSS 控制网的平差是以基线向量及协方差为基本观测值的。

GNSS 向量网平差的分类：通常采用三维无约束平差、三维约束平差及三维联合平差和 GNSS 网和地面网的二维平差。

1. 三维无约束平差

所谓三维无约束平差，就是 GNSS 控制网中只有一个已知点坐标。

三维无约束平差的主要目的：考察 GNSS 基线向量网本身的内符合精度以及考察基线向量之间有无明显的系统误差和粗差，同时提供高精度的大地高程。

其平差应不引入外部基准，或者引入外部基准，但并不会由其误差使控制网产生变形和改正。

由于 GNSS 基线向量本身提供了尺度基准和定向基准，故 GNSS 网平差时，只需提供一个位置基准。因此，网不会因为该基准误差而产生变形，所以该平差是一种无约束平差。

平差中引入基准的方法一般为：取网中任意一点的伪距定位坐标作为网的位置基准。

2. 三维约束平差

所谓三维约束平差，就是以国家大地坐标系或地方坐标系的某些点的固定坐标、固定边长及固定方位为网的基准，将其作为平差中的约束条件，并在平差计算中考虑 GNSS 网与地面网之间的转换参数。

使用该平差的主要目的是，实现 GNSS 观测成果向地面坐标系的转换。

3. GNSS 网和地面网联合平差

当同时考虑约束平差中的各类数据和地面网中的常规观测值如方向、边长时，其平差就是三维联合平差。

对于三维联合平差，除了前述 GNSS 基线向量观测值的误差方程和作为基准的各种约束条件外，还需列出地面网观测值的误差方程。

使用该平差的主要目的是，实现 GNSS 观测成果向地面坐标系的转换。

4. GNSS 基线向量网的二维平差

指将 GNSS 网的平面与高程分开，主要进行平面位置平差。

可以在二维大地坐标系中进行，也可以在高斯平面坐标系中进行。该平差包括二维无约束平差和二维约束平差。

7.5.5　GNSS 网成果转换

实用的测量成果往往属于某一国家坐标系或地方坐标系，因此需要采用一定的数学模型将 GNSS 定位成果转换到地面坐标系上。

具体转换方法：在不同椭球基准的坐标系之间的转换一般采用"七参数法"和"三参数法"，在同一椭球基准下的转换一般采用"四参数法"。

1. 七参数转换模型

3 个坐标平移参数：$(\Delta X, \Delta Y, \Delta Z)$；3 个旋转参数：$(\varepsilon_X, \varepsilon_Y, \varepsilon_Z)$；1 个尺度比参数：$k$。GNSS 网与地面网应有 3 个以上的重合点，将重合点的两套坐标值代入图 7.27 所示的公式，解算 7 个转换参数；重合点多于 3 个时，一般用平差的方法解算转换参数。转换参数求出后，利用转换公式计算各 GNSS 点在国家坐标系中的坐标。

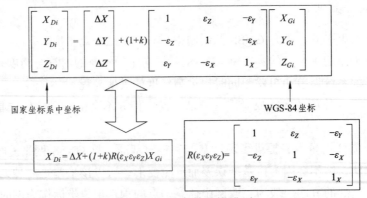

图 7.27　七参数转换模型

求出的转换参数具有区域性，受基准点的选择、重合点的个数、几何图形结构的影响。

实际布测 GNSS 网时，应尽量多联测地面网点；当重合点较少时，只能求解部分转换参数，精度不高。

2. 三参数转换模型

只含 3 个坐标平移参数：$(\Delta X, \Delta Y, \Delta Z)$。

只需要一个公共点，适合于很小范围，距公共点最远距离一般不超过 30 km，是"七参数法"的特例。

$$\begin{bmatrix} X_{Di} \\ Y_{Di} \\ Z_{Di} \end{bmatrix} = \begin{bmatrix} \Delta X_0 \\ \Delta Y_0 \\ \Delta Z_0 \end{bmatrix} + \begin{bmatrix} X_{Gi} \\ Y_{Gi} \\ Z_{Gi} \end{bmatrix} \qquad (7.10)$$

3. 四参数模型

"四参数模型"适用于平面坐标之间的转换，至少需要两个公共点。

2 个坐标平移参数：$(\Delta x, \Delta y)$；1 个旋转参数：α；1 个尺度比参数：m。

$$\begin{bmatrix} x \\ y \end{bmatrix}_{\text{II}} = (1+m)\left(\begin{bmatrix} \Delta x \\ \Delta y \end{bmatrix} + \begin{bmatrix} \cos\alpha & \sin\alpha \\ -\sin\alpha & \cos\alpha \end{bmatrix} \begin{bmatrix} x \\ y \end{bmatrix}_{\text{I}}\right) \qquad (7.11)$$

本章小结

GNSS 系统由空间段、地面段和用户段所组成；GNSS 卫星所发播的信号，包括载波信号、测距码、数据码等多种信号。GNSS 定位的基本原理是以卫星为动态已知点的空间距离后方交会。GNSS 测量结果的误差主要来源于 GNSS 卫星、卫星信号的传播过程和地面接收设备。GNSS 定位的测距方法有测距码测距和载波相位测距；GNSS 定位方法包括绝对定位和相对定位。GNSS 用户可以在全球范围内实现全天候、连续、实时的三维导航定位和测速以及高精度的时间传递和高精度的精密定位。

GNSS 测量项目的实施包括技术设计、外业实施和数据处理三个阶段。技术设计包括精度、密度、基准和网形设计；外业实施包括踏勘、选点埋石、外业准备和外业观测；数据处理包括数据预处理、基线解算、基线向量网平差。

GNSS 成果转换为国家或当地坐标系的方法有七参数模型、三参数模型和四参数模型。

习　题

1. 简述 GPS 的组成以及各部分的作用。GNSS 的应用受哪些条件限制？
2. GPS 测量常用的作业模式都有哪些？各有什么特点？
3. 定义一个空间直角坐标系有哪些条件？
4. 何谓伪距单点定位？何谓载波相位相对定位？
5. 同步环合格是否说明基线解算合格？异步环不合格是否说明基线解算一定不合格？
6. 三种坐标转换的模型分别适用于哪些场合？

7. GPS 测量常用的作业模式都有哪些？各有什么特点？

8. 为什么 GNSS 测出的距离称为伪距？

9. 试述实时动态（RTK）定位的工作原理。

10. GPS 测量中有哪些误差来源？如何消除或减弱这些误差影响？

第 8 章　地形测量

　　本章要点：本章主要介绍了地形图概念、大比例尺地形图测绘和数字地形测量的方法。重点介绍了地物和地貌的表示方法、测绘方法以及取舍规则、大比例尺地形图测绘的基本要求；应了解掌握地形图分幅和编号方法，重点掌握大比例尺地形图测绘的方法；熟练掌握数字测图的外业和内业工作流程，以及绘图软件的使用方法。

8.1　地形图基本知识

　　地图就是依据一定的数学法则，使用制图语言，通过制图综合在一定的载体上表达地球上各种事物的空间分布、联系及时间中的发展变化状态的图形。

　　地球表面复杂多样的形体，归纳起来分为地物和地貌两大类。

　　地面上各种固定性的物体，如房屋、道路、河流、湖泊、草地及其他各种人工建筑物等，称之为地物。

　　地面上各种高低起伏的形态，如高山、深谷、悬崖、陡坎等，称之为地貌。

　　地物和地貌总称为地形。

　　地图按内容可以分为普通地图和专题地图两大类。

　　普通地图是综合反映地表自然和社会现象一般特征的地图。以相对平衡的详细程度综合反映地面上物体和现象的一般特征，其内容包括各种自然地理要素和社会经济要素。

　　专题地图是着重表示一种或几种主题要素或现象的地图，如交通图、航海图、人口分布图。

　　地形图是普通地图的一种，是按一定比例尺，将地物和地貌按水平投影的方法，缩绘到图纸上，这种图称为地形图。它是用规定的符号表示地物、地貌平面位置和高程的正射投影图。

　　本节主要介绍地形图的比例尺、分幅与编号、地物与地貌符号等。

8.1.1　地形图比例尺

　　地形图上任一直线的长度 d 与其实地相应的水平距离 D 的比值，称为地形图的比例尺。常用的地形图比例尺有数字比例尺和图示比例尺两种。

1. 数字比例尺

　　为了使用方便，通常把比例尺表示为分子为 1，分母为整数的分数，即

$$\frac{1}{M} = \frac{d}{D} = \frac{1}{D/d} \qquad (8.1)$$

比例尺大小是用它的比值来衡量的。M 称为比例尺分母。比例尺分母越小,比例尺越大,也称大比例尺;分母越大,比值越小,也称为小比例尺。

2. 图示比例尺

在地形图上绘制图示比例尺是为了减少由于图纸伸缩而引起的误差和方便用图。常用的图示比例尺为直线比例尺,图 8.1 所示为 1∶1 000 的直线比例尺,取 2 cm 为基本单位,从直线比例尺上直接量得基本单位的 1/10,估读到 1/100。

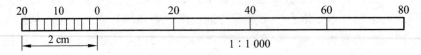

图 8.1　图示比例尺

地形图按照比例尺可以分为:大比例尺地形图、中比例尺地形图和小比例尺地形图。

测量工程把比例尺大于等于 1∶(1 万)的地形图称为大比例尺地形图,比例尺小于 1∶(10 万)的地形图称为小比例尺地形图,其他则称为中比例尺地形图。

制图学把比例尺大于等于 1∶(10 万)的地形图称为大比例尺,比例尺小于 1∶(50 万)的地形图称为小比例尺,其他则称为中比例尺。

地形图的比例尺不同,其功能和作用也不同。小比例尺图多用于宏观规划和行政管理;中比例尺图多用于军事和经济建设的规划和初步设计;大比例尺图是工程建设设计和施工的基础性资料。

3. 比例尺精度

一般来说,由于正常人的眼睛能分辨的图上两点间的最小距离不大于 0.1 mm,因此我们把相当于图上 0.1 mm 所代表的实地水平距离称为比例尺精度。显然,比例尺大小不同,其比例尺精度也不同,如表 8.1 所示。

表 8.1　比例尺精度

比例尺	1∶500	1∶1 000	1∶2 000	1∶5 000	1∶10 000
比例尺精度/m	0.05	0.1	0.2	0.5	1.0

比例尺精度决定了与比例尺相应的测图精度,测图时可根据比例尺精度确定必要的测量精度。例如,1∶(1 万)比例尺的地形图的精度为 1.0 m,实地量距只需精确到 1 m 即可,建筑物的形状凹凸变化如小于 1 m,可以忽略不计,以此可以决定地物的取舍。其次,我们可以根据用户所需表述的最小尺寸来选用合适的比例尺,如某项工程设计要求在图上能反映地面上 0.1 m 的精度,则应选比例尺为 1∶1 000 的地形图。

比例尺越大的地形图,其表示的地物、地貌就越详细,精度也越高,但测图的工作量、测图成本也会成倍增加。因此,应根据工程规划、实际用图的精度要求,合理地选择测图比例尺。

8.1.2 地形图的分幅与编号

为了地形图的测绘、管理和使用方便，通常将大面积测绘的各种比例尺地形图进行统一的分幅和系统的编号。

地形图分幅的方法有梯形分幅和矩形分幅两种。

梯形分幅的地形图以经纬线进行分幅，图幅呈梯形。一般用于国家基本比例尺系列的地形图。

矩形分幅的地形图是按平面直角坐标格网线进行分幅，图幅呈矩形。一般用于大比例尺地形图。

1. 基本比例尺地形图的梯形分幅与编号

国家基本比例尺地形图包含以下几种：1：（100万），1：（50万），1：（25万），1：（10万），1：（5万），1：（2.5万），1：（1万），1：5 000。采用梯形分幅方法，统一按照经纬度划分。相比较 20 世纪 90 年代之前传统的分幅编号方法，现行的国家基本比例尺地形图分幅与编号方法有所改变。

（1）传统的国家基本比例尺地形图的分幅与编号。

传统的国家基本比例尺地形图的分幅与编号以 1：（100万）地形图为基础，向下扩展。

① 1：（100万）比例尺地形图的分幅与编号。

1：（100万）比例尺的地形图采用国际统一的 1：（100万）分幅和编号标准。由经度 180°起，自西向东将地球表面分成 60 个 6°的纵列，分别以数字 1，2，3，…，60 表示，再从赤道起分别向南向北至纬度 88°，以每隔 4°的纬度圈将南北半球划分成 22 横行，每一幅 1：（100万）比例尺的地形图就是由经差 6°的子午线和纬差 4°的纬线圈形成的梯形。由于图幅面积随着纬度增高迅速减小，规定在纬度 60°至 76°之间双幅合并，每幅图范围为经差 12°和纬差 4°。在纬度 76°至 88°之间 4 幅合并，每幅图范围为经差 24°和纬差 4°。

由于南北两半球的经度相同，规定在南半球的图号前加一个 S，北半球的图号前加 N。由于我国完全位于北半球，所以省注"N"。

1：（100万）比例尺地形图的梯形编号就是由横行的字母和纵列的数字组成，中间用短线连接。例如北京所在的 1：（100万）比例尺地形图的梯形编号为 J-50，如图 8.2 所示。

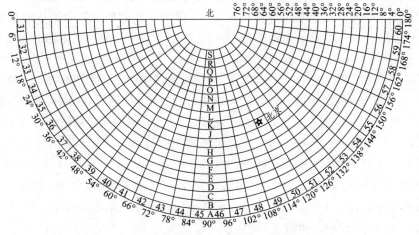

图 8.2　1：（100万）比例尺地形图的分幅和编号（北半球）

② 1：（50万）、1：（25万）、1：（10万）比例尺地形图的分幅与编号。

这三种比例尺地形图的分幅编号都是在 1：（100万）比例尺地形图的基础上进行的。

一幅 1：（100万）比例尺的地形图分为 2 行 2 列，共 4 幅 1：（50万）比例尺的地形图。每幅图经差 3°，纬差 2°。分别用 A、B、C、D 表示，如图 8.3 所示。

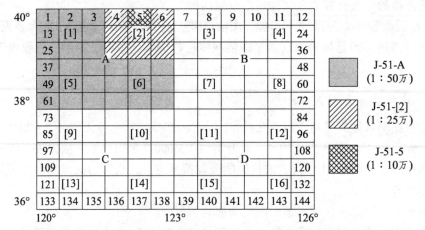

图 8.3　1：（50万）、1：（25万）、1：（10万）地形图的分幅与编号

1：（50万）比例尺地形图的编号方法：在 1：（100万）比例尺地形图编号后加注 A、B、C、D。例如，某地所在 1：（50万）比例尺地形图的编号为 J-51-A。

一幅 1：（100万）比例尺的地形图分为 4 行 4 列，共 16 幅 1：（25万）比例尺地形图，每幅图经差 1°30′，纬差 1°。分别用[1]，[2]，…，[16]表示，如图 8.3 所示。

1：（25万）比例尺地形图的编号方法：在 1：（100万）比例尺地形图编号后加注[1]，[2]，…，[16]。例如，某地所在 1：（25万）比例尺地形图的编号为 J-51-[2]。

一幅 1：（100万）比例尺的地形图分为 12 行 12 列，共 144 幅 1：（10万）比例尺地形图，每幅图经差 30′，纬差 20′，分别用 1，2，…，144 表示，如图 8.3 所示。

1：（10万）比例尺地形图的编号方法：在 1：（100万）比例尺地形图编号后加注 1，2，…，144。例如，某地所在 1：（10万）比例尺地形图的编号为 J-51-5。

③ 1：（5万）、1：（2.5万）、1：（1万）比例尺地形图的分幅与编号。

这三种比例尺地形图的分幅编号都是在 1：（10万）比例尺地形图的基础上进行的。

一幅 1：（10万）比例尺的地形图分为 4 幅 1：（5万）比例尺地形图，每幅图经差 15′，纬差 10′。分别用 A、B、C、D 表示。其编号是在 1：（10万）比例尺地形图编号后加注 A、B、C、D 表示。例如，某地所在 1：（5万）比例尺地形图的编号为 J-51-5-B，如图 8.4 所示。

一幅 1：（5万）比例尺的地形图分为 4 幅 1：（2.5万）比例尺地形图，每幅图经差 7′30″，纬差 5′。分别用 1、2、3、4 表示。其编号是在 1：（5万）比例尺地形图编号后加注 1、2、3、4 表示。例如，某地所在 1：（2.5万）比例尺地形图的编号为 J-51-5-B-4，如图 8.4 所示。

一幅 1：（10万）比例尺的地形图分为 8 行、8 列，共 64 幅 1：（1万）比例尺地形图，每幅图经差 3′45″，纬差 2′30″。分别用（1），（2），…，（64）表示。其编号是在 1：（10万）比例尺地形图编号后加注（1），（2），…，（64）表示。例如，某地所在 1：（1万）比例尺地形图的编号为 J-51-5-（24），如图 8.4 所示。

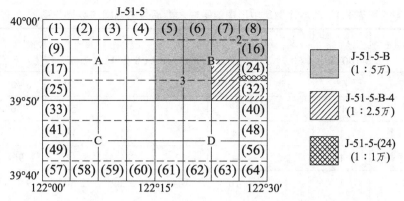

图 8.4　1∶（5 万）、1∶（2.5 万）、1∶（1 万）地形图的分幅与编号

④ 1∶5 000 比例尺地形图的分幅与编号。

1∶5 000 比例尺地形图是在 1∶（1 万）比例尺地形图的基础上进行分幅与编号的。

一幅 1∶（1 万）比例尺的地形图分为 4 幅 1∶5 000 比例尺地形图，每幅图经差 1′52.5″，纬差 1′15″。分别用 a、b、c、d 表示。其编号是在 1∶（1 万）比例尺地形图编号后加注用 a、b、c、d。例如，某地所在 1∶5 000 比例尺地形图的编号为 J-51-5-(24)-b，如图 8.5 所示。

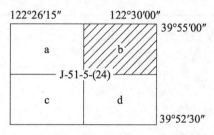

图 8.5　1∶5 000 地形图的分幅与编号

（2）现行的国家基本比例尺地形图的分幅与编号。

为了方便计算机检索和管理，1992 年国家技术监督局发布了《国家基本比例尺地形图分幅和编号》（GB/T13989—92）国家标准。新标准依然以 1∶（100 万）比例尺地形图为基础，分幅经差、纬差不变，改传统的纵行、横列为横行、纵列，其编号为所在行号（字符）与列号（数字）组合而成。如北京所在的 1∶（100 万）比例尺地形图的图号是 J50。

1∶（50 万）～1∶5 000 比例尺地形图的分幅均由 1∶（100 万）比例尺地形图逐次加密划分而定，编号均以 1∶（100 万）比例尺地形图为基础，采用行列编号，统一为 10 位码组成，具体见表 8.2、8.3、8.4。

表 8.2　1∶（50 万）～1∶5 000 地形图图号构成

X	XX	X	XXX	XXX
1∶（100 万）地形图 图幅行号（字符码）	1∶（100 万）地形图 图幅列号（数字码）	比例尺代码	图幅行号 （数字码）	图幅列号 （数字码）

表 8.3　比例尺代码

比例尺	1∶（50 万）	1∶（25 万）	1∶（10 万）	1∶（5 万）	1∶（2.5 万）	1∶（1 万）	1∶5 000
代码	B	C	D	E	F	G	H

表 8.4　基本比例尺地形图的图幅大小及其图幅间的数量关系

比例尺		1： （100 万）	1： （50 万）	1： （25 万）	1： （10 万）	1： （5 万）	1： （2.5 万）	1： （1 万）	1：5 000
图幅 范围	经差	6°	3°	1°30′	30′	15′	7′30″	3′45″	1′52.5″
	纬差	4°	2°	1°	20′	10′	5′	2′30″	1′15″
行列数 量关系	行数	1	2	4	12	24	48	96	192
	列数	1	2	4	12	24	48	96	192
图幅数量 关系		1	4	16	144	576	2 304	9 216	36 864
			1	4	36	144	576	2 304	9 216
				1	9	36	144	576	2 304
					1	4	16	64	256
						1	4	16	64
							1	4	16
								1	4

按照式（8.2）可以根据某点经纬度求出其所在 1：（100 万）图幅的编号。

$$图幅行号 = \mathrm{int}\frac{B}{4°}+1$$
$$图幅列号 = \mathrm{int}\frac{L}{6°}+31$$

（8.2）

按照式（8.3）可以根据某点经纬度求出其在 1：（100 万）图号后相应比例尺的图幅行号和图幅列号。

$$图幅行号 = \frac{4°}{\Delta B} - \mathrm{int}\frac{\mathrm{mod}\dfrac{B}{4°}}{\Delta B}$$
$$图幅列号 = \left(\mathrm{int}\frac{\mathrm{mod}\dfrac{L}{6°}}{\Delta L}\right)+1$$

（8.3）

式中，L、B 为某点经纬度；ΔL、ΔB 为相应图幅比例尺的经差、纬差；int 表示取整数运算；mod 表示取余数运算。

例如，某地经度为 121°31′30″，纬度为 31°16′40″，按式（8.2）可以计算其所在 1：（100万）的图幅行列号为：

$$图幅行号 = \mathrm{int}\frac{B}{4°}+1 = \mathrm{int}\frac{31°16′40″}{4°}+1 = 8$$
$$图幅列号 = \mathrm{int}\frac{L}{6°}+31 = \mathrm{int}\frac{121°31′30″}{6°}+31 = 51$$

根据图幅行号 8，可以得到对应的字符码为 H。

故该点所在 1 :（100 万）比例尺地形图图幅的编号为 H51。

1 :（1 万）的比例尺代码为 G。按式（8.3）可以计算该点所在 1 :（1 万）的图幅行列号为：

$$图幅行号 = \frac{4°}{\Delta B} - \text{int} \frac{\text{mod} \dfrac{B}{4°}}{\Delta B} = \frac{4°}{2'30''} - \text{int} \frac{\text{mod} \dfrac{31°16'40''}{4°}}{2'30''} = 96 - 78 = 018$$

$$图幅列号 = \left(\text{int} \frac{\text{mod} \dfrac{L}{6°}}{\Delta L} \right) + 1 = \left(\text{int} \frac{\text{mod} \dfrac{121°31'30''}{6°}}{3'45''} \right) + 1 = 025$$

故该点所在 1 :（1 万）比例尺地形图图幅的编号为 H51G018025。

地形图的编号是根据各种比例尺地形图的分幅，对每一幅地图给予一个固定的号码，这种号码不能重复出现，并要保持一定的系统性。

2. 矩形分幅与编号

大比例尺地形图通常采用矩形分幅。图廓线为平行于坐标轴的直角坐标格网线，以整千米（或百米）坐标进行分幅。

《1 : 500、1 : 1 000、1 : 2 000 地形图图式》规定：1 : 500～1 : 2 000 比例尺地形图一般采用 50 cm×50 cm 正方形分幅或 40 cm×50 cm 矩形分幅。

大比例地形图的编号一般采用图廓西南角坐标公里数编号法，也可采用流水编号法（见图 8.6）或行列编号法等（见图 8.7）。

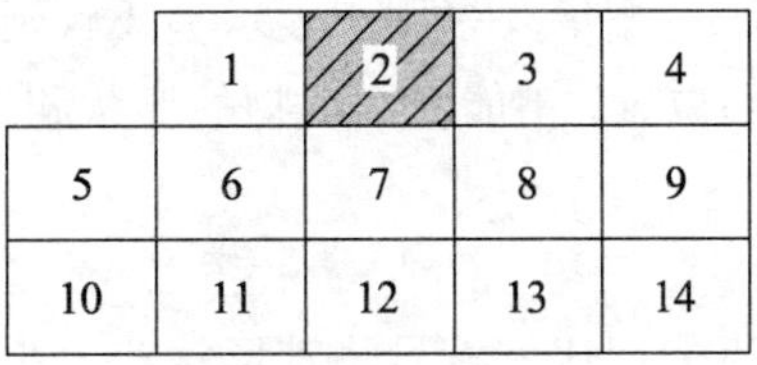

1	2	3	4	
5	6	7	8	9
10	11	12	13	14

图 8.6　流水编号法

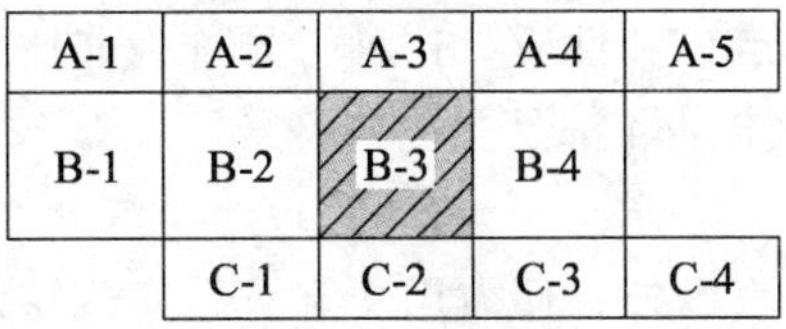

A-1	A-2	A-3	A-4	A-5
B-1	B-2	B-3	B-4	
	C-1	C-2	C-3	C-4

图 8.7　行列编号法

采用图廓西南角坐标公里数编号法时，x 坐标在前，y 坐标在后，中间用短线连接。1 : 500 地形图取至 0.01 km（如 25.50-18.75），1 : 1 000、1 : 2 000 地形图取至 0.1 km（如 56.5-41.0）。

对带状测区或小面积测区，可按测区统一划分的各图幅顺序进行编号，从上到下，从左到右，用阿拉伯数字 1，2，3，4…编号。如图 8.6 中所示图幅编号为 2。

行列编号法：横行一般以 A，B，C…为代号从上到下排列，纵列以阿拉伯数字为代号从左到右排列，且先行后列，中间加上连字符，如图 8.7 中所示图幅编号为 B-3。

8.1.3　地物的表示方法

地物在地形图上主要运用规定的符号表示。不同比例尺的地形图，其地物表示符号会有所不同。在各种比例尺地形图图式中列出了各类地物的符号表示方法。地形图图式由国家测绘有关部门统一制定，是绘制地形图的依据。

1. 地物分类

地物可以分为自然地物和人工地物。

自然地物，如水系、植被与土质等。人工地物，如测量控制点、居民地及设施、交通、管线等。

同一种地物的表示符号与比例尺的大小有关。根据地物的类别、形状、大小和描述方法不同，可分别用比例符号、非比例符号、半比例符号和注记符号来表示。

2. 地物符号

（1）比例符号。

能够按比例将地物轮廓缩绘到图上的符号称为比例符号。如房屋、江河、池塘、森林、草地等。比例符号与地面上实际地物的形状相似，又叫作真形符号或轮廓符号，由轮廓和轮廓内填充符号组成。多用于表示面状地物，也称为面状符号。轮廓表示面状地物的真实位置和形状，又以不同的线型表示不同地物轮廓属性的不同情况；填充符号说明地物的性质，属于配置性符号，有时还加以文字、数字注记。如表 8.5 中，从编号 1～27 都是比例符号。

（2）半比例符号。

半比例符号是指地物长度可按比例表示，而宽度无法按比例表示，这种符号称为半比例符号。如道路、通信线、管道、垣栅等。多用于表示呈线状延伸的地物，又称为线状符号。半比例符号只能表示地物的中心位置，不能表示地物的形状和大小。如表 8.5 中，从编号 45～56 都是半比例符号。

（3）非比例符号。

某些地物由于轮廓太小，不能用比例符号将其形状和大小在地形图上表示出来，但又有特殊的意义，如测量控制点、独立树、路灯、水井等。此时可不考虑其实际大小，而采用规定的符号表示该地物在图上的点位和性质，这种符号称为非比例符号，也称为点状符号或独立符号。如表 8.5 中，从编号 28～44 都是非比例符号。

（4）注记符号。

有些地物除用一定的符号表示外，还需用文字、数字或特定的符号加以注记和说明，这类符号称为注记符号，如房屋的结构、层数，路名、河流名称和水流方向以及等高线的高程等。

表 8.5　常用地物、地貌符号和注记

编号	符号名称	1:500 1:1 000	1:2 000	编号	符号名称	1:500 1:1 000	1:2 000
1	一般房屋 混—房屋结构 3—房屋层数			19	旱地		
2	简单房屋						
3	建筑中的房屋			20	花圃		
4	破坏房屋						
5	棚　房			21	有林地		
6	架空房屋						
7	廊　房						
8	台　阶			22	人工草地		
9	无看台的露天体育场						
10	游泳池			23	稻田		
11	过街天桥						
12	高速公路 a—收费站 0—技术等级代码			24	常年湖		
13	等级公路 2—技术等级代码 (G235)—国道路线编码			25	池塘		
14	乡村路 a—依比例尺的 b—不依比例尺的			26	常年河 a—水涯线 b—高水界 c—流向 d—潮流向 ←⌇⌇⌇涨潮 →落潮		
15	小路						
16	内部道路						
17	阶梯路			27	喷水池		
18	打谷场、球场			28	GPS 控制点		

编号	符号名称	1：500 1：1000	1：2000	编号	符号名称	1：500 1：1000	1：2000
29	三角点 凤凰山—点名 394.468—高程	△ 凤凰山 394.468 3.0		47	挡土墙	1.0 ⋯⋯ 0.3 ⋯⋯ 6.0	
30	导线点 I16—等级、点号 84.46—高程	2.0 □ I16/84.46		48	栅栏、栏杆	10.0 ⋯ 1.0	
31	埋石图根点 16—点号 84.46—高程	1.6 ⊡ 16/84.46 2.6		49	篱笆	10.0 ⋯ 1.0	
32	不埋石图根点 25—点号 62.74—高程	1.6 ⊙ 25/62.74		50	活树篱笆	6.0 ⋯ 1.0 0.6	
33	水准点 II京石5—等级、点名、点号 32.804—高程	2.0 ⊗ II京石5/32.804		51	铁丝网	10.0 ⋯ 1.0	
34	加油站	1.6 ▯ 3.6		52	通讯线 地面上的	4.0	
35	路灯	2.0 1.6 ⍚ 1.0		53	电线架	≺≻	
36	独立树 a—阔叶 b—针叶 c—果树 d—棕榈、椰子、槟榔	a 2.0 ● 3.0 1.6 / 1.0 b 1.6 ♠ 3.0 / 1.0 c 1.6 ♀ 3.0 / 1.0 d 2.0 ✗ 3.0 / 1.0		54	路灯	4.0	
				55	陡坎 a—加固的 b—未加固的	2.0 a ⊥⊥⊥⊥⊥⊥⊥⊥ b ⊥ ⊥ ⊥ ⊥	
				56	散树、行树 a—散树 b—行树	a ◦ 1.6 10.0 ⋯ 1.0 b ● ● ● ● ● ●	
37	独立树 棕榈、叶子、槟榔	2.0 ✗ 3.0 / 1.0		57	一般高程点记注记 a—一般高程点 b—独立性地物的高程	a b 0.5 ⋯ 163.2 ♣ 75.4	
38	上水检修井	⊖ 2.0		58	名称说明注记	**友谊路** 中等线体4.0(18 K) **团结路** 中等线体3.5(15 K) **胜利路** 中等线体2.75(12 K)	
39	下水（污水）雨水检修井	⊕ 2.0					
40	下水暗井	⊛ 2.0		59	等高线 a—首曲线 b—计曲线 c—间曲线	a ∼∼∼ 0.15 b ∼∼∼ 0.3 c 1.0 ∼⋯∼ 0.15 6.0	
41	煤气、天然气检修井	⊘ 2.0					
42	热力检修井	⊕ 2.0					
43	电信检修井 a—电信人孔 b—电信手孔	a ⊕ 2.0 2.0 b ⊠ 2.0		60	等高线注记	25	
44	电力检修井	◎ 2.0		61	示坡线	0.8	
45	地面下的管道	4.0 ⋯污⋯ 1.0					
46	围墙 a—依比例尺的 b—不依比例尺的	a 10.0 b 10.0 0.3 0.6		62	梯田坎	.56.4 1.2	

3. 地形图符号的定位

（1）非比例符号不表示地物的形状和大小，在大比例尺地形图上，按下列规则表示地物的中心位置：

① 符号图形中有一个点的，该点即为地物的实地中心位置，如导线点、界标。

② 几何图形符号，如圆形、矩形、三角形等，在其几何图形的中心。

③ 宽底符号在底线中心，如烟囱符号。

④ 底部为直角形的符号在直角的顶点，如独立树符号。

⑤ 几种几何图形组成的符号在图形的中心点或交叉点，如消防栓符号。

⑥ 下方没有底线的符号在下方两端的中心点，如窑洞符号。

⑦ 不按比例表示的其他符号，定位点在其符号的中心，如桥梁。

（2）半比例符号以符号的中心线与相应地物投影后的中心线位置相重合为特征，确定符号中心线的原则为：

① 单线符号的线划位置本身就是相应地物的中心线位置。如单线河、地类界等。

② 对称性的双线符号的中轴线就是相应地物的中心线位置。如公路、铁路等。

③ 非对称性的符号的底线或缘线就是相应地物的中心线位置。如围墙、陡崖等。

8.1.4　地貌的表示方法

地貌是指地球表面高低起伏的自然形态。地貌形态复杂多样，陆地上的地貌有高山、丘陵、平原、盆地等。

1. 地形类别

按照区域地面坡度，地形类别可分成四种地形类型：平地、丘陵地、山地和高山地。

地势起伏小，地面坡度一般在2°以下，比高一般不超过20 m的地区称为平地。

地面高低变化大，绝大部分地面坡度在2°～6°（不含6°），比高不超过150 m的地区称为丘陵地。

高低变化悬殊，绝大部分地面坡度为6°～25°，比高150 m以上的地区称为山地。

绝大部分地面坡度超过25°的地区称为高山地。

地貌按形态的完整程度可以分为一般地貌和特殊地貌。

地表由于受到外力作用而改变了原有形态的变形地貌和形态奇异的微地貌形态称为特殊地貌。变形地貌如冲沟、滑坡、陡崖等，微地貌形态如石灰岩地貌中的孤峰、溶斗等。

地形图上主要采用等高线法表示地貌，对于特殊地貌采用特殊符号表示。

2. 等高线

所谓等高线，就是地面上具有相同高程的相邻各点连成的闭合曲线，也就是设想水准面与地表面相交形成的闭合曲线。

如图8.8所示，设想用一个水平面与地表面相截，会得到一条闭合曲线。闭合曲线上的点，由于都在水平面上，因此具有相同的高程；这些点又同时都在地表面上，并随着山梁、山凹的形态不同而弯曲变化，完好地展现地貌形态。用一组高差间隔相等的一组水平面与地表面相截，所得到的截口线必为一组大小不等的闭合曲线。将地面上的各条截口线沿铅垂线方向投影到水平面 H 上，并按一定的比例尺缩绘到图纸上，便形成了一圈套一圈的曲线，这就是等高线。

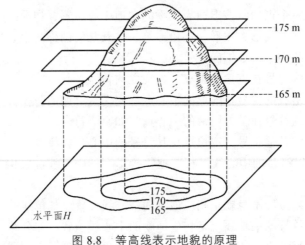

图 8.8　等高线表示地貌的原理

3. 等高距和等高线平距

相邻等高线之间的高程差称为等高距，常以 h 表示。图 8.8 中的等高距为 5 m。在同一幅地形图上，应采用同一个等高距。等高距越小，所反映的地貌就越真实、越详细；反之，就越粗略，地貌的细微变化会被忽略，从而影响地形图的使用价值。但是，当等高距越小时，图上的等高线间距就会越小。等高线比较密集会影响图面的清晰度。因此，应根据地形类别和比例尺大小，并按国家规范要求选择合适的等高距，如表 8.6 所示。

表 8.6　大比例尺地形图的基本等高距（m）

地形类别	比例尺			
	1∶500	1∶1 000	1∶2 000	1∶5 000
平坦地	0.5	0.5	1	2
丘陵	0.5	0.5	2	5
山地	1	1	2	5
高山地	1	2	1	5

相邻等高线之间的水平距离称为等高线平距，常以 d 表示。在同一张地形图上，等高距是一个常数，而等高线平距随地面坡度大小变化而变化。地面坡度越陡，等高线平距 d 越小，等高线越密集；反之，平距越大，等高线越稀疏，地面坡度越平缓。地面两点之间的坡度可表示为：

$$i = \frac{h}{D} = \frac{h}{d \times M} \tag{8.4}$$

4. 等高线的分类

地形图上的等高线按其用途不同可以分为首曲线、计曲线、间曲线和助曲线四类，如图

8.9 所示。

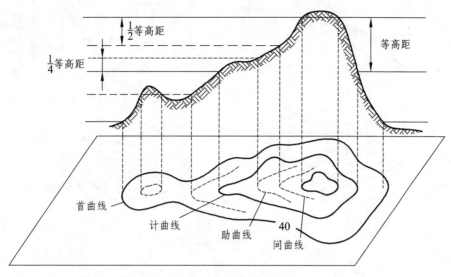

图 8.9 等高线的种类

（1）首曲线：按规定的等高距（基本等高距）测绘的等高线，图上以细实线描绘，也称基本等高线。

（2）计曲线：从高程零米起，每隔四条首曲线加粗描绘的一条等高线，也称加粗等高线。在平缓的计曲线上注记高程，注记高程时曲线要断开，字头朝北。其作用是使用地形图时方便等高线计数。

（3）间曲线：图上按 1/2 基本等高距，用长虚线插绘的等高线，也称半距等高线。主要用于高差不大、地面坡度很小的个别地方，用基本等高距的等高线不足以显示局部地貌特征。间曲线可以只在需要详细表示的局部地方使用，可以不封闭。

（4）助曲线：图上按 1/4 基本等高距，用短虚线插绘等高线，也称辅助等高线。在某些局部地区，需要更详细地了解其地面的起伏状况。不需封闭。

5. 典型地貌的等高线特点

（1）山头与盆地。

山头与盆地的等高线都是由一组闭合曲线组成，如图 8.10 所示。

区别山头和盆地的方法有两种：第一种方法，可以根据高程注记区分。内圈的高程比外圈的高，表示地是山头的等高线，盆地的等高线内圈的高程比外圈的低。第二种方法是绘制示坡线。示坡线是指示斜坡向下的方向，在山头、盆地的等高线上绘出示坡线，有利于判读地貌。

（2）山脊和山谷。

山顶（山的最高部分）向一个方向延伸的凸棱部分称为山脊。山脊的最高点连线称为山脊线。山脊等高线表现为一组凸向低处的曲线，如图 8.11 所示。

相邻山脊之间的凹部是山谷，山谷中最低点的连线称为山谷线，山谷等高线表现为一组凸向高处的曲线，如图 8.12 所示。

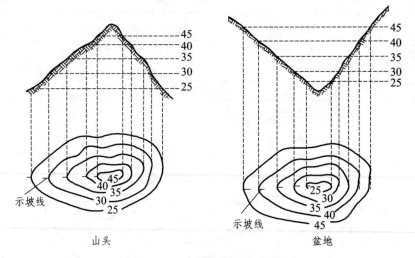

图 8.10　山头和盆地等高线

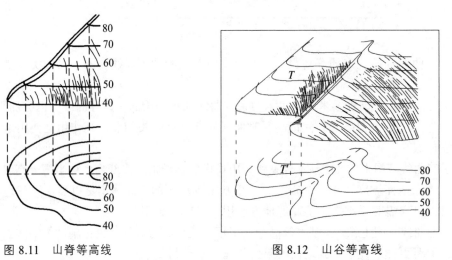

图 8.11　山脊等高线　　　　　　　图 8.12　山谷等高线

　　在山脊上，雨水会以山脊线为分界线而流向山脊的两侧，所以山脊线又称为分水线。在山谷中，雨水由两侧山坡汇集到谷底，然后沿山谷线流出，所以山谷线又称为集水线。山脊线和山谷线又称为地性线。

　　（3）鞍部。

　　鞍部是相邻两山头之间呈马鞍形的低凹部位，如图 8.13 所示。它左右两侧的等高线是对称的两组山脊线和山谷线。鞍部等高线的特点是在一圈大的闭合曲线内套有两组小的闭合曲线。

　　（4）陡崖和悬崖。

　　陡崖是坡度在 70°以上或为 90°的陡峭崖壁，若用等高线表示将非常密集甚至重合为一条线，因此采用陡崖符号来表示，如图 8.14 所示。

　　悬崖是上部突出、下部凹进的陡崖。悬崖上部的等高线投影到水平面时，与下部的等高线相交，下部凹进的等高线用虚线表示。

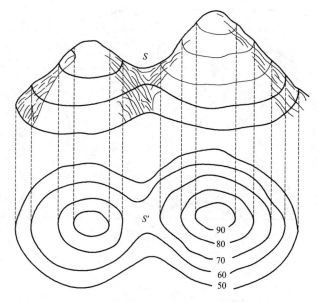

图 8.13　鞍部

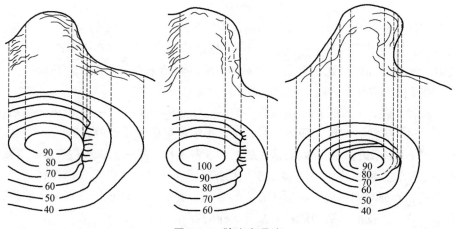

图 8.14　陡崖和悬崖

　　了解上述典型地貌的等高线表示方法以后，能够更好地认识地形图上用等高线表示的复杂地貌。图 8.15 所示为某一地区综合地貌，读者可将两图参照阅读。

6. 等高线的特性

　　等高线具有以下特性：

　　（1）同一条等高线上各点的高程相等。

　　（2）等高线是闭合曲线，如果不在本幅图内闭合，一定在图外闭合。

　　（3）图上的等高线，一般不相交、不重合。只有在陡崖、陡坎处才会重合或相交。

　　（4）等高线经过山脊或山谷时往往要改变方向，并与山脊线和山谷线正交。

　　（5）等高距相同的情况下，等高线的平距大小与地面坡度成反比，等高线越密，地面坡度越陡；反之，等高线越稀，则地势越缓。

图 8.15　某地综合地貌

8.2　大比例尺地形图测绘

测绘大比例尺地形图一般是指测绘比例尺为 1∶500 ~ 1∶2 000 的地形图，也包括测绘大比例尺地籍图、房产图等，基本的测绘方法是相同的，表示的内容有所区别。

传统的大比例尺测图方法主要是白纸测图方法，包括平板仪测图、经纬仪测图等。随着全站仪、GNSS 技术的普及，数字测图已逐步取代了传统的方法。

测区面积较小时，一般采用全站仪数字测图、GNSS-RTK 测图、三维激光扫描仪测图、无人机摄影测量等方法；测区面积较大时，可以采用航空摄影测量的方法。

大比例尺地形图测绘一般可以概括为测图前准备工作、测图工作和检查验收等几个过程。测图前准备工作包括资料收集、明确任务、调查测区和技术设计等工作内容；测图工作包括图根控制测量、碎部测图和内业绘图工作；检查验收是为了保证成图质量制定的相关措施，包括检查验收方法、技术总结和资料上交等工作内容。

8.2.1　测图前的准备工作

1. 收集资料

测图前应收集测区及测区附近的有关测量成果资料，了解测图的目的和要求，对测区进行踏勘，掌握测区情况和平面、高程控制网点的分布情况及其点位，然后因地制宜，做出切实可行的测图计划。

2. 测图的技术依据

大比例尺地形图测绘所依据的主要作业规范和图示主要包括：《城市测量规范》《工程测量规范》《地籍测量规范》《房地产测量规范》《1∶500、1∶1 000、1∶2 000 外业数字测图技术规程》《国家基本比例尺地形图图示第 1 部分：1∶500、1∶1 000、1∶2 000 地形图图示》《地籍图图示》《基础地理信息要素分类与代码》以及《全球定位系统（GPS）测量规范》等。

3. 技术设计

在测图开始之前，应根据测量任务书和有关测量技术规范，依据所收集的资料编写技术设计书，拟订测量作业计划，以保证测量工作按计划、分步骤、合理进行，节省人力、物力。

技术设计书的内容主要包括以下几个部分：任务概述、测区情况、已有测量资料及其可利用情况分析、编制技术方案和测量组织方案设计。明确投入生产的人员和仪器配备、进度安排、财务预算、检查验收和安全措施等。

技术设计书中应明确工程项目名称或编号、测量目的、工作量。应说明测区地理位置、测区范围、自然地理条件和交通运输、人文风俗、气象等情况。对收集到的已有测量资料加以分析，简要说明施测单位、年代、等级、精度、比例尺、依据规范、平面坐标和高程系统、投影带号及可利用情况等。

技术方案中应明确测量作业依据，明确所采用的平面坐标系统和高程系统。

大比例尺测图一般采用国家统一的平面直角坐标系统。小面积测图时，如没有国家控制点，可以采用独立坐标系；当测区面积较大时，如大于 100 km²，则应与国家控制网联测，采用国家统一坐标系统。此时控制测量成果应顾及球面与平面的差别，归化至高斯平面。

高程测量采用国家统一高程系统。

技术方案中拟定的大面积地形控制测量方案要进行必要的精度估算，并结合技术要求和经济成本，对网形、控制点密度、施测方案等进行优化设计，确定最后方案。

根据任务书的要求，结合设计的最后方案，做好工作量的统计工作，编制好测量组织方案。明确组织措施和劳动计划，提出人员设备配备计划、工作进度计划、经费预算计划，同时拟订检查验收计划和上交资料清单。结合测量工作的生产流程，制定安全措施，确保安全生产。

8.2.2　测图工作

大比例尺地形图测图工作可以分为以下几个过程。

1. 图根控制测量

测图的控制测量工作一般是分级进行的。当测区的高级控制点密度难以满足大比例尺测图要求时，可以布置适当数量的图根控制点，直接供测图使用。

当测区面积较小时，图根控制也可以作为首级控制。

图根控制测量的方法一般是在各等级控制点的基础上进行加密，不超过两次附合。

（1）图根控制测量方法。

图根控制测量分为图根平面控制测量和图根高程控制测量两部分。

图根平面控制测量可以采用图根导线、GNSS-RTK、交会测量等方法。图根高程控制测量可以采用图根水准测量、电磁波测距三角高程测量方法。

根据测区的实际情况，图根平面控制测量和图根高程控制测量可以同时进行，也可以分开进行，平面和高程控制点可以共用同一点位。

《工程测量规范》对图根导线测量和图根水准测量的主要技术要求规定见表 8.7 和表 8.8。

表 8.7　图根导线测量的主要技术要求

导线长度/m	相对闭合差	测角中误差/（″）		方位角闭合差/（″）	
		一般	首级控制	一般	首级控制
$\leq \alpha \times M$	$\leq 1/(2\,000 \times \alpha)$	30	20	$60\sqrt{n}$	$40\sqrt{n}$

注：α 为比例系数，取值宜为 1，1∶500、1∶1 000 比例尺测图时，可取 1～2 之间；M 为测图比例尺的分母。

表 8.8　图根水准测量的主要技术要求

附合路线长度/km	水准仪型号	视线长度/m	观测次数	闭合差/mm	
				平地	山地
≤ 5	DS10	≤ 100	往一次	$40\sqrt{L}$	$12\sqrt{n}$

注：L 为水准线路长度（km）；n 为测站数。

采用 GNSS-RTK 进行图根点测量时，可以直接测定图根点的坐标和高程。每个图根点进行两次独立测量，点位较差不超过图上 0.1 mm，高程较差不超过 1/10 基本等高距。

采用电磁波三角高程测量时，其主要技术要求规定见表 8.9。

表 8.9　图根电磁波三角高程测量的主要技术要求

附合路线长度/km	仪器精度等级	中丝法测回数	指标差较差/（″）	垂直角较差/（″）	对向观测高差较差/mm	闭合差/mm
≤ 5	6″级	2	25	25	$80\sqrt{D}$	$40\sqrt{\sum D}$

注：D 为电磁波测距边的长度（km），仪器高和觇标高的量取应精确至 1 mm。

（2）图根控制点的密度和精度要求。

图根控制点的密度以满足测图需要为前提，影响图根控制点数量的主要因素是测图的技术方法，以及测图比例尺和实际地形复杂情况。根据《工程测量规范》的规定，直接用于测图的图根控制点密度应满足表 8.10 的要求。

表 8.10　图根点密度要求

测图比例尺	图幅尺寸/cm×cm	图根控制点数量/个	
		全站仪测图	GNSS RTK 测图
1∶500	50×50	2	1
1∶1 000	50×50	3	1～2
1∶2 000	50×50	4	2

为了保证地形图的精度，测区内应有一定数目的图根控制点。如测图控制点不能满足要求时，测图时可以根据实际情况，在各级控制点上，采用交会法、极坐标法和支导线法等进行测站点的增补。一般情况下增补的测站点不宜超过两级。

图根控制点的精度要求，平面精度按其相对于邻近高等级控制点的点位中误差不大为衡量指标，不应大于图上 0.1 mm，高程中误差不应大于测图基本等高距的 1/10。

（3）测站点的加密。

由于地表上的地物、地貌分布极其零碎，要在已知图根点上测绘出所有的碎部点是很困难的，有时需要进行测站点加密。

测站点加密可以采用极坐标法、交会法和支导线法。但是不可以使用测站点加密的方法进行大面积测图的工作。加密的测站点精度应满足相对于邻近图根点的中误差不大于图上0.2 mm，高程中误差不大于测图基本等高距的1/6。

2. 碎部测图方法

大比例尺地形图测绘的主要工作就是测量地物、地貌的特征点，也称碎部点。

图根控制测量工作完成后，就可以开展碎部测量工作了。碎部测量就是在控制测量的基础上，详细测定具体地物、地貌的平面位置和高程，并绘制成地形图的过程。

碎部测图的方法可以简单分为图解测图和地面数字测图。

（1）图解测图。

以经纬仪测图和平板仪测图为代表的图解测图方法是传统的大比例尺地形图测图方法。其碎部测量的特点是测点的数量大，成图过程中由于受地形图比例尺精度的制约，碎部点的定位精度比控制点的定位精度要低得多。在实际工作中碎部点的测绘方法比较灵活，平面位置常用极坐标法、距离交会法和直角坐标法等测定，高程一般用三角高程测量。

图解测图应按照一定的程序进行，下面以经纬仪极坐标方法测图为例，说明其作业过程。

经纬仪测图按极坐标法测定碎部点时，用经纬仪测定碎部点的平面定位元素 —— 水平角和水平距离；用量角器和比例尺按观测数据在图纸上标定碎部点。同时，用经纬仪按照三角高程的方法测出该点的高程，并在图上该点的右侧注记高程。一般要求边测边绘，并对照实地勾绘地物轮廓或地貌等高线。一个测站上的测绘过程如下：

① 安置仪器。

将经纬仪安置在测站点 A 上，对中，整平，图板安置在仪器旁，如图 8.16 所示，量取仪器高 i，测出竖盘指标差 x，并记入表 8.11 的碎部测量手簿中。

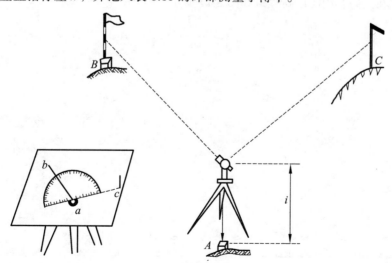

图 8.16　经纬仪测绘法的测站安置

② 定向。

以盘左位置，瞄准另一已知点 *B*，并将水平度盘配置为0°00′00″，绘图员在图纸上绘出 *AB* 方向作为零方向线。

③ 立尺。

立尺员先观察测站附近的地形情况，与观测员共同商定跑尺的范围、路线，然后在选定的碎部点上立标尺，尽量做到跑尺有顺序、不漏点、一点多用，方便绘图。立尺点与测站间的视距长度应不超过规定的最大视距。

④ 观测。

观测员用经纬仪瞄准标尺，读取上丝、下丝、中丝读数，读取水平度盘、竖盘读数。在观测过程中，应检查定向是否为0°00′，其不符值不得超过4′，否则应重新定向。

⑤ 记录与计算。

记录者将观测数据记入表8.11观测手簿中，并根据观测数据，分别计算水平距离 *D* 和碎部点的高程 *H*，并填入表8.11相应栏内，将展绘点所需数据立即报给绘图员。

表8.11　碎部测图记录手簿

观测者_____　　　记录者_____　　　观测时间_____

测站 *A*				零方向 *B*		测站高程 48.16 m			
检查方向 *C*				仪器高 1.54 m		指标差 *x*=18			
测站	尺上读数/m		视距间隔/m	竖直角 *α*/°′		水平角 *β*/°′	水平距离 *D*/m	高差 *h*/m	测点高程 *H*/m	备注
	中丝	下丝 上丝		竖直读数	竖直角					
1	1.410	1.510 1.280	0.230	88 22	+1 38	156 21	22.98	0.79	48.95	
2	2.020	2.582 1.478	1.744	96 32	−6 32	59 58	108.97	−12.96	35.20	

⑥ 展绘碎部点。

绘图员根据计算出的水平距离 *D* 和水平角，用量角器和比例尺按极坐标法在图纸上定出该碎部点，并在点的右侧注记高程，如图8.17所示。

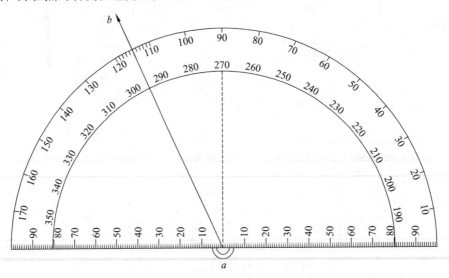

图8.17　量角器展绘碎部点的方向

⑦ 测站检查。

为保证测图正确，在一个测站上每测 20 ～ 30 个点后应重新对准定向点进行归零检查，其归零差不应大于 4′；在测出部分碎部点后应及时根据现场实际情况勾绘出地物轮廓线和等高线，确认地物、地貌无错测或漏测时才可迁站；仪器安置在下一个测站时，要抽查上站已测过的若干碎部点，检查重复点精度在限差内后，才可在新的测站上开始测量。

经纬仪测图的测图准备工作除了收集资料准备和仪器与工具准备以外，还包括图板准备工作。图板准备工作又包括图纸准备、绘制坐标格网和展绘控制点。

由于展绘在图纸上的控制点将作为外业测量的依据，故展绘精度直接影响到测图的质量。为此，必须首先按规定精确地绘制坐标方格网。

测绘专用的聚酯薄膜通常都已经绘有精确的坐标方格网，图纸常用的规格有 40 cm×50 cm 的矩形图幅和 50 cm×50 cm 的正方形图幅两种。若聚酯薄膜上无坐标方格网或采用普通绘图纸进行测图时，可使用坐标仪或坐标格网尺等专用工具绘制坐标方格网；当无上述专用设备时，则可按下述对角线法绘制。现以绘制 50 cm×50 cm 的坐标方格网为例加以说明。

对角线法的具体做法：如图 8.18 所示，先在图纸上画出两条对角线，以其交点为圆心 O，取适当长度为半径画弧，交对角线于 A、B、C、D 点，用直线相连得矩形 ABCD。分别从 A、B 两点起沿 AB 和 BC 方向每隔 10 cm 定一点，共定出 5 点；再从 A、D 两点分别沿 AD 和 DC 方向每隔 10 cm 定一点，同样定出 5 点。连接对边的相应点，即得 50 cm×50 cm 的方格网。

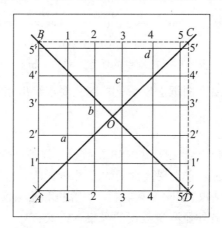

图 8.18　对角线法绘制方格网

坐标格网绘好后，应立即用直尺做以下检查：

① 检查各方格顶点是否在同一直线，其偏离值不应超过 0.2 mm。

② 用比例尺检查各方格边长与对角线长度，方格边长与其理论值之差不应超过 0.1 mm，对角线长与其理论值之差不应超过 0.3 mm。

③ 图廓对角线长度与理论值之差不应超过 0.3 mm。

如果误差超过允许值，应重绘方格网。若印有坐标方格网的图纸经检查不合格，则应予以作废。

根据平面控制点的坐标值，在图纸上标出其点位，称为控制点的展绘。展点前应将坐标值注记在相应坐标格网边线的外侧，如图 8.19 所示。

展绘点的坐标时，先根据控制点的坐标确定其所在的方格。例如 A 点的坐标为

$X_A = 214.60$ m，$Y_A = 256.78$ m，A 点在方格 1234 中；然后计算点 2 与 A 点的坐标增量 $\Delta x_{2A} = 214.60 - 200 = 14.60$ m，$\Delta y_{2A} = 256.78 - 200 = 56.78$ m。从点 1，2 用比例尺分别向右量取 Δy_{2A}，定出 a、b 点；从点 2，4 用比例尺分别向上量取 Δx_{2A}，定出 c、d 点。连接 ab 与 cd 得到交点即为 A 点的位置。同法，将其余控制点 B、C、D 点展绘在图上。最后检查展绘点精度，用比例尺量取相邻控制点间的长度，与相应的实际距离进行比较，其差值不应超过图上 ±0.3 mm；对超限的控制点应重新展绘。

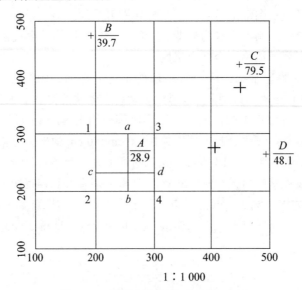

图 8.19　控制点的展绘（单位：m）

当控制点的平面位置展绘在图纸上以后，按图式要求绘出相应图根点的符号，并注记点名、点号和高程。

（2）地面数字测图。

地面数字测图方法是指利用全站仪、GNSS 接收机等设备进行数据采集，通过计算机图形处理而自动绘制地形图的方法。它是现代常用的测图方法。

地面数字测图应具备全站仪、GNSS 接收机、计算机和绘图仪等硬件设备；还应具有相应的专业软件支撑。软件应具备外业测量数据的采集、输入、处理；图形文件生成、编辑；注记、图廓生成和等高线自动绘制等基本功能。

地形数据采集除了要获取地物特征点和地貌特征点的空间位置以外，还要获取属性信息，如地形要素名称，碎部点连接关系、线型等，以便于计算机绘图。

按照碎部点测量方法，数据采集分为全站仪测量方法和 GNSS-RTK 方法。

全站仪数字测图测定碎部点的主要方法是极坐标法，结合测区情况也可以采用交会法和直角坐标法。碎部点的高程可以采用光电三角高程测量方法测定。

可以通过测量控制点与碎部点之间的距离、角度、高差等基本要素，计算得到碎部点的坐标和高程，也可以通过全站仪坐标法测量直接得到碎部点的坐标，在计算机上自动成图。

极坐标法就是在已知坐标的测站点上安置全站仪，经过测站定向，观测测站点至碎部点的方向、距离和竖直角，进而计算碎部点的坐标。如图 8.20 所示，A 为已知定向点，P 为测站点，1 为碎部点，则 1 点坐标为：

$$x = x_P + S_0 \cdot \cos \alpha_{P1}$$
$$y = y_P + S_0 \cdot \sin \alpha_{P1}$$

（8.5）

式中， $\alpha_{P1} = \alpha_{PA} + \beta$ 。

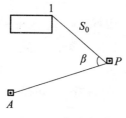

图 8.20　极坐标法

有些情况下棱镜不能安置到碎部点上，可以安置在碎部点周围，通过偏心测量或者计算改正的方法得到碎部点坐标。

碎部点高程的计算公式为：

$$H = H_O + S \cdot \tan \alpha + i - v$$

（8.6）

式中， H_O 为测站点高程； i 为仪器高； v 为棱镜高； S 为平距； α 为竖直角。

采用 GNSS-RTK 方法进行碎部测量时，经过已知点仪器定向后，可以直接测得碎部点坐标和高程。

将碎部点的坐标、高程和图形信息输入计算机，在屏幕上可以显示出碎部点点位，经过人机交互式编辑，生成数字地形图，结合实际需要由绘图仪绘制地形图。

8.2.3　大比例尺地形图地物、地貌测绘要求

1. 地物测绘

测图时，碎部点应选在地物和地貌的特征点上。对于地物，主要是测出地物轮廓线上的转折点，如房角点、道路中心线或边线的转折点和交叉点、河岸线的转折点以及独立地物的中心点等。由于受测图比例尺的限制，对地物的细部要进行综合取舍，一般规定如下：

（1）居民地和垣栅的测绘。

① 居民地的各类建筑物、构筑物及主要附属设施应准确测绘实地外围轮廓和如实反映建筑结构特征。

② 房屋的轮廓应以墙基外角为准，并按建筑材料和性质分类，注记层数。1∶500、1∶1 000 比例尺测图，房屋应逐个表示，临时性房屋可舍去；1∶2 000 比例尺测图可适当综合取舍，图上宽度小于 0.5 mm 的小巷可不表示。

③ 建筑物和围墙轮廓凸凹在图上小于 0.4 mm，简单房屋小于 0.6 mm 时，可用直线连接。

④ 1∶500 比例尺测图，房屋内部天井宜区分表示；1∶1 000 比例尺测图，图上 6 mm² 以下的天井可不表示。

⑤ 测绘垣栅应类别清楚，取舍得当。城墙按城基轮廓依比例尺表示，城楼、城门、豁口均应实测；围墙、栅栏、栏杆等可根据其永久性、规整性、重要性等综合考虑取舍。

（2）工矿建（构）筑物及其他设施的测绘。

① 工矿建（构）筑物及其他设施的测绘，图上应准确表示其位置、形状和性质特征。

②工矿建（构）筑物及其他设施依比例尺表示的，应实测其外部轮廓，并配置符号或按图式规定用依比例尺符号表示；不依比例尺表示的，应准确测定其定位点或定位线，用非比例尺符号表示。

（3）交通及附属设施的测绘。

①交通及附属设施的测绘，图上应准确反映陆地道路的类别和等级、附属设施的结构和关系；正确处理道路的相交关系及与其他要素的关系；正确表示水运和海运的航行标志、河流的通航情况及各级道路的通过关系。

②铁路轨顶（曲线段取内轨顶）、公路路中、道路交叉处、桥面等应测注高程，隧道、涵洞应测注底面高程。

③公路与其他双线道路在图上均应按实宽依比例尺表示。公路应在图上每隔 15～20 cm 注出公路技术等级代码，国道应注出国道路线编号。公路、街道按其铺面材料分为水泥、沥青、砾石、条石或石板、硬砖、碎石和土路等，应分别以混凝土、沥、砾、石、砖、渣、土等注记于图中路面上，铺面材料改变处应用点线分开。

④铁路与公路或其他道路平面相交时，铁路符号不中断，而将另一道路符号中断；城市道路为立体交叉或高架道路时，应测绘桥位、匝道与绿地等，多层交叉重盈，下层被上层遮住的部分不绘，桥墩或立柱视图需要表示，垂直的挡土墙可绘实线而不绘挡土墙符号。

⑤路堤、路堑应按实地宽度绘出边界，并应在其坡顶、坡脚适当测注高程。

⑥道路通过居民地不宜中断，应按真实位置绘出。高速公路应绘出两侧围建的栅栏（或墙）和出入口，注明公路名称，中央分隔带视用图需要表示。市区街道应将车行道、过街天桥、过街地道的出入口、分隔带、环岛、街心花园、人行道与绿化带等绘出。

⑦跨河或谷地等的桥梁，应实测桥头、桥身和桥墩位置，加注建筑结构。码头应实测轮廓线，有专有名称的加注名称，无名称者注"码头"，码头上的建筑应实测并以相应符号表示。

（4）管线及附属设施的测绘。

①永久性的电力线、电信线均应准确表示，电杆、铁塔位置应实测得出。当多种线路在同一杆架上时，只表示主要的。城市建筑区内电力线、电信线可不连线，但应在杆架处绘出线路方向。各种线路应做到线类分明、走向连贯。

②架空的、地面上的、有管堤的管道均应实测，分别用相应符号表示，并注记传输物质的名称。当架空管道直线部分的支架密集时，可适当取舍。地下管线检修井宜测绘表示。

（5）水系及附属设施的测绘。

①江、河、湖、海、水库、池塘、沟渠、泉、井等及其他水利设施，均应准确测绘表示，有名称的加注名称。根据需要可测注水深，也可用等深线或水下等高线表示。

②河流、澳流、湖泊、水库等水涯线，宜按测图时的水位测定，当水涯线与陡坎线在图上投影距离小于 1 mm 时，以陡坎线符号表示。河流在图上宽度小于 0.5 mm、沟渠在图上宽度小于 1 mm（1∶2 000 地形图上小于 0.5 mm）的用单线表示。

③海岸线以平均大潮、高潮的痕迹所形成的水陆分界线为准。各种干出滩在图上用相应的符号或注记表示，并适当测注高程。

④水位高及施测日期视需要测注。水渠应测注渠顶边和渠底高程；时令河应测注河床高程；堤、坝应测注顶部及坡脚高程；池塘应测注塘顶边及塘底高程；泉、井应测注泉的出水口与井台高程，并根据需要注记井台至水面的深度。

（6）境界的测绘。

①境界的测绘，图上应正确反映境界的类别、等级、位置以及与其他要素的关系。

②县（区、旗）和县以上境界应根据勘界协议、有关文件准确清楚地绘出，界桩、界标应测坐标展绘；乡镇和乡级以上国营农、林、牧场以及自然保护区界线按需要测绘。

③两级以上境界重合时，只绘高一级境界符号。

（7）植被的测绘。

①地形图上应正确反映出植被的类别特征和范围分布。对耕地、园地应实测范围，配置相应的符号表示。大面积分布的植被在能表达清楚的情况下，可采用注记说明。同一地段生长有多种植物时，可按经济价值和数量适当取舍，符号配置不得超过三种（连同土质符号）。

②旱地包括种植小麦、杂粮、棉花、烟草、大豆、花生和油菜等的田地，经济作物、油料作物应加注品种名称。有节水灌溉设备的旱地应加注"喷灌""滴灌"等。一年分几季种植不同作物的耕地，应以夏季主要作物为准配置符号表示。

③田埂宽度在图上大于 1 mm 的应用双线表示，小于 1 mm 的用单线表示。田块内应测注有代表性的高程。

测绘地形图时，地物测绘的质量主要取决于是否正确、合理地选择地物特征点，如房角、道路边线的转折点、河岸线的转折点、电杆的中心点等。主要的特征点应独立测定，一些次要的特征点可采用量距、交会、推平行线等几何作图方法绘出。

2. 地貌测绘

地貌测绘的步骤为：测定地貌特征点，绘出地性线，勾绘等高线。

地貌测绘的取舍一般按如下原则进行：

（1）地貌的测绘，图上应正确表示其形态、类别和分布特征。

（2）自然形态的地貌宜用等高线表示，应测出最能反映地貌特征的山脊线、山谷线、山脚线等。此外，还应测出山顶、谷底、鞍部和其他地面坡度变化处的地貌特征点；崩塌残蚀地貌、坡、坎和其他特殊地貌应用相应符号或用等高线配合符号表示。

（3）各种天然形成和人工修筑的坡、坎，其坡度在 70°以上时表示为陡坎，70°以下时表示为斜坡。斜坡在图上投影宽度小于 2 mm，以陡坎符号表示。当坡、坎比高小于 1/2 基本等高距或在图上长度小于 5 mm 时，可不表示坡、坎密集时，可适当取舍。

（4）梯田坎坡顶及坡脚宽度在图上大于 2 mm 时，应实测坡脚；当 1：2 000 比例尺测图梯田坎过密，两坎间距在图上小于 5 mm 时，可适当取舍。梯田坎比较缓且范围较大时，也可用等高线表示。

（5）坡度 70°以下的石山和天然斜坡，可用等高线或用等高线配合符号表示。独立石、土堆、坑穴、陡坎、斜坡、梯田坎、露岩地等应在上、下方分别测注高程或测注上（或下）方高程及量注比高。

（6）各种土质按图式规定的相应符号表示，大面积沙地应用等高线加注记表示。

在测出地貌特征点后，即开始勾绘等高线。勾绘等高线时，首先用铅笔轻轻描绘出山脊线、山谷线等地性线。由于所测地形点大多数不会正好就在等高线上，因此必须在相邻地形点间，先用内插法定出基本等高线的通过点，再将相邻各同高程的点参照实际地貌用光滑曲线进行连接，即勾绘出等高线。

对于不能用等高线表示的地貌，如悬崖、峭壁、土堆、冲沟、雨裂、滑坡等，可以采用测绘地物的方法，先测绘出这些特殊地貌的轮廓位置，用图式规定的符号表示。等高线的内插原理如图 8.21 所示。

等高线一般应在现场边测边绘，要运用等高线的特性，至少应勾绘出计曲线，从而控制等高线的走向，以便与实地的地形地貌相对照，当场发现错误和遗漏，及时纠正。等高线的勾绘如图 8.22 所示。采用绘图软件自动生成等高线时，应特别注意特征点的选择，注意点线矛盾，必要时人工予以修改。

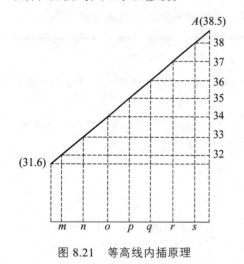

图 8.21　等高线内插原理　　　　　　　图 8.22　等高线的勾绘

大比例尺地形图除测绘地物地貌以外，还应按照表 8.12 的要求在图上测量注记高程注记点。

表 8.12　高程注记点间距要求

比例尺	1：500	1：1 000	1：2 000
高程注记点间距/m	15	30	50

注：① 平坦及地形简单地区可放宽至 1.5 倍，地貌变化较大的丘陵地、山地与高山地应适当加密。
　　② 山顶、鞍部、山脊、山脚、谷底、谷口、沟底、沟口、凹地、台地、河川湖池岸旁、水涯线上以及其他地面倾斜变换处，均应测高程注记点。
　　③ 城市建筑区高程注记点应测设在街道中心线、街道交叉中心、建筑物墙基脚和相应的地面、管道检查井井口、桥面、广场、较大的庭院内或空地上以及其他地面倾斜变换处。
　　④ 基本等高距为 0.5 m 时，高程注记点应注至厘米；基本等高距大于 0.5 m 时可注至分米。

8.2.4　地形图的拼接、检查、验收和图外整饰

1. 地形图的拼接

采用传统测图方法测图时，测量小组按照图幅范围进行分工。如果测区面积较大，由于

测量误差和绘图误差的影响，相邻图幅连接的同一地物、同名等高线往往不能准确相接。如图 8.23 所示，相邻左右两幅图的道路、房屋、同名等高线在图边处不完全吻合，因此必须对图边处的地物、地貌的位置做合理的修改。

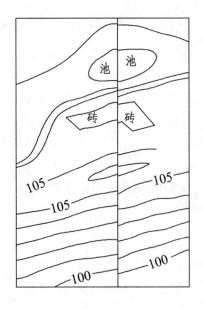

图 8.23　地形图拼接

按照有关规范要求，接边处的地物和地貌所产生的偏差不得超过表 8.13 中规定的地物点位中误差和等高线高程中误差的 $2\sqrt{2}$ 倍。

为了拼接图，每幅图应测出图廓外 5 ~ 10 mm，使相邻图幅的周边有一定的重叠。如果接边处两侧的同一地物或同名等高线的误差不大于限差，可平均配赋，但应保持地物、地貌相互位置和走向的正确性；超过限差时应到实地测量并检查纠正。

表 8.13　点位中误差规定

地区类别	地物点位中误差/mm （图上尺寸）	相邻地物点间距中误差/mm	等高线高程中误差（等高距）			
			平地	丘陵	山地	高山地
山地、高山地	0.75	0.6	1/3	1/2	2/3	1
建筑区、平地及丘陵地	0.5	0.4				

采用数字测图方法测图时，各小组通常按照河流、道路等自然分界线来划分测量工作范围，并统一在计算机上完成碎部点的编辑成图工作，当计算机上显示的图形与实地地形或草图对照符合后，再根据分幅办法进行分幅，生成图幅文件。

2. 地形图的检查

测图工作完成后，测图人员对测图全部资料进行检查，主要内容为以下几个方面：

① 数学基础：地形图采用的平面坐标、高程基准、等高线等高距等是否准确。

② 点位精度：检查控制点、地物点、地形点、图廓、格网的平面精度，高程注记点和等

高线的高程精度是否符合要求。

③ 属性精度：检查描述地物、地貌要素特征的属性表达是否正确。

④ 逻辑一致性：各要素之间相关位置关系正确，符号使用正确，表示合理。

⑤ 表示完整性：各种地物、地貌要素没有遗漏或者重复，各类注记完整，字体及其大小、朝向符合图式规定。

检查工作可分为室内、室外两部分，室内检查发现的问题，应到实地核查、修正。室外检查分为野外巡查和设站检查。

① 野外巡查：到测区将地形图与实际地形对照检查，着重注意地物、地貌有无遗漏，取舍是否合理，等高线的勾绘是否符合实际。

② 设站检查：对于大比例尺地形图，可以采用外业散点法检测地物地貌特征点的平面坐标和高程。检测精度按测站点精度要求，每幅图选取 20 ~ 50 个检测点。间距检测一般每幅图不少于 20 处。应注意检测点均匀分布，随机选取。

3. 图外整饰

对于大比例尺数字测图而言，编辑成图后，需要按图幅生成图形文件，最后形成正式的地形图。分幅后需要进行图外整饰。

图外整饰重点是注意图名、图号、地形图比例尺、方格网坐标、坐标系、高程系和等高距、测图人员、测图时间正确齐全。

4. 验　收

验收是在委托人检查的基础上进行的，以鉴定各项成果是否符合规范及有关技术指标的要求（或合同要求）。首先，检查成果资料是否齐全；其次，在全部成果中抽出一部分做全面的内业、外业检查，其余则进行一般性检查，以便对全部成果质量做出正确的评价。

验收一般按照检验批中的单位产品数量的 10% 抽取样本。检验批次一般应当由同一区域、同一生产单位的组成，测区范围较大时，按照生产时间不同分批检验。对成果质量的评价一般分优、良、合格和不合格四级。

对于不合格的成果成图，应按照双方合同约定进行处理，或返工重测，或经济赔偿，或既赔偿又返工重测。

8.3　全站仪数字测图简介

随着科学技术的发展，测绘技术逐渐向自动化、数字化方向发展，测量的成果也由原来的图纸演变为以数字形式存储在计算机中可以传输、处理、共享的数字地图。

本节简要介绍利用全站仪在野外进行数据采集，并用相关的绘图软件绘制大比例尺地形图的过程（简称数字测图）。

8.3.1 数字测图的概念

所谓数字测图，是指以电子计算机为核心，在外联输入、输出硬件设备和软件的支持下，对地形和地物空间数据进行采集、输入、成图、绘图、输出、管理的测绘方法。

从广义上说，数字测图应包括：利用电子全站仪或其他测量仪器进行野外数字化测图；利用手扶数字化仪或扫描数字化仪对传统方法测绘的原图的数字化；以及借助解析测图仪或数字摄影测量工作站对航空摄影、遥感相片进行数字化等。

数字测图除了具有减轻测绘人员的劳动强度、保证地形图绘制质量、提高绘图效率等优点外，还有更为广泛的用途。如可以直接建立数字地面模型；为建立地理信息系统提供可靠的原始数据，以满足国家、城市和行业部门的现代化管理；为工程设计人员进行计算机辅助设计（CAD）提供便利。与传统的白纸测图比，数字化测图有自动化程度高、精度高、整体性及适用性强、易于修改等优点。鉴于这些优点，数字测图已得到各行各业的重视。

8.3.2 数字测图的设备

数字测图的主要设备是全站仪。全站仪是一种可以同时进行角度测量（水平角和垂直角）和距离（斜距、平距、高差）测量，由机械、光学、电子元件组合而成的测量仪器。由于只要一次安置仪器便可以完成在该测站上的角度和边长测量工作，故称为全站仪。

全站仪已广泛用于控制测量、细部测量、施工放样、变形观测等各个方面的测量工作中。全站仪主要包括以下几个部分：

（1）电源：供给其他各部分电源，包括望远镜十字丝和显示屏的照明。

（2）测角部分：相当于电子经纬仪，可以测定水平角、竖直角和设置方位角。

（3）测距部分：相当于光电测距仪，一般用红外光源，测定到目标点的斜距，可归算为平距和高差。

（4）中央处理单元：接受输入指令，分配各种观测作业，进行测量数据的运算，如多测回取平均值、观测值的各种改正、极坐标法或交会的坐标计算以及包括运算功能更为完善的各种软件。

（5）输入输出设备：包括键盘、显示屏和接口，从键盘可以输入操作指令、数据和设置参数，显示屏可以显示出仪器当前的工作方式、状态、观测数据和运算结果；接口使全站仪能与磁卡、磁盘、微机交互通信、传输数据。

8.3.3 TOPCON GTS-1002 全站仪的主要功能简介

1. 仪器外观和功能说明

（1）仪器外观（见图 8.24）。

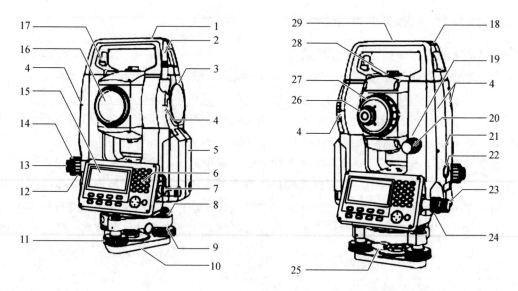

1—提柄；2—蓝牙天线（本机型不配备蓝牙）；3—外置接口护盖（USB口）；4—仪器量高标志；5—电池护盖；
6—操作面板；7—串口；8—圆水准器；9—圆水准器校正螺丝；10—基座底板；11—脚螺旋；12—光学对中调焦螺旋；
13—光学对中目镜；14—光学对中分划板护盖[激光对中型仪器无12～14项（选购件）]；15—显示屏；
16—物镜（含激光指向功能）；17—提柄固定螺丝；18—管式罗盘插口；19—垂直制动旋钮；20—垂直微动旋钮；
21—扬声器；22—触发键；23—水平微动旋钮；24—水平制动旋钮；25—基座制动钮；26—望远镜目镜螺丝；
27—望远镜调焦钮；28—粗瞄准器；29—仪器中心标志。

图 8.24 GTS-1002 全站仪外观及各部件名称

（2）面板上按键及功能。

按键如图 8.25 所示，功能见表 8.14。

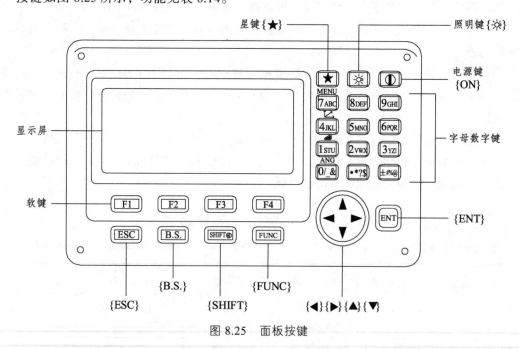

图 8.25 面板按键

表 8.14　按键功能

按键	按键名称	功能
{★}	星键	切换星键模式 星键模式用于如下项目的设置或显示： 1. 显示屏对比度；2. 十字丝照明；3. 激光指向器； 4. 倾斜改正；5. 设置音响模式；6. 激光对中器。 · 在星键模式按{★}，进入倾斜界面
{⦦}	坐标测量键	切换坐标测量模式
{◢}	距离测量键	切换距离测量模式
{ANG}	角度测量键	切换角度测量模式
{MENU}	菜单键	切换菜单模式。 在菜单模式下可设置应用测量和调整
{☀}	照明键	打开显示屏和键盘的照明灯 切换显示屏/键盘背光/十字丝照明的打开/关闭
{SHIFT⊗}	Shift 键/目标类型键	切换目标类型（棱镜模式/反射片模式/无棱镜模式）
{FUNC}	功能键	未使用
{0}-{9}/{.}/{±}	字母数字键	输入数字/字母
{ESC}	退出键	· 从模式设置返回测量模式或上一层模式。 · 从正常测量模式直接进入数据采集模式或放样模式。 · 也可用作为正常测量模式下的记录键
{ENT}	回车键	在输入值之后按此键
{Φ}	电源键	电源开关（关机：按住 1 秒左右关机）
{F1}-{F4}	软键（功能键）	执行对应的显示功能

2. 功能键（软键）

功能键菜单如图 8.26 所示。软键信息显示在屏幕的最底行，各软键的功能见相应的显示信息。

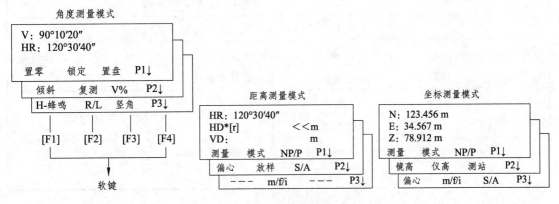

图 8.26　功能键菜单

（1）角度测量模式。

软键功能-角度测量模式（见表8.15）。

表8.15　软键功能-角度测量模式

页数	软键	显示符号	功能
1	{F1}	置零	水平角置为 0°00′00″
	{F2}	锁定	水平角读数锁定
	{F3}	置盘	通过键盘输入数字设置水平角
	{F4}	P1↓	显示第2页软键功能
2	{F1}	倾斜	设置倾斜改正。若设置为开，则显示倾斜改正值
	{F2}	复测	角度重复测量模式
	{F3}	V%	垂直角百分比坡度（%）显示
	{F4}	P2↓	显示第3页软键功能
3	{F1}	H-蜂鸣	设置仪器每转动水平角90°时，是否要发出蜂鸣声
	{F2}	R/L	切换水平角右/左计数方向
	{F3}	竖角	切换垂直角显示格式
	{F4}	P3↓	显示第1页软键功能

（2）距离测量模式。

软键功能-距离测量模式（见表8.16）。

表8.16　软键功能-距离测量模式

页数	软键	显示符号	功能
1	{F1}	测量	启动测量
	{F2}	模式	设置测距模式：精测/粗测/跟踪
	{F3}	NP/P	切换棱镜模式/无棱镜模式
	{F4}	P1↓	显示第2页软键功能
2	{F1}	偏心	偏心测量模式
	{F2}	放样	放样测量模式
	{F3}	S/A	设置音响模式
	{F4}	P2↓	显示第3页软键功能
3	{F2}	m/f/i	切换单位：米/英尺/英尺和英寸
	{F4}	P3↓	显示第1页软键功能

（3）坐标测量模式。

软键功能-坐标测量模式（见表8.17）。

表 8.17 软键功能-坐标测量模式

页数	软键	显示符号	功能
1	{F1}	测量	启动测量
	{F2}	模式	设置测距模式：精测/粗测/跟踪
	{F3}	NP/P	切换棱镜模式/无棱镜模式
	{F4}	P1↓	显示第 2 页软键功能
2	{F1}	镜高	输入棱镜高
	{F2}	仪高	输入仪器高
	{F3}	测站	输入测站坐标
	{F4}	P2↓	显示第 3 页软键功能
3	{F1}	偏心	偏心测量模式
	{F2}	m/f/i	切换单位：米/英尺/英尺和英寸
	{F3}	S/A	设置音响模式
	{F4}	P3↓	显示第 1 页软键功能

8.3.4 数字测图的作业流程

数字测图可分为野外数据采集、数据处理和地图数据输出三个阶段。

1. 野外数据采集

（1）野外数据采集的原理。

数字测图中除采集碎部点的空间信息以外，还需要采集与绘图有关的其他信息。如：地形点的特征属性信息；碎部点连接线型等。

根据给以图形信息码的方式不同，数据采集的工作程序有两种：一种是野外测量碎部点时，绘制工作草图记录地形要素名称、碎部点连接关系。内业计算机绘图时，根据工作草图，采用人机互动方式连接碎部点，输入图形信息码并生成图形。另一种是野外数字采集时，使用笔记本电脑等工具，对照实际地形实时输入图形信息码并生成图形。

数据采集的主要问题是地物属性和连接关系的采集。属性和连接关系采集不正确，会给后期的图形编辑工作带来极大的困难。

采用草图法进行数据采集时，在测站上用仪器内存或电子手簿记录碎部点坐标，绘图员现场绘制碎部点连接信息，在室内利用成图软件进行计算机编辑成图。草图法是一种较理想的作业模式，也是常用的一种测图方法。

采用编码法进行数据采集时，在测站上需要将碎部点的三维坐标和编码信息记录到仪器的内存或电子手簿中，在室内利用成图软件进行计算机编辑成图。编码法测图要求绘图人员熟记各种复杂的地物编码。

（2）野外数据采集的步骤。

① 设站：对中整平，量仪器高；输入气温、气压、棱镜常数；建立（选择）文件名；输入测站坐标、高程及仪器高；输入后视点坐标（或方位角），瞄准后视目标，完成建站工作。

② 检查：测量一个已知坐标的点的坐标并与已知坐标对照（限差为图上 0.1 mm）；测量

一个已知高程的点的高程并与已知高程比较（限差为 1/10 基本等高距）。如果前两项检查都在限差范围内，便可开始测量，否则检查原因重新设站。

③ 立镜：依比例尺地物轮廓线折点，半依比例尺或不依比例尺地物的中心位置和定位点。

④ 观测：在建筑物的外角点、地界点、地形点上立棱镜，回报镜高；全站仪跟踪棱镜，输入点号和改变的棱镜高，在坐标测量状态下按测量键，显示测量数据后，输入测点类型代码后存储数据。同理，继续下一个点的观测。

⑤ 皮尺量距：对于那些本站需要测量而仪器无法看见的点，可用皮尺量距来确定点位；半径大于 0.5 m 的点状地物，如不能直接测定中心位置，应测量偏心距，并在草图上注明偏心方向。丈量的距离应标注在草图上。

⑥ 绘草图：现场绘制地形草图，标上立镜点的点号和丈量的距离，房屋结构、层次，道路铺材，植被，地名，管线走向、类别等。草图是内业编绘工作的依据之一，应尽量详细。

⑦ 检查：测量过程中每测量 30 个点左右及收站前，应检查后视方向，也可以在其他控制点上进行方位角或坐标、高程检查。

⑧ 数据传输：连接全站仪与计算机之间的数据传输线；设置超级中端的通信参数与全站仪的通信参数一致；全站仪中选择要传输的文件和传输格式后按发送命令；计算机接收数据后以文本文件的形式存盘。

⑨ 数据转换：通过软件将测量数据转换为成图软件识别的格式。

⑩ 编绘：在专业软件平台（CASS6）下进行地形图编绘，具体操作依照软件使用说明进行。

⑪ 建立测区图库，图幅接边，必要时输出成图。

注意：每次外业观测的数据应当天输入计算机，以防数据丢失；外业绘制草图的人员与内业编绘人员最好是同一个人，且同一区域的外业和内业工作间隔时间不要太长。

2. 数据处理

数据处理是数字测图系统中的一个非常重要的环节，该环节可由数据处理软件来完成。因为数字测图中数据类型涉及面广、信息编码复杂、数据采集方式和通信方式多样，坐标系统数据往往也不一致，这给数据的应用和管理带来麻烦。为此，应对所采集的数据进行加工处理，以统一格式、统一坐标，形成结构合理、调用方便的分类数据文件。下面简要介绍利用 CASS 软件绘制地形图的过程。

（1）绘制平面图。

对于图形的生成，CASS9.0 提供了"草图法""简码法"等多种成图作业方式，并可实时地将地物定位点和邻近地物（形）点显示在当前图形编辑窗口中，操作十分方便。数据处理之前应注意数据格式正确，否则要进行数据格式转换。

① "草图法"内业成图的作业流程如下：

"草图法"工作方式要求外业数据采集时，要安排一名人员绘制草图。绘图员要在草图上标注出所测地物的属性信息及所测点的编号。在测量过程中要和测量员及时联系，使草图上标注的测点编号要和全站仪里记录的点号一致。采用这种工作方式时，在测量每一个碎部点时不用在电子手簿或全站仪里输入地物编码，故又称为"无码方式"。

"草图法"在内业工作时，根据作业方式的不同，分为"点号定位""坐标定位""编码引导"几种方法。其中，"编码引导"也称为"编码引导文件+风气码坐标数据文件自动绘图方式"。

"点号定位"法作业流程：

a. 定显示区：根据输入坐标数据文件的数据大小定义屏幕显示区域的大小。

b. 选择测点点号定位成图法。

c. 绘平面图：根据野外作业时绘制的草图，选择相应的地形图图式符号将所有的地物绘制出来。

注意：当房子是不规则的图形时，可用"实线多点房屋"或"虚线多点房屋"来绘；绘房子时，输入的点号要按顺时针或逆时针的顺序输入，否则绘出来的房子不对。

"坐标定位"法作业流程：

a. 定显示区。

b. 选择坐标定位成图法。

c. 绘平面图：与"点号定位"法成图流程类似，需先在屏幕上展点，根据外业草图，选择相应的地图图式符号在屏幕上将平面图绘出来；区别在于不能通过测点点号来进行定位。

"编码引导"法作业流程：

a. 编辑引导文件：根据野外作业草图，参考表 8.5 的地物代码以及文件格式，编辑好此文件。

注意：文件名一定要有完整的路径；每一行表示一个地物；每一行的第一项为地物的"地物代码"，以后各数据为构成该地物的各测点的点号（按照连接顺序排列）；同行的数据之间用逗号分隔；表示地物代码的字母要大写；用户可根据自己的需要定制野外操作简码，通过更改 C：\CASS40\SYSTEM\JCODE. DEF 文件即可实现，具体操作见相应参考手册。

b. 定显示区。

c. 编码引导：编码引导的作用是将"引导文件"与"无码的坐标数据文件"合并生成一个新的带简编码格式的坐标数据文件。

d. 简码识别。

e. 绘平面图。

② "简码法"内业成图的作业流程如下：

"简码法"工作方式也称作"带简编码格式的坐标数据文件自动绘图方式"，与"草图法"在野外测量时不同的是，每测一个地物点时都要在电子手簿或全站仪上输入地物点的简编码，简编码一般由一位字母和一或两位数字组成，可参考本手册附录 A。用户也可根据自己的需要通过 JCODE.DEF 文件定制野外操作简码。

a. 定显示区。

b. 简码识别：将带简编码格式的坐标数据文件转换成机器能识别的程序内部码（又称绘图码）。

③绘平面图。

因为坐标数据文件是带简编码格式的，在完成"定显示区""简码识别"的操作后，便可以通过"绘平面图"这步操作自动将平面图绘出来；然后在此基础上进行图形的编辑（修改、文字注记、图幅整饰等工作），便可得到规范、整洁的平面图。

至此，已经将"草图法""简码法"的工作方法介绍完毕。其中"草图法"包括点号定位法、坐标定位法、编码引导法。编码引导法的外业工作也需要绘制草图，但内业通过编辑编码引导文件，将编码引导文件与无码坐标数据文件合并生成带简码的坐标数据文件，其后的操作等效于"简码法"，可自动绘图。按照其中的任何一种作业方式操作都可将平面图绘制出来。

CASS9.0 支持多种多样的作业模式，使用"草图法"中的点号定位法工作方式可减轻野外工作量，具有直观性，在地物情况比较复杂时效率更高。如果出错，在内业编辑时也比较容易修改。

（2）绘制等高线。

等高线是表示地貌的主要方法。在数字化自动成图中，等高线由计算机自动勾绘，精度比较高。CASS9.0 在绘制等高线时，充分考虑到等高线通过地性线和断裂线处理，如陡坎等。

CASS9.0 能自动切除通过地物、注记、陡坎的等高线。

在绘等高线之前，必须先将野外测的高程点建立数字地面模型，然后在数字地面模型上勾绘等高线。

① 建立数字地面模型（构建三角网）。

数字地面模型（DTM），是在一定区域范围内规则格网点或三角网点的平面坐标（x，y）和其地物性质的数据集合，如果此地物性质是该点的高程 Z，则此数字地面模型又称为数字高程模型（DEM）。这个数据集合从微分角度三维地描述了该区域地形地貌的空间分布。

② 修改数字地面模型（修改三角网）。

一般情况下，由于地形条件的限制，仅使用外业采集的碎部点很难一次性生成理想的等高线。现实地貌的多样性和复杂性，自动构成的数字地面模型与实际地貌会有一定的差距，这时可以通过人机互动进行局部修改。

a. 删除三角形：如果在某局部内没有等高线通过的，则可将其局部内相关的三角形删除。

b. 增加三角形：如果要增加三角形时，可选择"等高线"菜单中的"增加三角形"项，依照屏幕的提示在要增加三角形的地方用鼠标点取。如果点取的地方没有高程点，系统会提示输入高程。

c. 过滤三角形：可根据用户输入，选择符合三角形中最小角的度数或三角形中最大边长最多大于最小边长的倍数等条件的三角形。

d. 三角形内插点：选择此命令后，可根据提示输入要插入的点：在三角形中指定点（可输入坐标或用鼠标直接点取），提示"高程（米）="时，输入此点高程。通过此功能可将此点与相邻的三角形顶点相连构成三角形，同时原三角形会自动被删除。

e. 重组三角形：指定两相邻三角形的公共边，系统自动将两三角形删除，并将两三角形的另两点连接起来构成两个新的三角形，这样做可以改变不合理的三角形连接。因两三角形的形状无法重组时，会有出错提示。

f. 修改结果存盘：通过以上命令修改三角网后，把修改后的数字地面模型存盘。这样，绘制的等高线不会内插到修改前的三角形内；否则修改无效。

③ 绘制等高线。

④ 等高线的修饰。

a. 删除三角网；

b. 注记等高线；

c. 切除穿建筑物等高线；

d. 切除穿陡坎等高线；

e. 切除穿围墙等高线；

f. 切除指定二线间等高线；

g. 切除穿高程注记等高线；

h. 切除指定区域内等高线。

⑤ 绘制三维模型。

（3）编辑与整饰。

① 图形重构。

CASS9.0 设计了骨架线的概念，复杂地物的主线一般都是含有独立编码的骨架线。用鼠标左键点取骨架线，再点取显示蓝色方框的夹点使其变红，移动到其他位置，或者将骨架线移动位置；改变原图骨架线对所有实体进行重构功能。

② 改变比例尺。

对各种地物包括注记、填充符号进行转变。

③ 查看及加入实体编码。

④ 线型换向。

⑤ 坎高的编辑。

⑥ 图形分幅。

在图形分幅前，应做好分幅的准备工作。应了解图形数据文件中的最小坐标和最大坐标。并应注意，在 CASS9.0 软件下侧信息栏显示的坐标和测量坐标是相反的，即 CASS9.0 系统上前面的数为 Y 坐标（东方向），后面的数为 X 坐标（北方向）。

⑦ 图幅整饰。

输入图幅的名字、邻近图名、测量员、制图员、审核员。

3. 地形图数据输出

编辑完成的地形图可以存储在计算机内或其他存储介质上，可以根据需要选择由绘图仪绘制纸质地形图或者经过格式转换供 GIS 等其他专用系统使用，也可以上传到网络。

本章小结

本章介绍了地形图、比例尺、地形图图示符号等基本概念。详细介绍了地形图的分幅编号方法。

介绍了地物、地貌的表示方法和测绘方法，以及大比例尺地形图测绘的工作流程。介绍了全站仪草图法数字测图的基本内容。

习　题

1. 什么是地形图的比例尺？什么叫比例尺精度？比例尺精度在测绘工作中有何意义？

2. 什么叫地物？在地形图上表示地物的原则是什么？

3. 什么叫地貌？何谓地性线和地貌特征点？

4. 何谓等高线、等高距和等高线平距？在同一幅地形图上，等高线平距与地面坡度的关系如何？

5. 等高线有哪些特性？高程相等的点能否都在同一条等高线上？

6. 简述大比例尺数字测图野外数据采集的模式。

7. 试述全站仪测定碎部点的基本方法。

8. 测绘 1∶2 000 的地形图时，测量距离的精度如何确定？设计时，若要求地形图能表示出地面 0.2 m 长度的物体，则所用的地形图比例尺不得小于多少？

9. 地形图有哪两种分幅方法？它们各自适用于什么情况？

10. 什么是数字测图的图形信息码？

11. 试述大比例尺数字地形图的检查验收过程。

12. 地面数字测图与图解测图相比有何特点？

第 9 章　地形图的应用

> **本章要点：**本章介绍了地形图的识读、应用方法，介绍了如何在地形图上确定点的概略坐标、水平距离、水平角和直线的方位。在学习过程中，学生应学会如何利用地形图进行实地定向、确定点的高程和两点间高差，以及如何从地形图上计算出面积和体积。

想要正确应用地形图，首先要读懂地形图，地形图用各种规定的符号和注记表示地物、地貌及其他相关资料，通过对这些符号和注记的识读，可使地形图成为展现在人们面前的实地立体模型，以判断其相互关系和自然形态。

9.1　地形图的识读

9.1.1　地形图的图廓外注记

图廓外要素是对地形图及其所表示的地物、地貌的必要说明。地形图的图廓外注记主要包括：图号、图名、接图表、比例尺、坐标系、使用图式、等高距、测图日期、测绘单位、图廓线、坐标格网、三北方向线和坡度尺等，它们分布在东、南、西、北四面图廓线外，如图 9.1 所示。

1. 图幅、图号和接图表

为了区分各幅地形图所在的位置和拼接关系，每一幅地形图都编有图名和图号。图号是根据统一的分幅进行编号的。图名是用本幅图内最著名的地名、最大村庄或最突出的地物、地貌等的名称来命名，图名、图号注记在北图廓上方的中央，图号注在图名下方，如图 9.1 所示。

为了便于查找和使用地图，在图廓左上方绘有该幅图各相邻各图号（或图名）的略图，称为接图表，用来说明本幅图与相邻图幅的关系，中间画有斜线的代表本图幅，四临分别注明相应的图号（或图名），如图 9.1 所示。

此外，地形图图廓外还有必要的文字说明。文字说明是了解图件来源和成图方法的重要资料，如图 9.1 所示，通常位于南图廓外的左下方或左右两侧，内容包括测图日期、坐标系统、高程基准、测量员、绘图员和检查员等。在图的右下角注有图纸的密级。

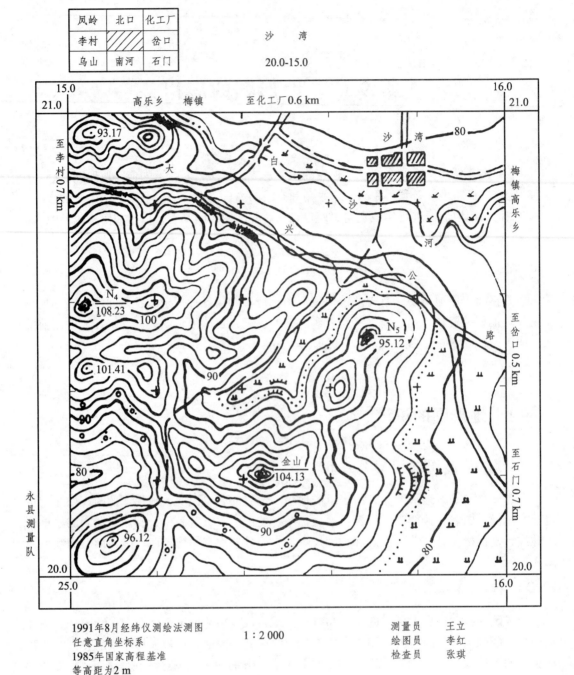

凤岭	北口	化工厂
李村	/////	岔口
乌山	南河	石门

沙　湾

20.0-15.0

1991年8月经纬仪测绘法测图
任意直角坐标系
1985年国家高程基准
等高距为2 m
1988年版图式

1:2 000

测量员　王立
绘图员　李红
检查员　张琪

图 9.1　沙湾地形图

2. 地形图比例尺

在每幅图南图廓外的中央均注有数字比例尺，在数字比例尺的下方绘出直线比例尺，如图 9.2 所示，直线比例尺的作用是便于用图解法确定图上两点间的直线距离。

对于 1:500、1:1 000 和 1:2 000 等大比例尺地形图，一般只注明数字比例尺，不注明直线比例尺。

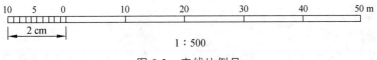

$$1 : 500$$

图 9.2　直线比例尺

3. 图廓与坐标格网

图廓是地形图的边界线，有内、外图廓之分。内图廓为直角坐标格网线，也是图幅的边界线，用 0.1 mm 的细线绘制；外图廓为图幅的最外围边界线，用 0.5 mm 的粗线描绘。内、外图廓线相距 12 mm，在内外图廓线之间注记坐标格网线坐标值。

由经纬线可确定各点的地理坐标和任一直线的真子午线方位角，格网线可以确定各点的高斯平面坐标和任一直线的坐标方位角。

4. 三北方向线关系图

在许多中、小比例尺的地形图的南图廓的右下方，通常绘有真北、磁北和坐标北之间的角度关系图，称为三北方向线。

三北方向是指真子午线北方向、磁子午线北方向和高斯平面直角坐标系的纵轴方向。三个北方向之间的角度关系图一般绘制在中、小比例尺地形图的图廓线右下方。如图 9.3 所示，该图幅的磁偏角为 2°16′（西偏），坐标纵轴偏于真子午线以西 0°21′，磁子午线偏于坐标纵线以西 1°55′。利用该关系图，可对图上任一方向的真方位角、磁方位角和坐标方位角三者之间进行相互换算。

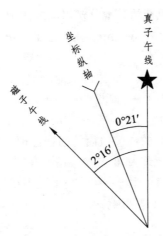

图 9.3　三北方向线关系图

5. 坡度尺

坡度尺是在地形图上量测地面坡度和倾角的图解工具，如图 9.4 所示，按下式制成：

$$i = \tan\alpha = \frac{h}{dM} \tag{9.1}$$

式中　i——地面坡度；

　　　α——地面倾角；

　　　h——等高距；

d——相邻等高线平距；

M——比例尺分母。

坡度尺的用法：用分规量出图上相邻等高线的平距后，在坡度尺上使分规的两针尖下面对准底线，上面对准曲线，即可在坡度尺上读出地面倾角 α。

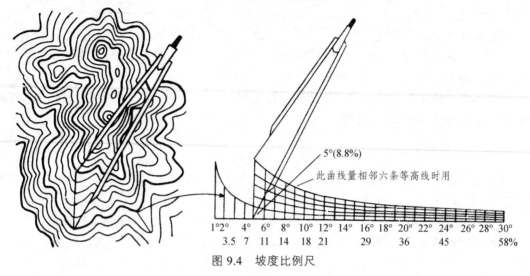

图 9.4　坡度比例尺

9.1.2　地形图的精度

一般情况下，正常人的眼睛只能清楚地分辨出图上大于 0.1 mm 的距离。因此，实际水平距离按比例尺缩绘到图上时不宜小于 0.1 mm。在测量工作中，我们称相当于图上 0.1 mm 的实地水平距离为比例尺的精度。

《城市测量规范》中规定，对于城市大比例尺地形图，地物点平面位置精度为：地物点相对于邻近图根点的点位中误差在图上不得超过 0.5 mm，邻近地物点间距中误差在图上不得超过 0.4 mm，山地、高山地和设站施测困难的旧街坊内部，其精度要求可适当放宽。高程精度的规定是：城市建筑区和平坦地区的铺装地面的高程注记点相对于邻近图根点的高程中误差不得超过 0.07 m，一般地面则不得超过 0.15 m。在等高线地形图上，根据相邻等高线内插求得地面点相对于邻近图根点的高程中误差，在丘陵地区不得超过 1/2 等高距，在山地不得超过 2/3 等高距，在高山地不得超过 1 个等高距。

9.1.3　地物和地貌的识读

为了正确地应用地形图，首先要能看懂地形图。利用地形图分析和研究地形，主要是根据《地形图图式》中的符号、等高线的性质、测绘地形图时综合取舍的原则来识读地物和地貌。正确识别地物和地貌，应先熟悉测图所用的地形图式、规范和测图日期，熟悉一些常用的地物和地貌符号，了解图上文字注记和数字注记的含义。

地形图上的地物和地貌是用不同的地物符号和地貌符号表示的。识读地形图时需要注意：比例尺不同，地物和地貌的取舍标准也不同，随着各种建设的不断发展，地物和地貌也在不断改变。下面主要介绍地形图中地物和地貌的识读方法。

1. 地物的识读

地物识读的目的主要是了解地物的大小、种类、位置和分布情况。通常按先主后次的程序，并顾及取舍的标准进行，按照地物符号首先识别大的居民点、主要道路和用图需要的地物，而后识别小的居民点、次要道路、植被和其他地物。通过分析，就会对主、次地物的分布情况，主要地物的位置和大小形成较全面的了解。

2. 地貌的识读

地貌识读的目的是了解各种地貌的分布和地面的高低起伏状况。地貌判读主要是根据等高线特征和特殊地貌符号进行。山区坡陡，地貌形态复杂，尤其是山脊和山谷等高线犬牙交错，不易识别，可先根据水系找出山谷、山脊系列，无河流时根据相邻山头找出山脊，再按照两山谷间必有一山脊，两山脊间必有一山谷的地貌特征，即可识别山脊、山谷地貌的分布情况。结合特殊地貌符号和等高线的疏密进行分析，就可以清楚地了解地貌的分布和起伏状况。最后将地物、地貌综合在一起，整幅地形图就像立体模型一样展现在我们眼前。

在识读地形图时，应注意地面上的地物和地貌不是一成不变的。由于城乡建设事业的迅速发展，地面上的地物、地貌也随着发生变化，因此，在应用地形图进行规划以及解决工程设计和施工中的各种问题时，除了细致地识读地形图以外，还需要进行实地勘察，以便对建设用地做全面的了解。

9.2　地形图的基本应用

地形图包含丰富的自然地理要素、社会、政治、经济、人文要素，是经济建设和国防建设中获取各种地理信息的重要依据。对于各种工程建设，地形图是必不可少的基本资料。在地形图上可以确定点位、点与点间的距离、直线的方向、点的高程和两点间的高差；此外还可以在地形图上勾绘出分水线、集水线，确定某范围的汇水面积，在图上计算土石方量等信息。

9.2.1　确定点的空间坐标

如图 9.5 所示，欲在地形图上求出 A 点的坐标，先通过 A 点在地形图上作平行于坐标格网的平行线 mn 和 pq，与格网线分别交于 m、n、p、q，然后按测图比例尺量出 mA 和 pA 的长度，则 A 点的坐标为：

$$X_A = X_0 + mA \times M$$
$$Y_A = Y_0 + pA \times M$$

（9.2）

式中　X_0，Y_0——A 点所在方格西南角坐标；

　　　M——比例尺分母。

如果图纸有伸缩变形，为了提高精度，可按式（9.3）进行计算：

$$X_A = X_0 + \frac{l}{mn} mA \times M$$

$$Y_A = Y_0 + \frac{l}{pq} pA \times M$$

（9.3）

式中，l 为格网线理论长度，一般为 10 cm。

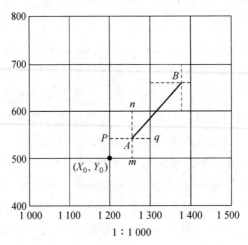

图 9.5 图上求点的坐标

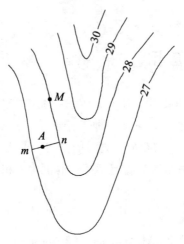

图 9.6 图上求点的高程

利用等高线，可以确定地形图上某点的高程。如果 A 点恰好位于图上某一条等高线上，则 A 点的高程与该等高线高程相同。图 9.6 中 A 点位于两条等高线之间，则可通过 A 点画一条垂直于相邻两等高线的垂线 mn，分别量取 mA、mn 的图上长度，已知等高距 H，则 A 点的高程为：

$$H_A = H_m + \frac{mA}{mn} h$$

（9.4）

式中 H_m——通过点 m 的等高线上的高程；

h——等高距。

由此可见，在地形图上很容易确定 A 点的空间坐标（X_A、Y_A、H_A）。

9.2.2 确定两点间的水平距离

如图 9.5 所示，欲确定 A、B 两点间的水平距离，可用以下两种方法求得。

1. 图解法

当精度要求不高时，可用直尺直接量取 A、B 两点间的长度 D_{AB}，再根据地形图的比例尺计算两点间的水平距离 D_{AB}，即

$$D_{AB} = d_{AB} \cdot M \tag{9.5}$$

2. 解析法

按式（9.2）先求出 A、B 两点的坐标，再利用下式计算两点间的水平距离：

$$D_{AB} = \sqrt{(x_B - x_A)^2 + (y_B - y_A)^2} \tag{9.6}$$

9.2.3 确定直线的坐标方位角

欲求图 9.5 上直线 AB 的坐标方位角，可采用下述两种方法。

1. 解析法

首先利用式（9.2）计算 A、B 两点的坐标，然后按式（9.7）计算直线 AB 的坐标方位角 α_{AB} 为：

$$\alpha_{AB} = \arctan \frac{y_B - y_A}{x_B - x_A} \tag{9.7}$$

2. 图解法

当精度要求不高时，可通过 A 点作平行于坐标纵轴的直线，然后用量角器直接在图上量取直线 AB 的坐标方位角 α_{AB}。

9.2.4 确定两点间的坡度

图上 A、B 两点间的高差 h_{AB} 与水平距离 D_{AB} 之比，就是 A、B 两点间的平均坡度 i_{AB}，即：

$$i_{AB} = \frac{h_{AB}}{D_{AB}} \times 100\% = \frac{h_{AB}}{d \cdot M} \times 100\% \tag{9.8}$$

式中　h_{AB}——A、B 两点间的高差；

　　　D_{AB}——A、B 两点间的水平距离。

坡度一般用百分率或千分率表示，$h_{AB} > 0$ 表示上坡，$h_{AB} < 0$ 表示下坡。

若以坡度角 α 表示，则：

$$\alpha = \arctan \frac{h_{AB}}{D_{AB}} \tag{9.9}$$

9.3 地形图在工程建设中的应用

9.3.1 绘制地形断面图

在道路、隧道、管线等工程的设计中，为了进行填挖方工程量的概算以及合理地确定线路的纵坡，通常需要了解两点之间的地面起伏情况，为此，常常需要根据地形图绘制某一指定方向的纵断面图。断面图可以在实地直接测绘，也可根据地形图绘制。

根据地形图绘制断面图时，首先要确定断面图水平方向和垂直方向的比例尺。通常水平方向采用的比例尺与地形图采用的比例尺一致，而垂直方向的比例尺通常是水平方向的 10 ~ 20 倍，以突出地形起伏状况。如图 9.7 所示，欲沿 AB 方向绘制纵断面图，绘制过程如下：

（1）在地形图上作 AB 方向的连线，与各等高线相交，交点编号为 1，2，3，…，n。各交点的高程即为交点所在等高线的高程，各交点的平距可在图上量得。

（2）在图纸上画出两条相互垂直的轴线，以横轴表示水平距离，比例尺为 1 : 1 000 ~ 1 : 2 000；用纵轴表示点的高程，比例尺为 1 : 50 ~ 1 : 200。一般地，纵轴比例尺比横轴比例尺大 10 或 20 倍，以便明显地表示地面的起伏情况。

（3）在地形图上量取 A 点至各交点的平距 A_i，并据此在横轴上标出各交点的位置，以相应的高程作为纵坐标，得到各交点在断面图上的位置。

（4）最后，把相邻点用光滑曲线连接起来，即可得到 AB 方向的纵断面图。

若要判断地面上两点是否通视，只需在这两点的断面图上用直线连接两点，如果直线与断面线不相交，说明两点通视；否则，两点不通视。

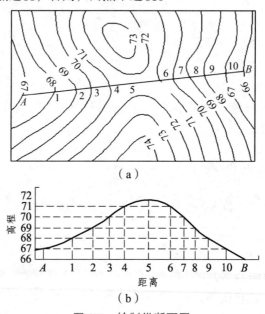

（a）

（b）

图 9.7 绘制纵断面图

9.3.2 按规定的坡度选定等坡线路

在山地或丘陵地区进行道路、管线等工程设计时，往往要求在不超过某一坡度的条件下选定一条最短线路，然后综合考虑其他因素，获得最佳设计线路。

如图 9.8 所示，要从山底 A 点到山顶 B 点修一条公路，限制坡度为 5%，地形图比例尺为 $1：10\,000$，等高距 h 为 5 m。要满足此设计要求，可先求出路线在相邻等高线之间的最小平距 d。

$$d = \frac{h}{iM} = \frac{5}{0.05 \times 10\,000} = 0.01\,\text{m} = 1\,\text{cm} \tag{9.10}$$

然后，在地形图上以 A 点为圆心，以 1 cm 为半径，作圆弧交 55 m 等高线于 1 点，再以 1 点为圆心作弧与 60 m 等高线交于 2 点，依次定出 3、4、…各点，直到 B 点附近，即得坡度为 5%的路线。在该地形图上，用同样的方法，还可以定出另一条路线 A、$1'$、$2'$、…、B，最后经过实地勘察与比较，综合考虑选出一条较理想的路线方案。

在作图过程中，当遇到等高线之间的平距大于半径 d 时，即以 d 为半径的圆弧将不会与等高线相交，说明这对等高线的坡度小于设计坡度，此时可以选这对等高线的垂线为路线方向。

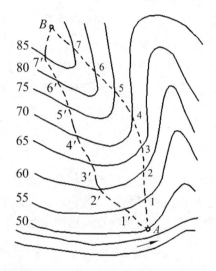

图 9.8　按限定坡度在地形图上选线

9.3.3　在地形图上确定汇水范围

当铁路、道路跨越河流和山谷时，需要修建桥梁或涵洞。在设计桥梁或涵洞孔径的大小时，需要知道将来通过桥梁或涵洞的水流量，而水流量的确定是根据汇水面积来计算的。汇水面积是指汇集雨水的面积。为了计算汇水面积，需要先在地形图上确定汇水范围。由于雨水是沿山脊线（分水线）向两侧山坡分流，所以汇水面积的边界线是由一系列的山脊线连接而成的。如图 9.9 所示，一条公路经过山谷，拟在 A 处架桥或修涵洞，其孔径大小应根据流经该处的水流量来决定，而水流量又与山谷的汇水面积有关。从图 9.9 中可以看出，由曲线 AB、BC、CD、DE、EF、FG、GH 和 HA 所围成的闭合图形面积即为该山谷的汇水面积。

量测该面积的大小，再结合气象水文资料，便可进一步确定流经公路 A 处的水量，从而对桥梁或涵洞的孔径设计提供依据。

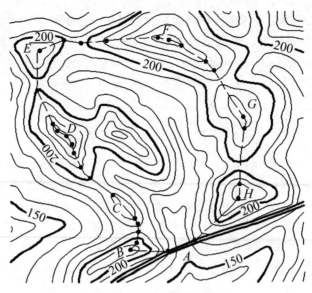

图 9.9　汇水面积的确定

确定汇水面积的边界时，应注意以下几点：

（1）边界线（除公路 A 外）应与山脊线一致，且与等高线垂直。

（2）边界线是经过一系列的山脊线、山头和鞍部的曲线，并与河谷的指定断面（公路或水坝的中心线）闭合。

9.3.4　图上面积的量算

在工程设计和土地管理工作中，经常会遇到平面图形的面积测量和计算问题。如城市和工程建设中征用土地面积、建筑面积和绿化面积等；地籍管理工作中的宗地面积、用地分类面积等。面积测量的方法分为野外实地测定和在地形图上量测，下面介绍几种常用的面积量算方法。

1. 解析法

利用闭合多边形顶点的解析坐标计算面积的方法，称为解析法。该方法的优点是计算面积的精度高。如图 9.10 所示，求算四边形 1234 的面积 S。

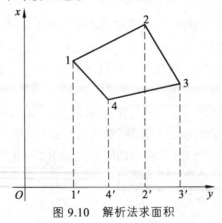

图 9.10　解析法求面积

四边形 1234 各顶点的坐标分别为 (x_1, y_1)、(x_2, y_2)、(x_3, y_3)、(x_4, y_4)。过 1、2、3、4 点分别作 X 轴的平行线与 Y 轴分别相交于 1'、2'、3'、4'点。四边形 1234 的面积 P 等于梯形 122'1'与 233'2'的面积之和，减去梯形 144'1'与 433'4'的面积之和。假定各点的坐标已知，则四边形的面积为：

$$p = [(x_1 + x_2)(y_2 - y_1) + (x_2 + x_3)(y_3 - y_2) - (x_1 + x_4)(y_4 - y_1) - (x_3 + x_4)(y_3 - y_4)]/2$$

整理后

$$p = [x_1(y_2 - y_4) + x_2(y_3 - y_1) + x_3(y_4 - y_2) + x_4(y_1 - y_3)]/2$$

或者有：

$$p = [y_1(x_4 - x_2) + y_2(x_1 - x_3) + y_3(x_2 - x_4) + y_4(x_3 - x_1)]/2$$

将上式推广至 n 边形有：

$$p = \sum_{i=1}^{n} x_i(y_{i+1} - y_{i-1})/2 \tag{9.11}$$

或者

$$p = \sum_{i=1}^{n} y_i(x_{i-1} - x_{i+1})/2 \tag{9.12}$$

式中，当 $i=1$ 时，令 $x_0 = x_n$，$y_0 = y_n$；而当 $i=n$ 时，令 $x_{n+1} = x_1$，$y_{n+1} = y_1$。式（9.11）和（9.12）适用于顺时针编号的多边形，其量测精度取决于顶点坐标的量测精度。

2. 图解法

图解法是将预计算的复杂图形分割成简单图形，如三角形、平行四边形、梯形等再量算。根据几何学原理可知，对于实地图形可按比例尺缩小绘在地形图上，相应图形面积之比等于相应比例尺分母平方之比，其关系式为：

$$\frac{a}{S} = \frac{1}{M^2} \tag{9.13}$$

式中　S——实地面积；

　　　a——地形图上面积；

　　　M——地形图比例尺分母。

（1）透明方格纸法。

该方法常用于较小面积的曲线状图形，如图 9.11 所示。为了计算不规则图斑面积 P，将透明方格纸（有 mm 格和 cm 格）覆盖在待测图形上面，先数出图形边线内的整方格数 N，然后数出图形边线上不完整的方格数 n，则图形包含的总方格总数约为 $N + \frac{1}{2}n$ 个，则图形所代表的实地水平面积 P 可通过式（9.14）计算得到。该方法的精度取决于透明方格纸绘制质量、方格大小和方格凑整的质量。

$$P = \left(N + \frac{1}{2}n\right) \times S \tag{9.14}$$

式中，S 为一个小方格的面积。不完整方格数 n 宜大于 30 个。

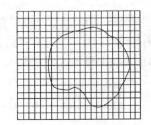

图 9.11 透明方格纸法测算面积

（2）平行线法。

透明方格纸法测算面积的缺点是数方格困难，为此，可采用图 9.12 所示的平行线法。

将绘有等距平行线（同一模片上间距相同）的透明纸覆盖在图形上，使两条平行线与图形边缘相切，此时，被测图形被平行线分割成若干个等高的近似梯形，逐个量出梯形的底边长度 $l_1, l_2, \cdots, l_n$，而每个梯形的高均为 h，则各梯形的面积分别为：

$$
\begin{aligned}
s_1 &= \frac{1}{2} \times h \times (0 + l_1) \\
s_2 &= \frac{1}{2} \times h \times (l_1 + l_2) \\
&\quad\vdots \\
s_{n+1} &= \frac{1}{2} \times h \times (l_n + 0)
\end{aligned}
\tag{9.15}
$$

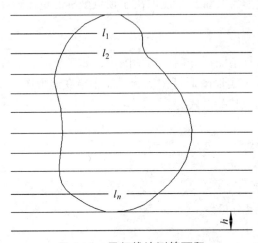

图 9.12 平行线法测算面积

则图形的总面积 S 为：

$$
S = s_1 + s_2 + \cdots + s_{n+1} = (l_1 + l_2 + \cdots + l_n) \cdot h = h \cdot \sum_{i=1}^{n} l_i
\tag{9.16}
$$

（3）求积仪法。

求积仪是一种专门供图上量算面积的仪器，其优点是操作简便、速度快、适用于任意曲线图形的面积量算，且能保证一定的精度。求积仪有机械式求积仪和电子求积仪两种，目前主要使用的是电子求积仪，下面仅介绍电子求积仪。电子求积仪又称数字式求积仪，是在机械式求积仪的基础上，增加电子脉冲计数设备和微处理器，量测结果能自动显示，并具有比例尺换算、面积单位换算等功能。图 9.13 所示为 KP-90N 型电子求积仪。

KP-90N 型电子求积仪具有以下性能：

① 选择面积显示的单位（公制和英制中的各种单位），并可作单位换算。

② 对某一个图形重复几次测定，显示其平均值（称为平均值测量）；

③ 对某几块图形分别测定后，显示其累加值（称为累加测量）；

④ 同时进行累加和平均值测量。

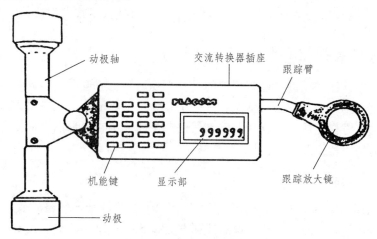

图 9.13　KP-90N 型电子求积仪

在地形图上求取图形面积时（见图 9.14），先在求积仪的面板上设置地形图的比例尺和使用单位，再利用求积仪跟踪放大镜的十字中心点绕图形一周来求算面积。电子求积仪具有自动显示量测面积结果、储存测得的数据、计算周围边长、数据打印、边界自动闭合等功能，计算精度可以达到 0.2%。

图 9.14　电子求积仪测算面积

为了保证量测面积的精度和可靠性，应将图纸平整地固定在图板或桌面上。当需要测量的面积较大时，可以采取将大面积划分为若干块小面积的方法，分别求这些小面积，最后把量测的结果加起来。也可以在待测的大面积内划出一个或若干个规则图形（四边形、三角形、圆等），用解析法求算面积，剩下的边、角小块面积用求积仪求取。

有关电子求积仪的具体操作方法和其他功能，可参阅其使用说明书。

使用电子求积仪时的注意事项：

量测小于等于 1 cm² 的特小面积，应首选方格法，其次是平行线法；量测 1～10 cm² 的小面积，宜用平行线法或求积仪复测法；量测 10～100 cm² 的大面积，宜用求积仪法；量测 3～5 个边的多边形，最好采用图解法；量测较大面积，应首选数字式求积仪。

9.3.5　确定填挖边界和土石方量计算

在建筑工程中，往往要进行建筑场地的平整，场地平整应遵循土石方工程量小、挖填方基本平衡的原则。场地平整有两种情况：一是平整为水平场地，二是平整为倾斜场地。土石方量的计算方法有方格网法、断面法与等高线法。下面介绍在地形图上内插方格网的方法，说明场地平整的做法和步骤。

1. 平整为水平场地

如图 9.15 所示为某场地 1∶1 000 比例尺的地形图，拟将原地面平整成某一高程的水平面，使填、挖土石方量基本平衡。土石方量的计算方法如下：

（1）绘制方格网。

在地形图上拟平整场地的区域内绘制方格网，方格网的大小取决于地形的复杂程度、地形图的比例尺和土石方量概算的精度。一般取小方格的图上边长为 2 cm，实地边长为 10 m 或 20 m，图中方格边长为 20 m×20 m。各方格顶点号注于方格点的左下角。

（2）求各方格顶点的地面高程。

根据地形图上的等高线，用内插法求出各方格顶点的地面高程，并注于方格点的右上角。

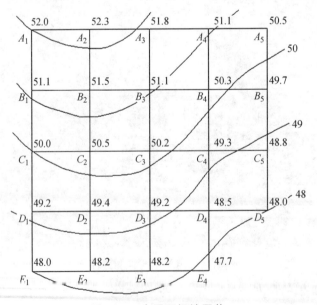

图 9.15　水平面场地平整

（3）计算场地的平均高程（设计高程）。

在满足填挖方量基本平衡的前提下，设计高程可以认为是场地的平均高程。但计算时不能简单地取各方格点高程的算术平均值，因为各方格网点高程的权不一样。如果假设与一个方格相关的方格点（角点），其高程的权为 1；与两个方格相关的方格点（边点），其高程的权为 2；与三个方格相关的方格点（拐点），其高程的权为 3；与四个方格相关的方格点（中点），其高程的权为 4，则可利用求加权平均值的方法计算设计高程，其计算公式为：

$$H_{设} = \frac{\sum P_i H_i}{\sum P_i} \qquad (9.17)$$

式中，$H_{设}$ 为水平场地的设计高程；H_i 为方格点的地面高程；P_i 为方格点 i 的权，可根据方格点的位置在 1、2、3、4 中取值。

在本例中，利用上式求得设计高程 H=49.9 m，并注于方格顶点右下角。

（4）确定填挖边界线。

根据设计高程 H=49.9 m，在地形图上根据等高线内插出设计高程为 49.9 m 曲线，该曲线就是填挖边界线，在此曲线上的点不填也不挖，此曲线称为零等高线，如图 9.16 中的虚线。

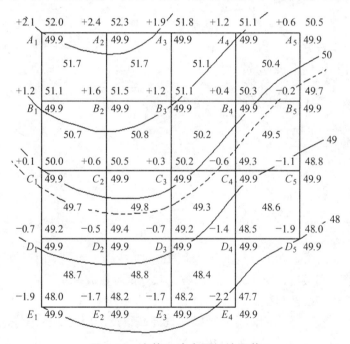

图 9.16　方格网法水平场地平整

（5）计算填挖高度。

各方格顶点地面高程 H_i 与设计高程 H 之差，为该点的填挖高度 h_i，即

$$h_i = H_i - H_{设} \qquad (9.18)$$

式中，h_i 为 "+" 表示挖方，h_i 为 "-" 表示填方，并将 h_i 值标注于方格顶点左上角，如图 9.17 所示。

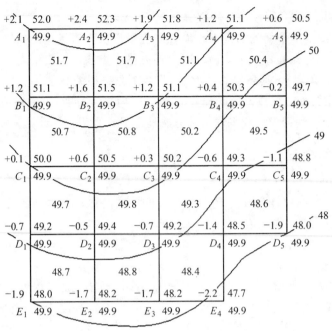

图 9.17　确定方格点的填挖高度

（6）计算填挖土石方量。

分别按下式计算填挖土石方量：

角点：挖（填）高 $\times\left(\dfrac{1}{4}\right)$ 方格面积

边点：挖（填）高 $\times\left(\dfrac{2}{4}\right)$ 方格面积

角点：挖（填）高 $\times\left(\dfrac{3}{4}\right)$ 方格面积

角点：挖（填）高 $\times\left(\dfrac{4}{4}\right)$ 方格面积

根据以上公式，按填挖方量分别求和，即得总的填挖土石方量。由于设计高程 $H_{设}$ 是各个方格的平均高程值，则最后计算出来的总填方量和总挖方量应基本平衡。

（7）放样填挖边界线及填挖高度。

在拟建场地内，按照适当间隔分别放样出设计高程点，用明显标志将这些设计高程点连成曲线，该曲线即为填挖边界线，如图 9.16 所示。

对于填挖高度的放样，应首先将地形图上设计的方格点放样到实地，并钉木桩表示，然后在木桩上注记相应各方格点的填挖高度，作为平整场地的依据。

2. 平整为倾斜场地

有时为了充分利用自然地势，减少土石方工程量，以及为了场地排水的需要，在填挖土石方量基本平衡的原则下，根据地形图可将场地平整成具有一定坡度的倾斜面。若将图 9.18 表示的地面，根据地貌的自然坡降，将场地平整为从北到南、坡度为 8% 的倾斜场地，每个方格网长度为 10 m，且要保证填挖方量基本平衡的原则，作业步骤如下：

（1）绘制方格网。

同水平场地绘制方法相同，如图 9.18 所示。

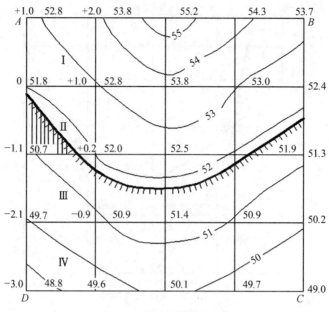

图 9.18 倾斜面场地平整

（2）计算重心点的设计高程。

根据填挖土石方量基本平衡的原则，对于倾斜场地，以重心点的高程为场地的设计高程（即平均高程），再求出其他方格点的设计高程作为设计依据。对于对称图形，重心点在重心线上，重心线一般为图形中心线，此例就是南北对称方向，重心线在图形中心，所以可按水平场地计算设计高程的方法，求出场地重心线处的设计高程，本例为 51.8 m。

（3）计算倾斜面最高格网线和最低格网线的设计高程。

如图 9.19 所示，按照设计要求，AB 为场地的最高边线，CD 为场地的最低边线。已知 AD 边长为 40 m，则最高边线与最低边线的设计高差为：

$$h = 40 \times \frac{8}{100} = 3.2 \text{（m）}$$

由于场地重心线（图形中心轴线）的设计高程为 51.8 m，所以倾斜场地最高边线和最低边线的设计高程分别为：

$$H_A = H_B = 51.8 + \frac{3.2}{2} = 53.4 \text{（m）}$$

$$H_C = H_D = 51.8 - \frac{3.2}{2} = 50.2 \text{（m）}$$

（4）确定填挖边界线。

沿 AD 及 BC 边线，根据最高边线和最低边线的设计高程内插出 51 m、52 m、53 m 平行等高线（见图中虚线），这些虚线为 8% 倾斜场地上的设计等高线，设计等高线与实际等高线交点（a、b、c、d、e、f）的连线即为填挖边界。

（5）确定方格点的填挖高度。

根据实际等高线内插出各方格点的地面高程，注在方格的右上方，再根据设计等高线内插出各方格点的设计高程，注在方格点的右下方，最后按式（9.18）计算出各方格点的填挖高度，注在方格点的左上方。

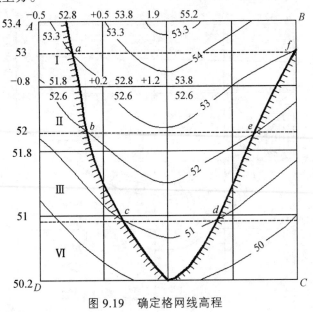

图 9.19　确定格网线高程

（6）计算填挖方量。

方法同水平场地计算方法。

（7）放样填挖边界线及填挖高度。

与水平场地部分相同。

在数字地形图上，利用数字地面模型，计算平整场地的填、挖方量，则更为方便。先在场地范围内按比例尺设计一定长度的方格网，之后提取各方格顶点的坐标和内插计算顶点的高程，同时给出或计算出设计高程，求算各方格点的挖、填高度，按照挖、填范围分别求出挖、填土（石）方量，这种方法比在地形图上计算更为便捷。

本章小结

本章主要讲述地形图的识读及其在工程建设中的应用，重点介绍地形图在绘制地形断面图、设计等坡线、确定汇水范围、图上面积量算和土石方量计算方面的工程应用。

习　题

1. 地形图有哪些主要用途？

2. 数字地形图与传统纸质地形图在应用上有何不同？

3. 为什么要在地形图上量算坐标和高程？

4. 图 9.20 为 1：（1 万）的等高线地形图，图下印有直线比例尺，用以从图上量取长度。根据该地形图，用图解法解决以下三个问题：

（1）求 A、B 两点的坐标及 AD 连线的坐标方位角；

（2）求 C 点的高程及 AC 连线的地面坡度；

（3）从 A 点到 B 点定出一条地面坡度 i=6.7% 的线路。

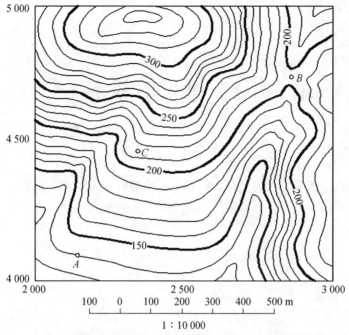

图 9.20 在图上量取坐标高程方位角及地面坡度

5. 面积测量和计算有哪几种方法?

6. 电子求积仪和机械式求积仪有哪些相同之处? 又有哪些不同之处?

7. 汇水面积确定的依据是什么?

8. 什么是土方平衡原则? 其实际意义是什么?

9. 平整场地时土方量的计算精度与所画格网的大小是否有关? 为什么?

10. 图 9.21 为 1∶2 000 比例尺地形图,现要求在图示方格网范围内平整为水平场地。

(1) 根据土方的填挖平衡原则,计算平整场地的设计标高;

(2) 在图中绘出填挖边界线;

(3) 计算填挖土方量。

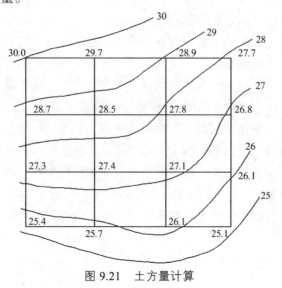

图 9.21 土方量计算

第10章　测设的基本工作

本章要点：本章重点介绍测设的基本工作内容和测设的主要方法。学生应以掌握距离、角度、高程、点位的测设原理与方法为重点。

10.1　概　述

工程建设项目在施工阶段所进行的测量工作，称为施工测量。施工测量贯穿于整个施工过程。

测设是根据工程设计图纸上待建的建筑物、构筑物的轴线位置、尺寸及其高程，根据待建的建（构）筑物上特征点（或轴线交点）与控制点（或原有建、构筑物特征点）之间的距离、角度、高差关系，计算出测设数据，再以地面控制点为依据，将待建的建（构）筑物的特征点在实地标定出来，以便施工。这一测量工作称为测设，也称为放样或施工放样，是施工测量的主要工作。

测设的基本工作包括测设已知的水平距离、水平角度和高程。

测设工作和测量工作有相似之处，但并不相同。测量工作是将地面上长度、角度、高程或点位等相关的数据量测出来。而测设工作与其相反，它是将设计的建（构）筑物的相关长度、角度、高程或点位位置标定到相应的地面上。

建（构）筑物的大小、结构、使用材料、用途和施工方法不同，所要求的测设精度也不同。一般而言，高层建筑的测设精度高于低层建筑；钢结构厂房的测设精度高于钢筋混凝土和砖石结构的厂房；连续性自动化生产车间的测设精度高于普通车间；装配式建筑的测设精度应高于非装配式建筑；工业建筑的测设精度应高于民用建筑。

测设工作也遵循"从整体到局部，先控制后碎部"的测量原则。为了保证不同时间建设的各种不同建（构）筑物在平面和高程上都能符合设计要求，互相连成统一的整体，施工测量和测绘地形图一样，需要建立统一的平面控制网和高程控制网，然后以此为基础，测设出各个建（构）筑物的位置。

施工测量的检查与校核工作也是非常重要的，必须采用各种不同的方法加强外业和内业的校核工作。

10.2 测设的基本工作

施工测量中的点位放样工作，就是确定点的平面位置和高程，确定平面位置的元素包括放样点和已知控制点之间的水平距离，以及与已知方向之间的角度关系。所以测设的基本工作包括水平距离、水平角度和高程的测设。

10.2.1 水平距离的测设

水平距离测设就是在某一特定方向上，从直线的一个端点出发，确定另一个端点，使两端点之间的水平距离等于已知或设计的水平距离。其测设方法如下：

1. 全站仪测设方法

由于全站仪的普及，目前水平距离的测设主要采用全站仪测设方法，特别是对于长距离的测设，全站仪具有灵活准确的特点。

如图 10.1 所示，在 A 点安置仪器，反光棱镜在已知方向上前后移动，当仪器显示的水平距离测量值等于测设的距离时，定出 C' 点。为了检核测设结果的正确性，在点 C' 上安置反光棱镜，实测水平距离 D'，也可以测出竖直角 α 及斜距 L，计算水平距离 $D' = L\cos\alpha$。若实测的水平距离 D' 与需要测设的距离 D 不等，则求出二者差值 $\Delta D = D' - D$。根据 ΔD 的符号在实地用钢尺沿测设方向将 C' 改正至 C 点，并用木桩标定其点位。测设精度要求较高时应加气象改正。

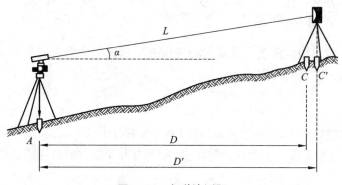

图 10.1 电磁波测距

使用全站仪测设水平距离时，其竖直角 α、斜距 L 及水平距离 D 均能自动显示，给测设工作带来极大的方便。它是一种高效常用的方法。

2. 钢尺测设方法

（1）一般方法。

当测设的已知距离较短，精度要求不高时，可以使用一般方法进行水平距离测设。

如图 10.2 所示，测设距离 $D_{AB} = D$，线段的起点 A 和方向是已知的，在要求一般精度的情况下，可按给定的方向，根据所给定的距离值，将线段的另一端点 B 测设出来。

具体步骤如下：

① 从 A 点开始，沿 AB 方向用钢尺丈量，按已知设计长度 D 在地面上临时标出定出其端

点 B'。

② 往返丈量 AB' 之间的水平距离，往返丈量之差若在限差之内，取其平均值作为最后结果，并以此对 B' 的位置进行改正，求得 B 点的位置。

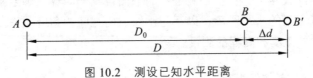

图 10.2　测设已知水平距离

（2）精确方法。

当测设精度要求较高时，需要使用经过检定的钢尺进行测设，且应使用全站仪定线；对丈量结果应该进行尺长、温度和倾斜改正。具体步骤如下：

① 在端点 A 安置仪器，标出给定直线 AB 的方向，沿该方向采用一般方法概略测设出另一端点位置 B'。

② 用检定过的钢尺精密测定 A、B' 之间的距离，并加尺长改正 Δl_d、温度改正 Δl_t 和倾斜改正 Δl_h，得到最后结果 D_0。

③ 将 D_0 与应测设距离 D 比较，得出较差 $\Delta d = D - D_0$，计算其改正后的应测设距离 $\Delta d'$：

$$\Delta d' = \Delta d - \Delta l_d - \Delta l_t - \Delta l_h \qquad （10.1）$$

④ 依据 $\Delta d'$，沿 AB 方向以 B' 点为准进行改正，以确定 B 点的位置。当 $\Delta d'$ 为正时，向外改正；反之，向内改正。

10.2.2　水平角度的测设

施工中某一特定方向的测设，是通过测设该方向与已知方向之间的水平角实现的。根据精度要求的不同，一般有两种方法。

1. 一般方法

当测设水平角的精度要求不高时，可用盘左、盘右分中的方法进行测设。如图 10.3 所示，设 AB 为地面上的已知方向，β 为设计的角度，AP 为需要测设的方向线。放样步骤如下：

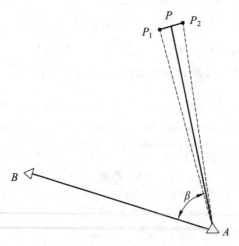

图 10.3　直接测设法测设水平角

（1）在 A 点上安置全站仪，盘左位置，照准 B 点，安置水平度盘读数为 $0°00'00''$。

（2）转动照准部，使水平度盘读数为 β，在视线方向上标定 P_1 点。

（3）换成盘右位置，重复上述步骤，标定 P_2 点。

由于存在测量误差，P_1 与 P_2 点往往不重合，取 P_1P_2 连线的中点 P，标定于地面上。方向 AP 就是要求的设计方向，$\angle BAP$ 即为所要测设的 β 角。

2. 精确方法

如图 10.4 所示，当测设水平角的精度要求较高时，可先用一般方法测设出概略方向 AP'，标定 P' 点，再用测回法（测回数根据精度要求而定）精确测量 $\angle BAP'$ 的角度值 β'，并测量出 AP' 的长度，则支距 $PP' = AP' \cdot \dfrac{\Delta\beta}{\rho''}$，其中 $\Delta\beta = \beta - \beta'$。以 PP' 为依据改正点位 P'。若 $\Delta\beta > 0$ 时，则按顺时针方向改正点位，即沿 AP' 之垂线方向，从 P' 起向外量取支距 $P'P$，以标定 P 点；反之，向内量取 PP' 以定 P 点。则 $\angle BAP$ 即为所要测设的 β 角。

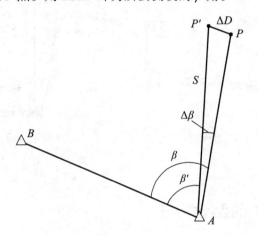

图 10.4　精确测设法测设水平角

10.2.3　高程的测设

在施工现场，将设计高程标示在桩顶或者侧面的工作称为高程测设。高程测设一般采用水准测量的方法。

1. 一般方法

如图 10.5 所示，图中 A 为已知水准点，其高程为 H_A。B 为需要测设的高程点，其设计高程为 H_B，具体测设步骤如下：

（1）在 AB 中间安置水准仪，读取后视 A 尺读数 a。

（2）根据 B 点的设计高程 H_B，计算前视 B 尺的读数 b。B 点的水准尺读数 b 应为：

$$b = H_A + a - H_B \tag{10.2}$$

（3）在 B 点木桩侧面竖立水准尺，指挥该尺上、下移动，使中丝对准读数 b。此时，紧靠尺的底端在木桩侧面画一横线，此横线即为 B 点设计高程位置。

2. 传递高程测设方法

若待测设高程点的设计高程与已知点的高程相差很大，设计高程点 B 通常远远低于（或高于）视线，安置在地面上的水准仪看不到立在 B 点的水准尺，如向基坑底部或桥墩顶部测设高程。此时，可以利用两台水准仪并借助一把长钢尺（或者长钢丝），先将地面已知水准点的高程传递到坑底或桥墩顶部，然后按一般高程测设法进行测设。

如图 10.6 所示，地面已知点 A 的高程为 H_A，要在基坑内测设出设计高程为 H_B 的 B 点。在坑边支架上悬挂钢尺，零点在下端，在地面上和坑内分别安置水准仪，瞄准水准尺和钢尺读数（见图 10.6 中 a、c 和 d），则前视 B 尺应有的读数为：

$$b = H_A + a - c + d - H_B \qquad (10.3)$$

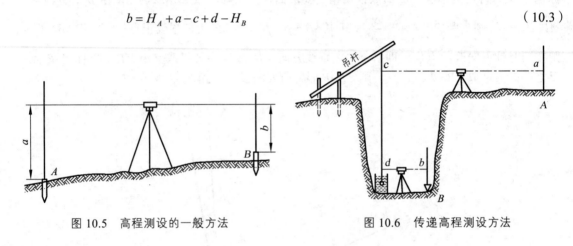

图 10.5 高程测设的一般方法　　　　　图 10.6 传递高程测设方法

10.3　平面点位的测设方法

建（构）筑物在施工之前需要将图纸上设计的平面位置测设于实地，作为施工的依据。其实质就是将建（构）筑物的特征点（如各转角点、轴线交点等）在地面上标定出来。

平面点位的测设方法取决于施工控制网的形式、控制点的分布、建（构）筑物的大小、测设的精度要求及施工现场条件。

1. 直角坐标法

直角坐标法就是根据已知点坐标和待定点的设计坐标，通过计算坐标差值 Δx、Δy 测设点位。此方法适用于施工控制网为建筑方格网或矩形控制网的形式，且距离测设方便的平坦地区。

如图 10.7 所示，已知某车间矩形控制网四个角点 A、B、C、D 的坐标，已知该车间四角点 1、2、3、4 的设计坐标。以测设角点 1 为例，说明其测设步骤：

（1）计算 B 点与角点 1 的坐标差：$\Delta x_{B1} = x_1 - x_B$，　$\Delta y_{B1} = y_1 - y_B$。

（2）在 B 点安置全站仪，照准 C 点，在此方向上用钢尺量 Δy_{B1} 得 E 点。

（3）在 E 点安置全站仪，照准 C 点，用盘左、盘右位置分别测设 CE 的左侧垂线，取两次平均方向作为垂线方向，从 E 点起，沿垂线方向用钢尺量 Δx_{B1}，即得角点 1。

（4）同上操作，从 C 点测设角点 2，从 D 点测设角点 3，从 A 点测设角点 4。

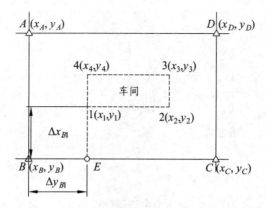

图 10.7　直角坐标法测设

（5）检查车间的四个角是否等于 90°，各边长度是否等于设计长度，若误差在允许范围内，即认为测设合格。

2. 极坐标法

极坐标法就是根据已知水平角和水平距离测设点的平面位置，它适用于距离测量方便，且测设点距控制点较近的地方。

如图 10.8 所示，已知控制点 A、B，待测设点 P。测设前须根据 A、B 和 P 的坐标，按坐标反算公式求出 AB 和 AP 的坐标方位角和 AP 的水平距离 D_{AP}，再根据坐标方位角求出水平角 $\beta = \alpha_{AP} - \beta_{AB}$。$\beta$、$D_{AP}$ 即为测设数据。

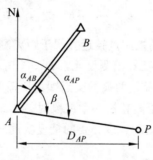

图 10.8　极坐标法测设

测设步骤为：

（1）在控制点 A 上安置仪器，按角度测设的方法测设 β 角，以定出 AP 方向。

（2）在 AP 方向上，从 A 点起测设水平距离 D_{AP} 定出 P 点的位置。

3. 角度交会法

角度交会法适用于待测设点离控制点较远或不便于距离测量的场合，如桥墩中心测设等。前方交会法是角度交会法之一。通过在两个或多个已知点上安置全站仪，测设两个或多个已知角度交会出待定点的平面位置。

如图 10.9（a）所示，A、B、C 为坐标已知点，P 为待测点，其设计坐标为 P（X_P，Y_P），现根据 A、B、C 三点测设 P 点。

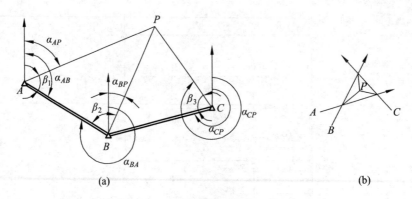

图 10.9　前方交会法测设点的平面位置

（1）测设数据计算。

根据坐标反算公式分别计算出 α_{AB}、α_{AP}、α_{BP}、α_{CP}、α_{CB}，然后计算测设数据 β_1、β_2、β_3。

（2）平面点位测设。

在已知点 A、B 上安置全站仪，分别测设出相应的 β 角，两方向线相交的位置即为待定点的位置。当精度要求较高时，先在 P 点处打下一个大木桩，并在木桩上根据 AP、BP 绘出方向线及其交点 P；然后在已知点 C 上安置全站仪，同样可测设出 CP 方向。若交会没有误差，此方向应通过前两方向线的交点，否则将形成一个"示误三角形"，如图 10.9（b）所示。若"示误三角形"的最大边长不超过 1 cm，则取三角形的重心作为待定点 P 的最终位置。若误差超限，应重新交会。

4. 距离交会法

距离交会法适用于待测设点离控制点较近并便于距离测量的地方。在图 10.9 中，根据控制点 A、B 和待测设点 P 的坐标，反算出测设元素 D_{AP}、D_{BP}。测设时，用两把钢尺分别以 A、B 为圆心，以 D_{AP}、D_{BP} 为半径画弧，两弧的交点即为所需测设的 P 点。

当测设精度要求较高或测设距离超过一个尺段时，其距离交会应采用归化法。将上述方法测设出的点作为过渡点，以 P' 表示，以必要的精度实测 AP'、BP' 距离，进行归化改正。

10.4　已知坡度的直线测设

已知坡度直线的测设就是连续测设一系列的桩点，使之桩顶满足测设的坡度要求。在道路、管道等工程施工中，广泛应用。

如图 10.10 所示，设 A 点为坡度的起点，其高程为 H；B 为放坡终点，高程待定。A、B 间的水平距离为 D，设计坡度为 i。

测设时，先根据 i 和 D 计算 B 点的设计高程为：

$$H_B = H_A + i \times D \tag{10.4}$$

按照测设高程的方法测设出 B 点，此时 AB 直线即构成坡度为 i 的坡度线。然后在 A 点安置水准仪，使任意两个脚螺旋的连线与 AB 方向垂直（另一个脚螺旋在 AB 直线上），量取仪

器高 i，用望远镜瞄准 B 点的水准尺，转动在 AB 方向线上的脚螺旋或微倾螺旋，使 B 点桩上水准尺的读数为仪器高 i，这时仪器的视线即为平行于设计坡度的直线。最后测设 AB 方向线上的各中间点，分别在测设点 1、2、3 处打下木桩，使各木桩上水准尺的读数均为仪器高 i，此时各桩的桩顶连线即为所需测设的坡度线。若设计坡度较大，测设时超出水准仪脚螺旋所能调节的范围，则可用全站仪进行测设。

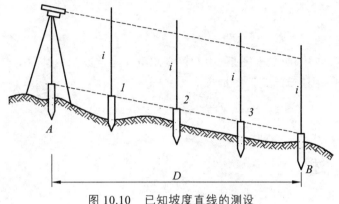

图 10.10　已知坡度直线的测设

本章小结

本章介绍了测设的基本工作和基本方法。将图纸上设计好的各种建（构）筑物的平面位置和高程在实地标定出来，这一测量工作称为测设，也称为放样或施工放样。基本的测设工作包括水平距离、水平角和高程的测设。平面点位的测设方法主要有直角坐标法、极坐标法、角度交会法、距离交会法，其中极坐标法最为常用。

习　题

1. 什么是测设？测设的基本工作有哪些？

2. 测设点的平面位置有哪几种方法？各适用于什么情况？

3. 最适合桥墩中心放样的测设方法是什么？为什么？

4. 设放样的角值 $\beta = 59°23'43''$，初步测设的角 $\beta' = \angle BAP = 59°23'30''$，$AP$ 边长 $S=45$ m，试计算角差 $\Delta\beta$ 及 P 点的横向改正数，并画图说明其改正的方向。

5. 设 A、B 为已知平面控制点，其坐标值分别为 A（40.00，40.00）、B（40.00，80.00），P 为设计的建筑物特征点，其设计坐标为 P（60.00，60.00）。试用极坐标法测设 P 点的测设数据，并绘出测设略图。

6. 简述精密测设水平角的方法。

7. 已知水准点 BM_1 高程为 231.245 m，需要在 A 点墙面上测设出高程为 232.5 m 和 231 m 的位置，若在 BM_1 和 A 点间安置仪器，后视读数 $a=1.690$ m，问如何测设出 A 点的设计高程？

8. 测设与测量有何不同？

9. 什么是角度交会的示误三角形？

10. 设地面上有一 A 点，高程为 154.462 m，已知 AB 方向，且已知 AB 间距离为 140 m。如果从 A 向 B 修一条路，坡度为 -4%，要求每隔 20 m 设立一个中桩，试说明作法并绘图。

第11章 建筑工程施工测量

> 本章要点：本章以施工过程中的控制测量、定位放线测量为基本内容。重点介绍工业与民用建筑的施工测量方法。

11.1 概 述

11.1.1 施工测量的概念

在工程建设施工阶段所进行的测量工作，称为施工测量。

施工测量的主要工作内容就是将设计的建（构）筑物的平面位置和高程，按照设计和施工要求，以一定的精度在施工现场标示出来，作为施工的依据。

施工测量的内容主要包括建立施工控制网、场地平整、测设建（构）筑物的主轴线和辅助轴线、测定建（构）筑物的细部点、构件与设备的安装测量等。

11.1.2 施工测量的特点

施工测量的内容贯穿于施工过程之中，施工测量工作与工程质量及施工进度有着密切的联系，故必须与施工组织计划相协调。测量人员必须了解设计的内容、性质及其对测量工作的精度要求，熟悉图纸上的尺寸和高程数据，了解施工的全过程，并掌握施工现场的变动情况，使施工测量工作能够与施工密切配合，保证测设的精度和速度满足施工的需求。

施工测量的精度决定于工程的性质、规模、材料、用途和施工方法等因素。应根据具体情况合理选择，任何忽视精度要求的行为，都会影响到工程施工质量，甚至造成质量事故。

施工现场工种多，交叉作业频繁，并有大量土、石方填挖，地面变动很大，又有动力机械的震动，因此各种测量标志必须埋设稳固且在不易破坏的位置。还应做到妥善保护，经常检查，如有破坏，应及时恢复。

在施工测量之前，应做好一系列准备工作：应建立健全测量组织和检查制度，并核对设计图纸，检查总尺寸和分尺寸是否一致，总平面图和大样详图尺寸是否一致，不符之处要向设计单位提出，进行修正。然后对施工现场进行实地踏勘，根据实际情况编制测设详图，计算测设数据。对施工测量所使用的仪器、工具应进行检验和校正，否则不能使用。工作中必须注意人身和仪器的安全，特别是在高空和危险地区进行测量时，必须采取防护措施。

11.2 施工控制测量

在勘测时期已建立有控制网，但是由于它是为测图而建立的，控制点的点位、密度和精度是根据地形条件、测量技术的要求和测图比例尺的大小来确定的，并没考虑施工的要求，控制点的分布、密度和精度，都难以满足施工测量的要求。另外，由于平整场地，控制点大多被破坏。因此，在施工之前，建筑场地上要重新建立专门的施工控制网，作为施工放样的依据。

11.2.1 施工控制网的特点

施工控制网与测图控制网相比，具有以下特点：

1. 控制范围小，控制点密度大，精度要求高

与测图范围相比，施工的范围总是比较小的。各种建筑物错综复杂地分布在较小的范围内，这就要求必须有较多的控制点来满足施工放样的需要。

施工控制网点主要用于建筑物轴线的放样。这些轴线位置的放样精度要求较高，例如，工业厂房主轴线的定位精度要求为 2 cm。因此，施工控制网的精度要高于测图控制网的精度。

2. 使用频繁

在工程施工过程中，控制点常用于直接放样。伴随工程的进展，各种放样工作往往需要反复多次进行。从施工到竣工，控制点的使用是非常频繁的，这就要求控制点稳定、使用方便，在施工期间不受破坏。

3. 易受施工干扰或破坏

建筑工程通常采用交叉作业方法施工，随着建筑物的不断建设，常常妨碍控制点之间的相互通视。随着施工技术现代化程度的不断提高，施工机械也往往成为影响的重要因素。有时因施工干扰或重型机械的运行，会对控制点位的稳定性造成影响，甚至破坏。因此，施工控制点的位置应分布恰当，具有足够的密度，以便在放样时有所选择。

11.2.2 施工控制网的布设形式

施工控制网分为平面控制网和高程控制网两种。平面控制网，应根据总平面图和施工地区的地形条件来确定，一般可以采用导线（导线网）或 GNSS 网的形式；对于布置比较规则的矩形建筑物和密集的工业场地，可布置成建筑方格网；对于一般民用建筑，也可以采用布置建筑基线的方法。

高程控制网可根据施工要求，布设水准网。在一般情况下，采用四等水准测量方法测定各水准点的高程，而对连续生产的车间或下水管道等，则需采用三等水准测量的方法测定各水准点的高程。

平面控制网一般分两级布设，首级网作为基本控制，主要用于放样各个建筑物的主轴线；第二级网为加密控制，它直接用于放样建筑物的特征点。随着 GNSS 技术应用的普及，施工

平面控制网已广泛采用 GNSS 网、导线网的形式。

高程控制网一般也分两级布设。在建筑场地上，首级基本高程控制布满整个测区，二级加密高程控制点的密度应尽可能满足安置一次仪器即可测设出所需的高程点。

11.2.3 施工控制点的坐标换算

建筑物的设计、施工一般采用施工坐标系，即以建筑物的主轴线为坐标轴建立起来的坐标系，原点应设置在总平面图的西南角之外，纵轴记为 A 轴，横轴记为 B 轴，用 A、B 坐标标定建筑物的位置。

当施工控制网与测图控制网发生联系时，要进行坐标换算。

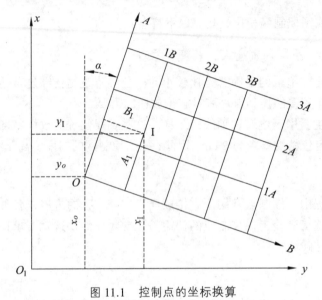

图 11.1　控制点的坐标换算

如图 11.1 所示，设建筑基线上的 I 点，在施工坐标系中的坐标为 A_I，B_I，在测图坐标系中的坐标为 x_I，y_I。将 I 点的施工坐标换算成测图坐标，计算公式为：

$$\left.\begin{array}{l} x_I = x_0 + A_I \cos\alpha - B_I \sin\alpha \\ y_I = y_0 + A_I \sin\alpha + B_I \cos\alpha \end{array}\right\} \tag{11.1}$$

若将测图坐标换算成为施工坐标，其计算公式为：

$$\left.\begin{array}{l} A_I = (x_I - x_0)\cos\alpha + (y_I - y_0)\sin\alpha \\ B_I = (x_I - x_0)\sin\alpha + (y_I - y_0)\cos\alpha \end{array}\right\} \tag{11.2}$$

式中，x_0、y_0 为施工坐标系原点 O 在测图坐标系中的坐标，α 为 x 轴与 A 轴之间的夹角。

11.2.4 建筑基线

1. 布置方法

施工场地范围不大时，可采用布置基准线的方法，作为施工场地的控制，这种基准线称为建筑基线。如图 11.2 所示，建筑基线的布置也是根据建筑物的分布、场地的地形和原有控制点的状况而选定的。建筑基线应靠近主要建筑物，并与其轴线平行，以便采用直角坐标法进行测设，通常可布置以下几种形式："一"字形、"L"形、"T"形和"十"字形。

为了便于检查建筑基线点有无变动，基线点数不应少于 3 个。

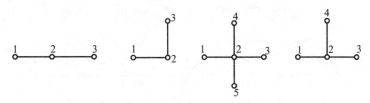

图 11.2　建筑基线的布置

建筑基线应尽可能与施工场地的建筑红线相联系。若建筑场地面积较小时，也可直接用建筑红线作为现场控制。建筑基线相邻点间应互相通视，点位不受施工影响，为能长期保存，应埋设永久性的混凝土桩。

2. 测设方法

（1）依据建筑红线测设建筑基线。

如图 11.3 所示，地面上 Ⅰ、Ⅱ、Ⅲ点是边界点，其连线 ⅠⅡ、ⅡⅢ称为"建筑红线"。一般情况下，建筑基线与建筑红线平行或垂直，故可根据建筑红线用平移法测设建筑基线 OA、OB。标定 A、O、B 三点后，检查 ∠AOB，其误差应在 ±20″ 以内；检查 OA、OB 的距离是否等于设计长度，误差应小于 1/10 000。

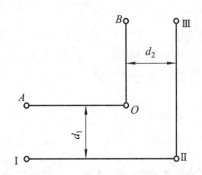

图 11.3　根据建筑红线测设建筑基线

（2）依据已知控制点测设建筑基线。

如图 11.4 所示，A、B 均为已知控制点，Ⅰ、Ⅱ、Ⅲ为选定的建筑基线点。测设方法如下：根据已知控制点和待定点的坐标关系，反算测设数据 β_1、S_1，β_2、S_2，β_3、S_3，测设 Ⅰ、Ⅱ、Ⅲ点。因存在测量误差，测设的基线点往往不在同一直线上，如图 11.5 中的 Ⅰ′、Ⅱ′、Ⅲ′，所以，还需在 Ⅱ′点安置仪器，精确地检测出 ∠Ⅰ′Ⅱ′Ⅲ′。若此角值与 180° 之差超过 ±15″，则应对点位进行调整。调整时，应将 Ⅰ′、Ⅱ′、Ⅲ′点沿与基线垂直的方向各移动相同的调整值 δ。其计算公式如下：

$$\delta = \frac{ab}{a+b}\left(90° - \frac{\angle\alpha}{2}\right)\frac{1}{\rho} \tag{11.3}$$

式中　δ——各点的调整值；

　　　a、b——ⅠⅡ、ⅡⅢ的长度；

　　　$\angle\alpha$——$\angle\text{Ⅰ}'\text{Ⅱ}'\text{Ⅲ}'$。

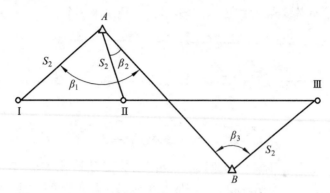

图 11.4　用附近的控制点测设建筑基线

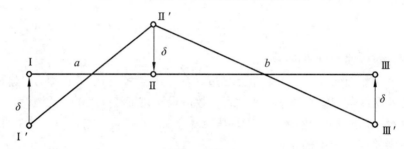

图 11.5　用附近的控制点测设建筑基线

除了调整角度之外，还应调整Ⅰ、Ⅱ、Ⅲ点之间的距离。若丈量长度与设计长度之差的相对误差大于 1/20 000，则以Ⅱ点为准，按设计长度调整Ⅰ、Ⅲ两点。

此项工作应反复进行，直至误差在允许范围之内为止。

11.2.5　建筑方格网

1. 布设方法

如图 11.6 所示，由正方形或矩形格网组成的施工控制网，称为建筑方格网。

建筑方格网的布置，应根据建筑设计总平面图上各建筑物、构筑物、道路及各种管线的布设情况，结合现场的地形情况拟定。布置时应先选定建筑方格网的主轴线，然后再布置方格网。方格网的形式可布置成正方形或矩形。当场区面积较大时，常分两级。首级可采用"十"字形、"口"字形或"田"字形，然后再加密方格网。当场区面积不大时，尽量布置成全面方格网。

布设建筑方格网时应考虑以下几点：

（1）方格网的主轴线应位于建筑场地的中央，并与主要建筑物的轴线平行或垂直。

（2）根据现场的实际情况布设的控制点，应便于测角和测距。标桩高程应当与场地的设计高程接近。

（3）方格网的边长一般为 100~200 m，也可根据施工情况而定；方格点的密度应根据实际需要来定。方格网各交角应严格构成 90°。

（4）场地面积较大时，应分成两级布网。

（5）尽量布设平高控制点。

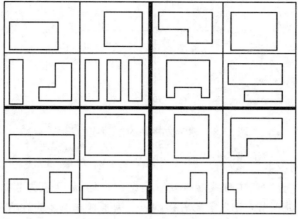

图 11.6　建筑方格网

2. 测设方法

（1）主轴线的测设。

建筑方格网的主轴线是建筑方格网扩展的基础，如图 11.7 所示。当建筑工程区域很大、主轴线很长时，一般只测设其中的一段，如图中的 AOB 段。该段上 A、B、O 点是主轴线上的主点。其施工坐标一般由设计单位给出，当施工坐标系和国家测量坐标系不一致时，在施工方格网测设之前，应把主点的施工坐标换算成测量坐标，以便求得测设数据。

测设主轴线 AOB 的方法与建筑基线测设方法相同，但 ∠AOB 与 180°的差，应在±5″之内。

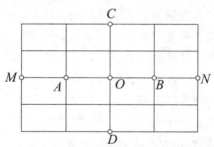

图 11.7　建筑方格网的主轴线示意图

如图 11.8 所示，A、O、B 三个主点测设好后，将全站仪安置在 O 点，瞄准 A 点，分别向左、向右转 90°，测设另一主轴线 COD，并在地上定出其概略位置 C′和 D′。然后精确测出 ∠AOC′和 ∠AOD′，分别算出它们与 90°之差 ε_1 和 ε_2，并计算出调整值 l_1 和 l_2，其公式为：

$$l = L \frac{\varepsilon}{\rho''} \tag{11.4}$$

式中　L —— OC′或 OD′的长度。

将 C′垂直于 OC′方向移动 l_1 距离得 C 点；将 D′点沿垂直于 OD′方向移动 l_2 距离得 D 点。点位改正后，应检查两主轴线的交点及主点间的距离，要求均应在规定限差之内。

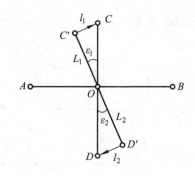

图 11.8　建筑方格网的主轴线的测设

（2）方格网点的测设。

主轴线测设好后，分别在主轴线端点安置全站仪，均以 O 点为起始方向，分别向左右精密地测设出 90°，这样就形成"田"字形方格网点。为了校核，还应在方格网点上安置全站仪，测量其角值是否为 90°，并测量各相邻点间的距离，检验其是否与设计边长相等，要求误差均应在允许的范围之内。此后，再以基本方格网点为基础，加密方格网中其余各点。

11.2.6　高程控制网

建筑场地的高程控制测量必须与国家水准点联测，以便建立统一的高程系统，并在整个施工区域内建成水准网。在建筑工程施工区域内最高的水准测量等级一般为三等，点位应单独埋设，点间距离通常以 600 m 为宜，其距厂房或高大建筑物一般不小于 25 m，在震动影响范围以外不小于 5 m，距回填土边线不小于 15 m。在使用最多的四等水准测量中，可利用平面控制点作水准点。有时普通水准测量也可满足要求，测量时应严格按国家水准测量规范执行。水准点应布设在土质坚实、不受震动影响、便于长期使用的地点，并埋设永久标志。其密度应满足测量放线要求，尽量做到设一个测站即可测设出待测高程。

根据施工中的不同精度要求，高程控制有以下特点：

（1）工业安装和施工精度要求在 1 ~ 3 mm，可设置三等水准点 2 ~ 3 个。

（2）建筑施工测量精度在 3 ~ 5 mm，可设置四等水准点。

（3）设计中各建（构）筑物的 ±0.00 的高程不一定相等。

11.3　工业与民用建筑的定位和放线

11.3.1　建筑物的定位

建筑物的定位，就是把建筑物外廓各轴线交点测设在地面上，然后再根据这些点进行细部放样。测设时，如现场已有建筑方格网或建筑基线时，可直接采用直角坐标法进行定位。如图 11.9 中 P、Q、R、S 点。

因定位条件不同，定位方法可选择用测量控制点、建筑基线、建筑方格网定位，还可以用已有建筑物进行定位。下面介绍根据已有建筑物进行定位的方法。

如图 11.9 所示，首先用钢尺沿左侧已有建筑物的东西墙面各量出 4 000 mm 得 a、b 两点，用小木桩标定。在 a 点安置全站仪照准 b 点，从 b 点起沿 ab 方向丈量 20.250 m 得到 c 点，再继续沿 ab 方向从 c 点起量 27.000 m 得到 d 点，则 cd 线就是一条建筑基线。然后把全站仪安置在 c 点上，后视 a 点后并转 90° 角沿视线方向由 c 点起量 4.250 m 定出 P 点，再继续量 14.1 m 定出 Q 点。同法，在 d 点安置全站仪可定出 S、R 两点。P、Q、R、S 即为拟建房屋外墙轴线的交点。测设后，应对测量结果进行检查。用钢尺丈量 QR 的长度与设计长度的相对误差不应超过 1/5 000；用全站仪检查 $\angle Q$、$\angle R$ 与 90° 之差不应超过 40″。

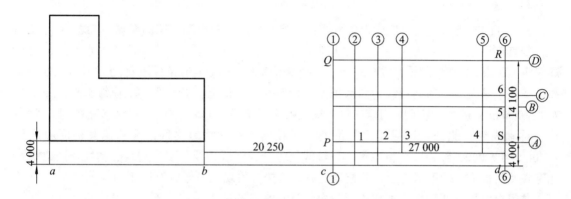

图 11.9　建筑物的定位

11.3.2　建筑物的放线

建筑物的放线，是指根据已定位的外墙轴线交点桩详细测设出建筑物的交点桩（或称中心桩），然后依据建筑物的交点桩，用白灰标示基坑开挖边界线。放样方法如下：

在外墙周边轴线上测设定位轴线交点。如图 11.9 所示，将全站仪安置在 P 点，瞄准 S 点，用钢尺沿 PS 方向量出相邻两轴线间的距离，定出 1、2、3 各点（也可以每隔 1~2 轴线定一点）；同理可定出 5、6 两点。量距精度应达到 1/2 000~1/5 000。

建筑物定位以后，所测设的轴线交点桩（或称角桩），在开挖基础时将被破坏。施工时为了能方便地恢复各轴线的位置，一般是把轴线延长到安全地点，并做好标志。延长轴线的方法有两种：龙门板法和轴线控制桩法。

1. 设置轴线控制桩

轴线控制桩一般设置在基坑外的基础轴线延长线上，作为开槽后各施工阶段确定轴线位置的依据。轴线控制桩离基础外边线的距离根据施工场地的条件而定。如果附近有已建的建筑物，也可将轴线投设在建筑物的墙上。为了保证控制桩的精度，施工中往往将控制桩与定位桩一起测设，有时先设置控制桩，再测设定位桩。

如图 11.10 所示，控制桩一般钉在槽边外 2~4 m，不受施工干扰并便于引测和保存桩位的地方。

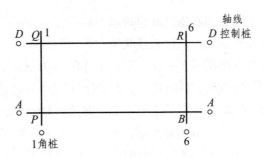

图 11.10 轴线控制桩的设置

2. 设置龙门板

如图 11.11 所示。龙门板的设置方法：在建筑物四角和中间隔墙的两端基坑之外 1 ~ 2 m 处，竖直钉设木桩，称为龙门桩。要求桩的外侧面应与基坑平行。根据附近的水准点，用水准仪将 ±0.00 m 的高程测设在龙门桩上，并画横线表示。若受地形条件限制，可测设比 ±0.00 m 高（或低）某一整数的高程线，然后把龙门板钉在龙门桩上。要求板的上边缘水平，并刚好对齐 ±0.00 m 的横线。最后，用全站仪将轴线引测到龙门板上，并钉上一个小钉作标志，此小钉也称轴线钉。此外，还应用钢尺沿龙门板顶面检查轴线钉之间的距离。其精度应达到 1/2 000 ~ 1/5 000，经检验合格以后，以轴线钉为准，将墙边线、基础边线、基坑开挖边线等标定在龙门板上。标定基坑上口开挖宽度时，应按有关规定考虑放坡尺寸。

龙门板使用方便，但它需要木材较多，近年来有些施工单位已不设置龙门板而只设轴线控制桩。

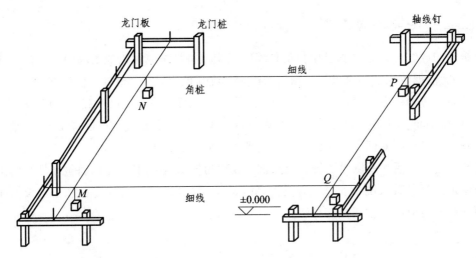

图 11.11 龙门板的设置

11.3.3 民用建筑施工测量概述

民用建筑是指供人们居住、生活和进行社会活动用的建筑物，如民用住宅、办公楼、学校、食堂、俱乐部、医院、影剧院等。民用建筑施工测量的任务是按照设计的要求，把建筑物的位置测设到地面上，并配合施工以保证工程质量。主要工作包括建筑物的定位和放线、基础施工测量、墙体施工测量等。在进行施工测量之前，要做好以下几项准备工作。

1. 熟悉设计图纸

设计图纸是施工测量的依据。在测设前应从设计图纸上了解工程全貌、施工建筑物与相邻地物的相互关系以及该工程对施工的要求，核对有关尺寸，以免出现差错。

2. 现场踏勘

通过对现场进行查勘，了解建筑场地的地物、地貌和原有测量控制点的分布情况，并对建筑场地上的平面控制点、水准点进行检核，无误后方可使用。

3. 制订测设方案

根据设计要求、定位条件、现场地形和施工方案等因素制订施工放样方案。如图 11.12 所示，按设计要求，拟建 3 号建筑物与已建 1 号建筑物平行，两相邻墙面相距 20 m，南墙面在一条直线上。因此，可以根据已建的建筑物用直角坐标法进行放样。

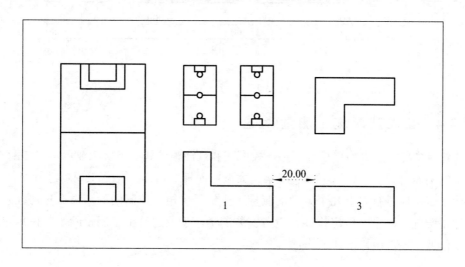

图 11.12　建筑总平面图

4. 准备放样数据

除了计算出必要的放样数据外，还需从下列图纸上查取房屋内部平面尺寸和高程数据。

（1）从建筑总平面图上（见图 11.12）查出或计算拟建建筑物与原有建筑物或测量控制点之间的平面尺寸和高差，作为测设建筑物总体位置的依据。

（2）从建筑平面图中（见图 11.13）查取建筑物的总尺寸和内部各定位轴线之间的关系尺寸，作为施工放样的基础资料。

（3）从基础平面图上查取基础边线与定位轴线的平面尺寸以及基础布置与基础剖面位置的关系。

（4）从基础详图中查取基础立面尺寸、设计高程以及基础边线与定位轴线的尺寸关系，作为基础高程放样的依据。

（5）从建筑物的立面图和剖面图上，查取基础地坪、楼板、门窗、屋面等设计高程，作为高程放样的主要依据。

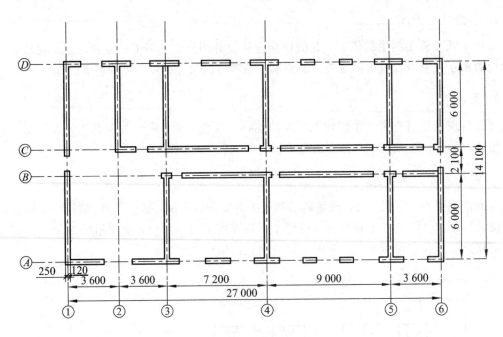

图 11.13　建筑平面图

11.3.4　工业建筑施工测量概述

工业建筑中的厂房分为单层和多层、装配式和现浇整体式。单层工业厂房以装配式为主，采用预制的钢筋混凝土柱、吊车梁、屋架、大型屋面板等构件，在施工现场进行安装。

工业施工中应进行以下几个方面的测量工作：厂房矩形控制网的测设、厂房柱列轴线放样、杯形基础施工测量、厂房构件及设备安装测量。工业建筑施工测量除了与民用建筑相同的准备工作外，还需做好下列工作：

1. 制订厂房矩形控制网的测设方案及计算测设数据

工业建筑一般采用厂房矩形控制网作为厂房的基本控制。可以依据建筑方格网，采用直角坐标法进行定位。

工业建筑厂房测设的精度要高于民用建筑，而厂区原有的控制点的密度和精度又不能满足厂房测设的需要，因此，对于每个厂房还应在原有控制网的基础上，根据厂房的规模大小，建立满足精度要求的独立矩形控制网，作为厂房施工测量的基本控制。

对于一般中、小型厂房，可测设一个单一的厂房矩形控制网，即在基础的开挖边线以外 4 m 左右，如图 11.14 所示：1、2、3、4 是厂房最外边的四条轴线交点。U、R、T、S 是布设在基坑开挖范围以外的矩形控制网的厂房控制桩。先定出 I、J 点，再定控制桩。测设一个与厂房轴线平行的矩形控制网 $RSTU$（见图 11.14），即可满足测设的需要。对于大型厂房或设备基础复杂的厂房，为保证厂房各部分精度一致，需先测设一条主轴线，然后以此主轴线测设出矩形控制网。一般厂房控制网角度误差不超过 $\pm 10''$，边长误差不低于 1/10 000。

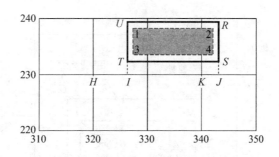

图 11.14　厂房矩形控制网测设略图

厂房矩形控制网的测设方案，通常是根据厂区的总平面图、厂区控制网、厂房施工图和现场地形情况等资料来制订的。其主要内容包括确定主轴线位置、矩形控制网位置、距离指标桩的点位、测设方法和精度要求。在确定主轴线点及矩形控制网位置时，考虑到控制点能长期保存，应避开地上和地下管线，距厂房基础开挖边线以外 1.5～4 m。距离指标桩的间距一般为厂房柱距的倍数，但不要超过所用钢尺的整尺长。

2．绘制测设略图

图 11.14 是依据厂区的总平面图、厂区控制网、厂房施工图等资料，按一定比例绘制的测设略图。

11.3.5　厂房矩形控制网的测设

为满足厂房构件安装和生产设备安装的要求，测设厂房柱列轴线应该有较高的精度，厂房放样时应先建立厂房矩形施工控制网，以此作为轴线测设的基本控制。

1．中小型工业厂房控制网的建立

对于单一的中小型工业厂房而言，测设一个简单矩形控制网即可满足放样的要求。测设简单的矩形控制网可以采用直角坐标法、极坐标法和角度交会法等，现以直角坐标法为例，介绍依据建筑方格网建立厂房控制网的方法。

如图 11.15 所示，M、N、O、P 为厂房边轴线的交点，M、O 两点的坐标在总平面图已标出。E、F、G、H 是布设在厂房基坑开挖线以外的厂房控制网的四个角桩，称为厂房控制桩。控制网的边与厂房轴线相互平行。

测设前，先由 M、O 点的坐标推算出控制点 E、F、G、H 的坐标，然后以建筑方格网点 C、D 坐标值为依据，计算测设数据 CJ、CK、JE、JF、KH、KG。测设时，根据放样数据，从建筑方格网点 C 开始在 CD 方向上定出 J、K 点；然后，将全站仪分别安置在 J、K 点上，采用直角坐标法测设 JEF、KHG 方向，根据测设数据定出厂房控制点 E、F、G、H，并用大木桩标定，同时测出距离指标桩。最后，应复核 ∠F、∠G 是否为 90°，要求其误差不应超过 ±10″；精密丈量 EH、FG 的距离，与设计长度进行比较，其相对误差不应超过 1/10 000～1/25 000。

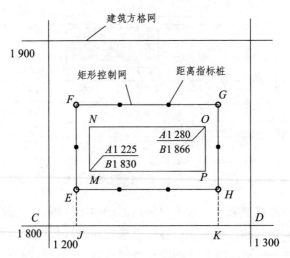

图 11.15　中小型工业厂房简单矩形控制网

2. 大型工业厂房控制网的建立

对大型工业厂房、机械化程度较高或有连续生产设备的工业厂房，需要建立有主轴线的较为复杂的矩形控制网。主轴线一般应与厂房某轴线方向平行或重合。

如图 11.16 所示，主轴线 AOB 和 COD 分别选定在厂房柱列轴线 C 轴和⑨轴上，P、Q、R、S 为控制网的四个控制点。

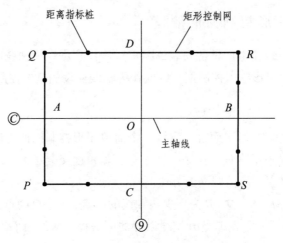

图 11.16　控制点的布置

测设时，首先按主轴线测设方法将 AOB 测定于地面上，再以 AOB 轴为依据测设短轴 COD，并对短轴方向进行方向改正，使轴线 AOB 与轴线 COD 正交，限差为 ±5″。主轴线方向确定后，以 O 点为中心，用精密丈量的方法测定纵、横轴端点 A、B、C、D 位置，主轴线长度相对精度为 1/5 000。主轴线测设后，可测设矩形控制网，测设时分别将全站仪安置在 A、B、C、D 点，瞄准 O 点测设 90°方向，交会定出 P、Q、R、S 四个角点，然后精密丈量 AP、AQ、BR、BS、CP、CS、DQ、DR 长度，精度要求同主轴线，不满足时应进行调整。

为了便于厂房细部施工放样，在测定矩形控制网的各边时应该按一定间距测设出距离指标桩。

11.4 施工过程中的测量工作

11.4.1 建筑物基础施工测量

建筑物轴线测设完成后，根据基础详图的尺寸和高程要求，考虑防止基坑坍塌而增加的放坡尺寸，在地面上用白灰标示开挖边线，即可进行基础施工。

1. 基坑开挖的深度控制

如图 11.17 所示，开挖基坑时，应密切关注挖土的深度，当基坑挖到一定深度时，应在坑壁四周离坑底设计高程 0.3 ~ 0.5 m 处设置几个水平桩，用以控制挖槽深度。

此外还应在基坑内测设出垫层的高程，即在坑底设置小木桩，使桩顶面高度恰好等于垫层的设计高程。

为施工时使用方便，一般在坑壁各拐角处、深度有变化处和基坑壁上每隔 3 ~ 4 m 处测设一个水平桩，并沿桩顶面拉直线绳，作为修平坑底和基础垫施工的高程依据。水平桩高程测设的允许误差为±10 mm。

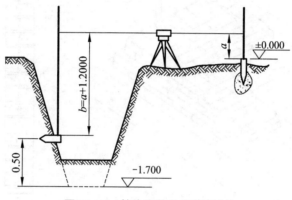

图 11.17 基坑开挖的深度控制

2. 基坑底面和垫层轴线投测

如图 11.18 所示，基坑挖至规定高程并清底后，将全站仪安置在轴线控制桩上，瞄准轴线另一端的控制桩，即可把轴线投测到坑底，作为确定坑底边线的基准线。垫层打好后，用全站仪或用拉绳挂垂球的方法把轴线投测到垫层上，并用墨线弹出墙中心线和基础边线，作为砌筑基础或支槽板的依据。由于整个墙身砌筑均以此线为准，这是确定建筑物位置的关键环节，所以经严格校核后，方可进行砌筑施工。

3. 基础高程的控制

如图 11.19 所示，房屋基础墙（±0.00 m 以下的砖墙）的高度是利用基础皮数尺来控制的。基础皮数尺是一根木制的尺子，在尺子上事先按设计尺寸，将砖、灰厚度画出线条，并标出±0.00 m 及防潮层的高程位置。

立皮数尺时，可先在立尺处打一个木桩，用水准仪在该木桩侧面定出一条高于垫层高程某一数值（如 10 cm）的水平线，然后将皮数尺上高程相同的一条线与木桩上的水平线对齐，并用大铁钉把皮数尺与木桩钉在一起，作为基础墙的高程依据。

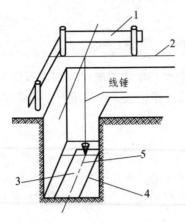

1—龙门板；2—细线；3—垫层；4—基础边线；5—墙中线。

图 11.18　基坑底面和垫层轴线投测

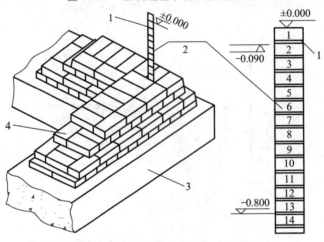

1—防潮层；2—皮数尺；3—垫层；4—大放脚。

图 11.19　基础高程的控制

基础施工结束后，应检查基础面的高程是否满足设计要求（也可以检查防潮层）。可用水准仪测出基础面上若干的高程和设计高程相比较，允许误差为±10 mm。

11.4.2　墙体施工测量

1. 墙体定位

如图 11.20 所示，利用轴线控制桩或龙门板上的轴线和墙边线标志，用全站仪或拉细线绳挂垂球的方法将轴线投测到基础面上或防潮层上，然后用墨线弹出墙中线和墙边线。检查外墙轴线交角是否符合要求（等于 90°），然后把墙轴线延伸并画在外墙基础上，作为向上部投测轴线的依据。同时，把门窗和其他洞口的边线在外墙基础立面上画出。

2. 墙体各部位高程的控制

在墙体施工中，墙身各部位高程通常也用皮数尺控制。在内墙的转角处竖立皮数尺，每隔 10～15 m 立一根。墙身皮数尺上根据设计尺寸，按砖、灰缝厚度画出线条，标明±0.00 m、门、窗、楼板等高程位置，如图 11.21 所示。立尺时要用水准仪测定皮数尺的高程，使皮数尺上±0.00 m 高程与房屋的室内地坪高程相吻合，然后就可以根据墙的边线和皮数尺来砌墙。一般在墙身砌起 1 m 以后，就在室内墙身上定出+0.50 m 的高程线，作为该层地面施工和室内装修用。

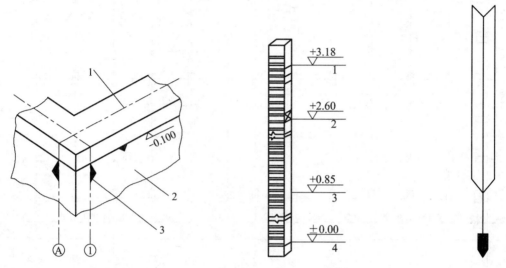

1—墙中线；2—外墙基础；3—轴线标志。　1—楼板；2—底层窗过梁；3—窗台面；4—室内地坪。

　　图 11.20　墙体定位　　　　　图 11.21　墙体高程的控制　　　图 11.22　托线板示意

当墙体砌至窗台时，要在外墙面上根据房屋的轴线量出窗的位置，以便砌墙时预留窗洞的位置；然后，按设计图上的窗洞尺寸砌墙即可。墙的竖直度可以使用托线板（见图 11.22）进行校正，使用方法是把托线板的侧面紧靠墙面，看托线板上的垂球是否与板的墨线对准，如果有偏差，可以校正砖的位置。

在第二层及以上墙体施工中，墙体的轴线根据底层的轴线，用垂球先引测到底层的墙面上，然后再用垂球引测到二层楼层上。在砌第二层墙体时，要重新在第二层楼的墙角处设立皮数尺。为了使皮数尺立在同一水平面上，要用水准仪测出楼板面四角的高程，求其平均值作为地坪高程，并以此作为立尺标志。

框架结构的民用建筑，墙体砌筑是在框架施工后进行，故可在柱面上画线，代替皮数尺。

11.4.3　厂房柱列轴线与柱基的测设

图 11.23 为某厂房的平面示意图，A、B、C 轴线及 1、2、3…轴线分别是厂房的纵、横柱列轴线，又称为定位轴线。纵向轴线的距离表示厂房的跨度，横向轴线的距离表示厂房的柱距。由于厂房构件制作及构件安装时相互之间尺寸要满足一定的协调关系，故在柱基测设时要特别注意柱列轴线不一定是柱的中心线。

1. 厂房柱列轴线的测设

厂房矩形控制网建立后，根据厂房控制桩和距离控制桩，按照厂房的跨度和柱间距用钢尺沿矩形控制网各边逐段量出各柱列轴线端点的位置，并设轴线控制木桩，作为柱基测设和施工的依据，如图 11.24 所示。

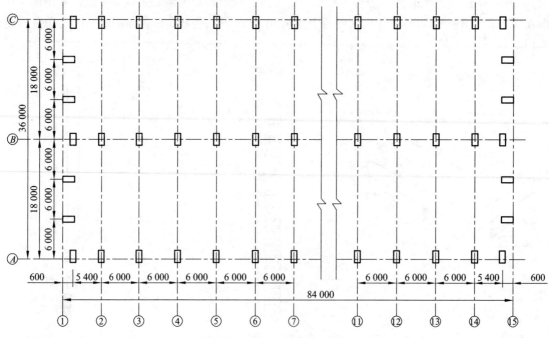

图 11.23　某厂房平面示意图

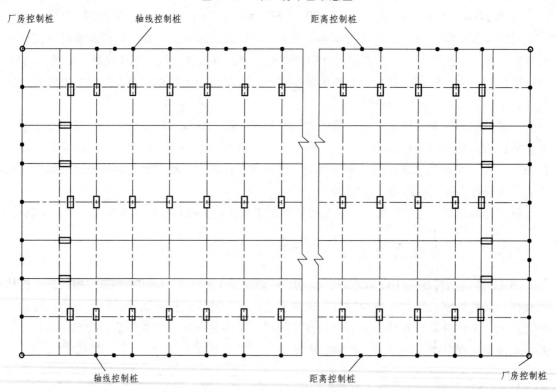

图 11.24　厂房柱列轴线的测设

2. 柱基测设

柱基的测设应以柱列轴线为基线，按基础施工图中基础与柱列轴线的关系尺寸进行。

如图 11.25 所示，以 C 轴与⑤轴交点处的基础详图为例，说明柱基的测设方法。首先将两台全站仪分别安置在 C 轴与⑤轴一端的轴线控制桩上，瞄准各自轴线另一端的轴线控制桩，交会定出轴线交点作为该基础的定位点（该点不一定是基础中心点）。沿轴线在基础开挖边线以外 1~2 m 处的轴线上打入四个基础定位小木桩 1、2、3、4，并在桩上用小钉标明位置，作为基坑开挖后恢复轴线和立模的依据，然后按柱基施工图的尺寸用白灰标出基础开挖边线。

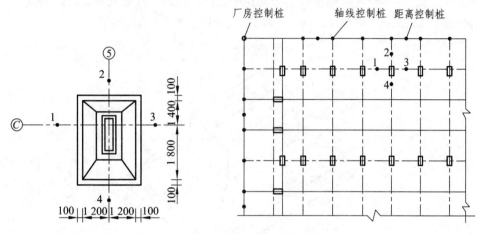

图 11.25　柱基测设

3. 柱基施工测量

当基坑开挖至接近基坑设计坑底高程时，在基坑壁的四周测设高程相同的水平桩，水平桩位置距设计坑底高程相差 0.5 m，以此作为修正基坑底位置和控制垫层位置的依据。

基础垫层做好后，根据基坑旁的基础定位小木桩，用拉线吊垂球法将基础轴线投测到垫层上，弹出墨线，作为柱基础立模的依据。

11.5　厂房预制构件安装测量

在单层工业厂房中，柱、吊车梁、屋架等构件是先进行预制，而后在施工现场吊装的。这些构件安装就位不准确将直接影响厂房的正常使用，严重时甚至导致厂房倒塌。其中带牛腿柱的安装就位正确性对其他构件（吊车梁、屋架）的安装产生直接影响，因此，整个预制构件的安装过程中柱的安装就位是关键。柱子安装就位应满足下列限差要求：

（1）柱中心线与柱列轴线之间的平面关系尺寸容许偏差为±5 mm。

（2）牛腿顶面及柱顶面的实际高程与设计高程容许偏差：当柱高不大于 5 m 时应不大于±5 mm；柱高大于 5 m 时应不大于±8 mm。

（3）柱身的垂直度容许偏差：当柱高不大于 5 m 时应不大于±5 mm；柱高在 5~10 m 时应不大于±10 mm；当柱高超过 10 m 时，限差为柱高的 1/1 000，且不超过 20 mm。

11.5.1 柱的安装测量

1. 柱吊装前的准备工作

（1）基础杯口顶面弹线及柱身弹线。

柱的平面就位及校正，是利用柱身的中心线和基础杯口顶面的中心定位线进行对位实现的。因此，柱子吊装前，应根据轴线控制桩将柱列轴线测设到基础杯口顶面上（见图 11.26），并弹出墨线，用红漆画上"▲"标志，作为柱子吊装时确定轴线的依托。当柱列轴线不通过柱子的中心线时，应在杯形基础顶面上加弹柱中心线。同时，还要在杯口的内壁测设出比杯形基础顶面低 10 cm 的一条 H_1 高程线，弹出墨线并用"▼"标志表示。

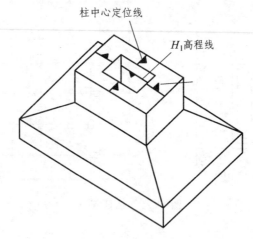

图 11.26　基础弹线

柱子吊装前，将柱子按轴线位置编号，并在柱子的三个侧面上弹出柱的中心线，在每条中心线的上端和靠近杯口处画上"▲"标志，供校正时用。

（2）柱身长度的检查及杯底找平。

柱的牛腿顶面要放置吊车梁和钢轨，吊车运行时要求轨道有严格的水平度，因此牛腿顶面高程应符合设计高程要求。如图 11.27 所示，检查时沿柱子中心线根据牛腿顶面高程 H_2 用钢尺量出 H_1（见图 11.26）高程位置，并量出 H_1 处到柱最下端的距离，使之与杯口内壁 H_1 高程线到杯底的距离相比较，从而确定杯底找平厚度。同时，根据牛腿顶面高程在柱下端量出 ±0.000 m 位置，并画出标志线。

2. 柱安装时的测量工作

当柱子被吊入基础杯口里时，使柱子中心线与杯口顶面柱中心定位线相吻合，并使柱身概略垂直后，将钢楔或硬木楔插入杯口，用水准仪检测柱身已标定的 ±0.000 m 位置线，并复查中心线对位情况，符合精度要求后将楔块打紧，使柱临时固定，然后进行竖直校正。

如图 11.28 所示，同时在纵、横柱列轴线上与柱子的距离不小于 1.5 倍柱高的位置处各分别安置一台全站仪，先瞄准柱下部的中心线，固定照准部，再仰视柱上部中心线，此时柱子中心线应一直在竖向视线上。若有偏差，说明柱子不垂直，应同时在纵、横两个方向上进行垂直度校正，直到都满足为止。

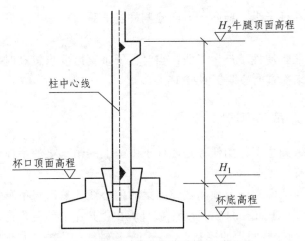

图 11.27　柱身长度的检查及杯底找平

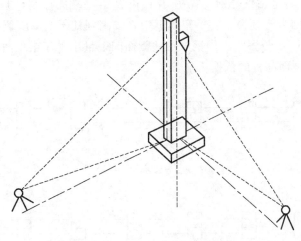

图 11.28　柱安装时的校准测量

　　在实际吊装工作中，一般是先将成排的柱子吊入杯口并临时固定，然后再逐根进行竖直校正。如图 11.29 所示，先在柱列轴线的一侧与轴线成不大于 90°的方向上安置全站仪，且在一个位置可先后进行多个柱子校正。校正时应注意全站仪瞄准的是柱子中心线，而不是基础杯口顶面的柱子定位线。对于变截面柱子，校正时全站仪必须安置在相应的柱子轴线上。

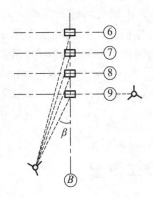

图 11.29　柱吊装校正测量

柱子校正后，应在柱子纵、横两个方向检测柱身的垂直度偏差，满足限差要求后要立即灌浆固定柱子。

考虑到过强的日照将使柱子产生弯曲，当对柱子垂直度要求较高时，柱子的垂直度校正应尽量选择在早晨无阳光直射或阴天时校正。

11.5.2　吊车梁吊装测量

在安装吊车梁时，测量工作的任务是使柱子牛腿上的吊车梁的平面位置、顶面高程及梁端中心线的垂直度都符合要求。

吊装前，先在吊车梁两端面及顶面上弹出梁的中心线，然后将吊车轨道中心线投测到柱子的牛腿侧面上。投测方法如图 11.30 所示，先计算出轨道中心线到厂房纵向柱列轴线的距离 e，再分别根据纵向柱列轴线两端的控制桩，采用平移轴线的方法，在地面上测设出吊车轨道中心线 A_1A_1 和 B_1B_1。将全站仪分别安置在 A_1A_1 和 B_1B_1 一端的控制点上，严格对中整平，照准另一端的控制点，仰视望远镜，将吊车轨道中心线测到柱子的牛腿侧面上，并弹出墨线。同时，根据柱子±0.000 m 位置线，用钢尺沿柱侧面向上量出吊车梁顶面设计高程线，画出标志线作为调整吊车梁顶面高程的依据。

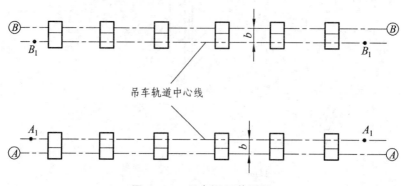

图 11.30　吊车梁吊装测量

吊车梁吊装时，将梁上的端面就位中心线与柱子牛腿侧面的吊车轨道中心线对齐，完成吊车梁平面就位。

平面就位后，应进行吊车梁顶面高程检查。将水准仪置于吊车梁面上，根据柱上吊车梁顶面设计高程线检查吊车梁顶高程，不满足时抹灰调整。

吊车梁位置校正时，应先检查校正厂房两端的吊车梁平面位置，然后在已校好的两端吊车梁之间拉上钢丝，以此来校正中间的吊车梁，使中间吊车梁顶面的就位中心线与钢丝线重合，两者的偏差应不大于±5 mm。在校正吊车梁平面位置的同时，用吊垂球方法检查吊车梁的垂直度，不满足时在吊车梁支座处加垫铁纠正。

11.6　烟囱、水塔的施工测量

高耸构筑物的特点是主体的筒身高度很大，如烟囱、水塔。相对筒身而言的基础平面尺寸较小，整个主体垂直度又由通过基础圆心的中心铅垂线控制，筒身中心线的垂直偏差对其整体稳定性影响很大，因此，烟囱施工测量的主要工作是控制烟囱筒身中心线的垂直度。

当烟囱高度 H 大于 100 m 时，筒身中心线的垂直偏差不应大于 0.000 5 H，烟囱圆环的直径偏差值不得大于 30 mm。

11.6.1 烟囱基础施工测量

在烟囱基础施工前应先进行基础的定位。如图 11.31 所示，利用场地测图控制网先在地面上定出烟囱的中心位置 O 点上打上木桩，将全站仪放置于 O 点，测设出正交的两条定位轴线 AB 和 CD。为便于校正桩位及施工中测设，在每个轴线的每一侧至少应设置两个轴线控制桩，桩点至中心位置 O 点的距离以不小于烟囱高度的 1.5 倍为宜，控制桩应牢固并妥善保管。

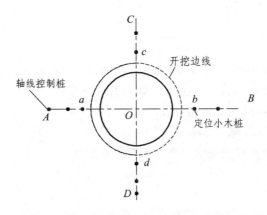

图 11.31　烟囱基础施工测量

为使基础开挖后能恢复基础中心点，还应在基础开挖边线外侧的轴线上测设出四个定位小木桩 a、b、c、d。

烟囱基础浇筑完毕后，在基础中心处埋设一块钢板，根据基础定位小木桩用全站仪将中心点 O 引测到钢板上，并刻上"+"字，作为烟囱竖向投点和控制筒身半径的依据。

11.6.2 烟囱筒身施工测量

烟囱筒身施工时的主要测量工作是将中心点引测到施工作业面上，有两种方法：

1. 垂球引测法

烟囱高度不大时采用垂球引测法。在施工作业面上用钢丝悬吊一个大垂球，烟囱越高垂球重量应越重。使垂球尖对准基础面标志"+"字交点，则钢丝悬吊点即为该工作面的筒身中心点；并以此点复核工作面的筒身半径长度。每升高 10 m 复核一次。复核时把全站仪安置在各轴线控制桩上，瞄准各轴线相应一侧的定位小木桩 a、b、c、d，将轴线投测到施工面边上并做标记，然后将相对的两个标记拉线，两线交点都为烟囱中心点。将该点与垂球引测点比较，超过限差时以全站仪投测点为准，作为继续向上施工的依据。垂球引测法简单，但易受风的影响，高度越高影响越大。

2. 激光铅垂仪投测法

将激光铅垂仪安置在烟囱基础的"+"字交点上，工作面中央处安放激光铅垂仪接收靶，适用于较高的混凝土烟囱铅垂定位。定位时在每次提升工作平台前、后都应进行铅垂定位测量，并及时调整偏差。在筒身施工过程中激光铅垂仪要始终放置在基础的"+"字交点上，为防止高空坠物对观测人员及仪器的危害，应做好保护工作。

烟囱筒身高程控制是先用水准仪在筒壁测设出+0.5 m 的高程线，以此位置用钢尺竖直量距，来控制烟囱施工的高度。

11.7 高层建筑施工测量

11.7.1 轴线投测

高层建筑物施工测量中的主要问题是控制竖向偏差，也就是各层轴线如何精确地向上引测的问题。高层建筑由于高度大、层数多，如果出现较大的竖向倾斜，直接影响到房屋结构的承载力。《钢筋混凝土高层建筑结构设计与施工规定》中规定：竖向误差在本层内不得超过 5 mm，全楼的累积误差不得超过 20 mm。

轴线投测一般采用全站仪投测法和激光铅垂仪投测法。

1. 全站仪投测法

图 11.32 为某高层建筑基础平面的示意图。在各轴线中③轴和ⓒ轴处于中间位置，叫作中心轴线。建筑物定位后，分别在两中心轴线上选定 3、3′、C、C′点；并埋设半永久性轴线控制桩，称为引桩，用作全站仪投点的观测站。引桩至建筑物的距离不应小于建筑物的高度，否则因全站仪仰角过大，影响投测精度。基础完工时，用全站仪将③轴和ⓒ轴引测到基础的侧面上，得到 p、q、m、n 四点，并做标记。

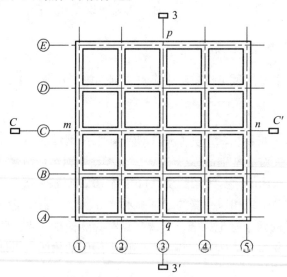

图 11.32 某高层建筑基础平面示意图

如图 11.33 所示，向上投测轴线时，将全站仪安置在轴线引桩 3′上，瞄准 q，然后分别用盘左、盘右两个位置向上投测，在楼板或墙柱上做出标记，取其中点 q′即为投测轴线的一个端点。把全站仪安置在轴线的另一端引桩上，投测出另一端点 p′，边线 p′q′就是楼层上的中心轴线。同理，投测出另一中心轴线 m′n′。中心轴线投测完成后，用平行推移的方法确定出其他各轴线，弹出墨线；最后还需检查所投轴线的间距和交角，合格后方可进行该楼层的施工。

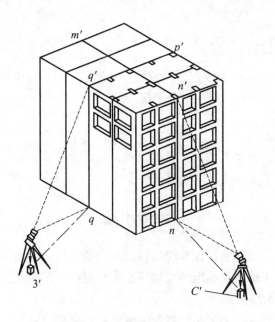

图 11.33　轴线投测

为了保证投测的质量，仪器必须经过严格的检验和校正，投测宜选在阴天、早晨及无风的时候进行，以尽量减少日照及风力带来的不利影响。

2. 激光铅垂仪投测法

高层建筑物轴线投测除按全站仪引桩正倒镜分中投点法外，还可以利用天顶、天底准直法的原理进行竖向投测。

天顶准直法是使用能测设铅直向上方向的仪器，如激光铅直仪、激光全站仪或配有 90°弯管目镜的全站仪等。投测时将仪器安置在底层轴线控制点上，进行严格对中整平（用激光全站仪需将望远镜指向天顶）。在施工层预留孔中央设置用透明聚酯膜片绘制的接收靶，起辉激光器，经过光斑聚焦，使在接收靶上形成一个最小直径的激光光斑；接着，水平旋转仪器，检查光斑有无划圆情况，以保证激光束铅直；然后，移动靶心使其与光斑中心重合，将接受靶固定，则靶心即为铅直投测的轴线点。

天底准直法是使用能测设铅直向下的垂准仪进行竖向投测的。其具体做法是将垂准全站仪安置在浇筑后的施工层上，通过在每层楼面相应于轴线点处的预留孔，将底层轴线点引测到施工层上。

11.7.2 高程传递

高层建筑物施工中，高程要由下层楼面向上层传递。传递高程的方法有以下三种。

1. 用钢尺直接丈量

先用水准仪在墙体上测设出+1 m 的高程线，然后从高程线起用钢尺沿墙身往上丈量将高程传递上去。

2. 利用皮数尺传递高程

在皮数尺上自±0.00 mm 高程线起，门窗洞口、过梁、楼板等构件的高程都已注明。一层楼砌好后，则从一层皮数尺起一层一层往上接。

3. 悬吊钢尺法

在楼梯间悬吊钢尺，钢尺下端挂一重锤，使钢尺处于铅垂状态，用水准仪在下面与上面楼层分别读数，然后按水准测量的原理把高程传递上去。

本章小结

施工测量的主要工作内容包括建立施工控制网、场地整平、测设各个建（构）筑物的主轴线和辅助轴线、根据主轴线和辅助轴线标定建筑物的各个细部点、施工期间和建成后的变形观测以及工程竣工后的竣工测量。

施工控制网经常需要进行施工坐标系与测量坐标系之间的转换。平面控制网一般分两级布设。对高程控制网，当场地面积不大时一般按四等布设，场地面积较大时可分为两级布设。

民用建筑工程测量就是按照设计要求将民用建筑的平面位置和高程测设出来。其测设过程主要包括建筑物的定位、细部轴线放样、基础施工测量和墙体施工测量等。

工业建筑工程测量主要包括厂房矩形控制网的测设，厂房柱列轴线和柱基测设，厂房预制构件安装测量，烟囱、水塔施工测量等。

高层建筑工程施工测量中，施工测量精度要求很高。其主要工作内容有建筑物的定位、基础施工、轴线投测和高程传递等。

习 题

1. 什么是施工测量？其工作内容和特点是什么？
2. 相比测图控制网，施工控制网有什么特点？
3. 建筑场地平面控制网有哪几种形式？它们各适用于哪些场合？
4. 什么叫轴线控制桩？它的作用是什么？什么叫龙门板？应如何设置？
5. 建筑基线有几种布设形式？当三点不在同一条直线上时，为什么横向调整量是相同的？
6. 用极坐标法如何测设主轴线上的三个定位点？试绘图说明。
7. 在工业厂房施工测量中，为什么要专门建立独立的厂房控制网？

8. 如何进行厂房柱子的垂直度矫正？应注意哪些问题？

9. 高层建筑物垂直度控制测量有哪几种方法？各有何特点？

10. 高层建筑物施工测量中，高程传递有几种方法？

第 12 章　线路工程测量

> 本章要点：本章主要介绍了线路工程测量的任务、内容，重点介绍了曲线及其测设、纵横断面测量的方法。学生在学习中应重点掌握有关曲线交点测设、里程桩的设置、曲线详细测设、纵横断面图测绘的方法。本章难点是带有缓和曲线的圆曲线测设。

12.1　概　述

线路工程主要是指公路、铁路、管道、输电线路、索道等带状延伸的工程。线路测量是指线路工程在勘测、设计、施工和竣工阶段的测量工作。其主要工作有两个方面：一是为线路工程的规划设计提供地形及其他相关信息，以地形图和断面图为主；二是按照设计要求将线路中线位置测设到地面上的工作，以及施工过程中的其他测量和测设工作。根据工程性质不同，某些工程在施工过程中或运营期间需要进行施工监测和变形测量。

各种线路工程测量的程序和方法是大致相同的。因此，其主要内容可以概括为以下几方面。

1. 资料收集

收集线路规划设计区域内各种比例尺地形图和断面图、沿线水文与地质资料、控制点等数据。

2. 线路选线

根据工程要求，在原有地形图上，结合实地勘察进行图上定线。初步规划或确定线路走向，初步选定一些重要技术标准。

3. 初　测

初测是为初步设计提供资料而进行的勘测工作。将图上所定线路在实地标出其基本走向，并沿路线走向进行平面和高程控制测量；测绘大比例尺带状地形图，为初步设计对路线做进一步研究和比较提供数据。

4. 定　测

定测就是根据批准的方案，将图上确定的路线位置测设到实地上去，进行实地定线。其主要工作包括中线测量、纵横断面测量和局部地形测量，为施工图设计提供数据。定测过程中也可以根据实际情况对局部线路进行修改。

5. 施工测量

根据施工设计要求，将线路测设于实地，同时进行施工测量和施工监测，指导现场施工。

6. 竣工测量

竣工后进行竣工测量，编制竣工图。为工程质量验收，运营期间维修、管理提供依据。按建设项目的营运安全需要，对特殊工程竣工后需进行变形观测。

12.2 中线测量

线路工程类型不同，测量工作会有所不同，但中线测量是线路工程施工中必不可少的核心测量工作。受地形、地质和施工技术条件的限制以及经济发展的需要，线路的方向会不断改变。如图 12.1 所示，线路中线是由直线和曲线组成的。相邻直线段延长的交点也是线路的转向点，用 JD 表示。设计中确定的交点和线路起、终点确定了线路的位置和走向。交点作为详细测设线路中线的控制点，在线路勘测设计中，是根据地形、线路等级、技术要求、水文地质条件以及环境等因素确定的。

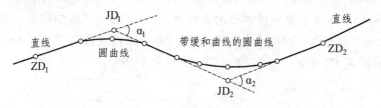

图 12.1　线路平面组成

中线测量包括放线和中桩测设两部分工作。放线就是将确定线路中线位置的控制桩交点（JD）和直线转点（ZD）测设到地面上；中桩测设就是沿直线和曲线详细测设中线桩。

12.2.1　放线测量

1. 交点测设

交点测设有很多种方法，常用的有拨角法、支距法和（全站仪）坐标法、极坐标法。

（1）拨角法。

如图 12.2 所示，首先，根据纸上定线求出交点坐标，结合初测导线点坐标，计算出相邻交点间的距离和相邻直线段的夹角。

测设时在导线点 N_1 安置仪器，以 N_2 为定向点，测设角度 β_1，沿此方向测设距离 D_1，定出 A 点。将仪器搬至 JD_1 点，后视 N_1 点，测设角度 β_2 和距离 D_2 定出 JD_2 点。以此类推，可以定出其他交点。

此方法操作简单、速度快、工效高，但其缺点是测设误差容易积累，《铁路测量技术规则》规定，中线每隔 5~10 km 应与已知点（初测导线点、航外控制点、GPS 点）联测一次。用

DJ$_2$级仪器施测时，角度闭合差不大于$\pm25''\sqrt{n}$，采用测距仪测设时，长度相对闭合差不超过1/3 000。

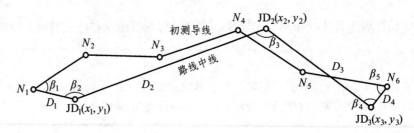

图 12.2　拨角法放线

当交点相距较远或不通视时，中间可以加设直线转点（ZD）。

（2）支距法。

支距法就是利用线路中线附近的导线点（航测外控点）与纸上定线的几何关系，独立地把线路直线段测设到地面上，然后通过相邻直线段的延伸得到交点。

其工作程序为准备资料→放点→穿线→交点。

① 放点。

如图 12.3 所示，根据导线点 A、B、C，按一定几何关系在线路中线上选择出临时点 1、2、3，然后量取相关数据就可以进行测设了。

临时点的选择结合具体情况，不但要考虑测设方便、点间有足够的距离，而且要求相邻点能通视。如图 12.3 中点 2 是经过 B 点的导线边 AB 的垂线与线路中线的交点。测设前，用量角器、比例尺等工具在图上量取测设数据，测设时用全站仪或方向架定出 AB 边的垂线方向，在此方向上测设距离 D$_2$ 就得到点 2。测设的方法见第 10 章。

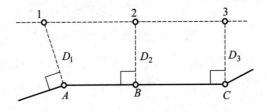

图 12.3　支距法放线

为了检核和保证精度，一直线段至少应放出 3 个以上的临时点。

② 穿线。

支距法放出来的临时点是独立的，没有误差积累，但是由于量测数据和测设时误差的影响，实际各临时点放到地面上并不会在一条直线上。由此必须找出一条尽可能通过或接近临时点的直线作为线路中线，这就是穿线。如图 12.4 所示，根据现场实际，可以采用目估法或全站仪进行穿线。

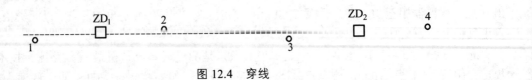

图 12.4　穿线

目估法就是在各临时点附近的适当位置选择 ZD_1 和 ZD_2，树立花杆确立直线，同时在直线一端通过目测判定各临时点是否靠近直线，否则移动花杆直至满足要求。桩定 ZD_1 和 ZD_2，则所求直线就确定了。

全站仪穿线时，可以将仪器安置于一个较高的临时点上，照准最远处的转点，建立视线。中间的临时点若偏离不大时，可以移动各点并标定在视线方向上；也可以将仪器安置在某临时点附近，若能使其前后的临时点大多位于仪器正、倒镜视线所确立的直线方向附近，此视线方向就作为直线段的方向，桩定出若干个中间点即可。

③ 延线交点。

如图 12.5 所示，定出各直线段转点桩后，相邻直线延长即可定出交点。延长直线一般采用盘左盘右分中法，此时前后视线长度不能相差太大，定向点不能太近。对点、投点应保证一定的精度。

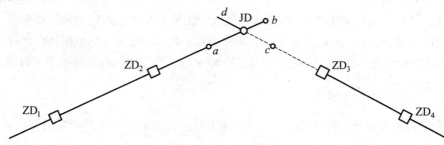

图 12.5　延线交点

交点时，将全站仪安置在一条直线的 ZD_2 上，后视 ZD_1 点，倒镜后沿视线方向在 JD 点概略位置前后各打下一个木桩（称骑马桩），采用盘左盘右分中法定出 a、b 两点；仪器移至 ZD_3，后视 ZD_4，同法定出 c、d 两点。沿 a、b 和 c、d 挂上细线，在两线交点处打下木桩并钉上小钉，即得交点 JD。

（3）（全站仪）坐标法、极坐标法。

根据导线点、交点的坐标，可以采用全站仪坐标法或极坐标放样的方法直接定出交点。精度高、速度快，可大大提高放线效率。

2. 转点测设

当相邻的两个交点不通视或直线较长时，为了便于测设工作，可以在两交点间或延长线上设置若干直线转点（ZD）。转点的测设可以采用上述交点测设的方法，也可以采用下述方法。

（1）交点间设置转点。

如图 12.6 所示，交点 JD_5 和 JD_6 不通视，ZD′为用目估法初步确定的直线转点。为了检查 ZD′是否在两个交点的连线上，可以将全站仪安置于 ZD′点上，采用正倒镜分中法延长直线 JD_5—ZD′至 JD_6' 点。测量 JD_6' 至 JD_6 的距离 f，若 JD_6' 至 JD_6 的偏距在允许的范围以内，则以 ZD′作为转点；否则，对 ZD′进行调整。

调整时，用视距法测定距离 a、b，并按下式计算将 ZD′横移至 ZD 的调整值。

$$e = \frac{a}{a+b} \cdot f \tag{12.1}$$

调整后，再将全站仪安置在 ZD 点，按上述方法进行检验，直到符合要求为止。

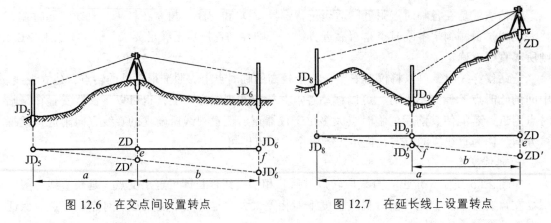

图 12.6 在交点间设置转点	图 12.7 在延长线上设置转点

（2）延长线上设置转点。

如图 12.7 所示，JD$_8$、JD$_9$不通视，ZD′为延长线上用目估法初步确定的直线转点。将全站仪安置于 ZD′，照准 JD$_8$，用正倒镜分中法定出 JD$_8$′。若 JD$_8$′至 JD$_8$ 的偏距 f 在允许的范围以内，ZD′可以作为转点；否则，用视距法测定距离 a、b，则 ZD′的调整值按下式计算：

$$e = \frac{a}{a-b} \cdot f \qquad\qquad (12.2)$$

调整后，再将全站仪安置在 ZD 点，按上述方法进行检验，直至符合要求为止。

12.2.2　线路转角测定

线路转向时，偏转后的方向与原方向之间的夹角称为线路转角（或偏角），用 α 表示。

如图 12.8（a）所示，当 $\beta < 180°$ 时，线路右转，其转角为右转角，用 $\alpha_{右}$ 表示；当 $\beta > 180°$ 时，线路左转，其转角为左转角，用 $\alpha_{左}$ 表示。转角按下式计算：

$$\begin{cases} \alpha_{左} = \beta_{右} - 180° \\ \alpha_{右} = 180° - \beta_{右} \end{cases} \qquad\qquad (12.3)$$

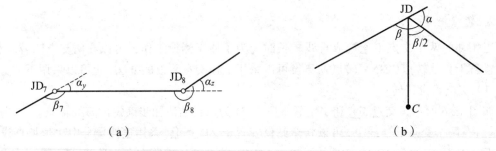

图 12.8　线路转角

转角是曲线计算的重要元素之一。线路测量中通常观测线路前进方向的右角，右角的测定采用 DJ$_6$ 级仪器测回法观测一个测回，较差应满足相关规范要求。

在已知直线转点（交点）坐标时，也可以通过坐标反算出线路方向的方位角，再求出线路转角。

在测量线路转角以后，为之后曲线测设的需要，要求在不改变水平度盘位置的情况下，在设置曲线一侧定出 β 角的分角线，在分角线方向上定出 C 点并钉桩标定，如图 12.8（b）所示。

12.2.3　中桩测设

放线工作完成后，线路中线的方向与位置已经通过交点、转点在地面上标定出来了。为满足施工需要，还需按一定要求沿线路中线以一定距离在地面上设置一些桩来标定中心线位置和里程，称为中线桩，简称中桩。中桩分为控制桩、整桩和加桩。

控制桩是线路的骨干点，主要包括线路起点、终点、转点、曲线主点等。

整桩是按规定桩距设置的中桩，里程为整百米的称百米桩，里程为整公里的称公里桩。

在重要地物点、地形明显变化处和线路与其他道路管线相交处设置的桩称为加桩，其分为地物加桩、地形加桩、曲线加桩和关系加桩。

中桩是线路纵、横断面测量和施工测量的依据。里程是指一桩点沿线路中线到线路起点的距离，以"km"为单位。交点不在线路中线上，但它是线路的重要控制点，一般也标注里程，但意义不同。

中桩的设置包括直线和曲线两部分。直线段桩距一般为 20 m、40 m、50 m，可以采用全站仪、GPS-RTK、支距法或全站仪配合钢尺边测量边设置。桩位误差应满足相应规范要求。《铁路测量技术规则》规定桩位限差为：

$$纵向：\left(\frac{s}{2\,000}+0.1\right)m$$

$$横向：10\ cm$$

式中　s —— 转点至桩位的距离，m。

钉桩时，控制桩以及重要加桩采用方桩，并应做加固处理或采用混凝土桩。控制桩附近设置指示桩，上面注明桩号和桩名，字面朝向控制桩。直线段钉在线路同一侧，曲线段钉在曲线外侧。其他桩一般采用板桩，编号写在桩的背面，朝向线路前进方向。

12.3　圆曲线测设

线路平面线形的平曲线一般由圆曲线和缓和曲线组成。根据线路等级要求和转角 α 的大小，设置的曲线形式也不相同。圆曲线（又称单曲线）是最基本的平面曲线，其测设分两步进行：先测设曲线主点，再根据主点进行曲线的详细点测设。

12.3.1　圆曲线主点测设

如图 12.9 所示，圆曲线的主点包括：直圆点 ZY（按线路前进方向由直线进入圆曲线的分界点，即曲线起点）、曲中点 QZ（圆曲线中点）和圆直点 YZ（按线路前进方向由圆曲线进入直线的分界点，即曲线终点）。

1. 圆曲线要素的计算

如图 12.9 所示，实测的线路转角为 α，选线时确定的圆曲线半径为 R，则圆曲线主点要素可按下式计算：

$$\begin{cases} T = R\tan\dfrac{\alpha}{2} \\[2mm] L = R\dfrac{\pi}{180°}\alpha \\[2mm] E = R\left(\sec\dfrac{\alpha}{2}-1\right) \\[2mm] D = 2T - L \end{cases} \qquad (12.4)$$

式中，T、L、E 称为圆曲线要素。

转角 α 和曲线半径 R 是计算曲线要素的必要资料。

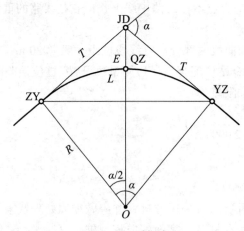

图 12.9　圆曲线

【例 12.1】 已知 $\alpha = 55°22'45''$，$R = 600\,\text{m}$，则曲线要素为：

$$T = 314.868\,\text{m}，\quad L = 579.635\,\text{m}，\quad E = 77.600\,\text{m}$$

2. 主点里程的计算

交点里程通过中线测量得到，主点里程可以根据交点里程沿曲线长度进行推算，主点里程可按下式计算：

$$\begin{cases} \text{ZY 里程=JD 里程} - T \\ \text{QZ 里程=YZ 里程} - L/2 \\ \text{YZ 里程=QZ 里程} + L/2 \\ \text{JD 里程=QZ 里程} + D/2 \end{cases}$$

【例 12.2】 某线路 JD2 的里程为 K3+128.759，测得右转角 $\alpha_{右} = 55°22'45''$，选取圆曲线半径 $R = 600\,\text{m}$，试计算曲线要素和主点里程。

解 曲线要素计算：根据已知数据，代入式（12.4）得：

$$\begin{cases} T = 314.868 \text{ m} \\ L = 579.635 \text{ m} \\ E = 77.600 \text{ m} \\ D = 50.101 \text{ m} \end{cases}$$

主点里程计算：

JD	K3+128.759
$-\,)\ T$	314.868
ZY	K2+813.891
$+\,)\ L$	579.635
YZ	K3+393.526
$-\,)\ L/2$	289.818
QZ	K3+103.708
$+\,)\ D/2$	25.051
JD	K3+128.759（计算正确）

3. 主点测设

将仪器安置在 JD 点上，照准后方向上的直线转点 ZD 或交点 JD，自 JD 点沿视线方向量取切线长 T，即得曲线起点 ZY；再照准前方向的直线转点 ZD 或交点 JD，沿视线方向量取切线长 T，即得曲线终点 YZ；然后沿分角线方向量取外矢距 E，即得曲线中点 QZ。

12.3.2　圆曲线详细测设

仅测设圆曲线的三个主点并不能将圆曲线的线形准确地反映出来，也不能满足设计和施工的需要。必须在两主点之间，加设一些中线点，这就是圆曲线的详细测设。

加设的中线点可按相邻桩点间的弧长为定值的整桩距法设置，也可以按照整桩号法设置，即靠近起点的第一个桩选在整桩号（20 m 的整倍数）上，然后按整桩距向终点设置。用整桩距法进行曲线详细测设时，如遇到整百米，还须加设百米桩。

常用的曲线详细测设的方法有偏角法、切线支距法和极坐标法。随着全站仪的普及，也可以采用全站仪坐标法进行测设。

1. 偏角法

（1）原理。

偏角法是以曲线的 ZY 点（或 YZ 点、QZ 点）至曲线上任一待定点 P_i 的弦长 c_i 及其弦切角 δ_i（称为偏角）进行 P_i 点定位的。这是一种边角交会的测设方式。

如图 12.10 所示，测设时，由 ZY 拨偏角 δ_1，在此方向上量出弦长 c_1，交点 1；同理，拨偏角 δ_2，由点 1 量出弦长 c_2，交点 2；以此类推。

（2）测设元素计算。

当曲线半径很大时，弦长与弧长相差不大；半径较小时才考虑弦弧差的影响。

弦长和偏角的计算公式为：

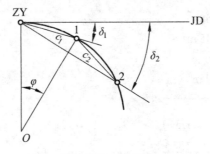

图 12.10 偏角法

$$C_i = 2R \sin g \frac{\varphi_i}{2} \qquad (12.5)$$

$$\delta_i = \frac{\varphi_i}{2} = \frac{l_i}{2R} \cdot \frac{180°}{\pi} \qquad (12.6)$$

式中，l_i 为相应曲线长。

将角度按级数展开，略去高次项后，公式可化简为：

$$C_i \approx l_i - \frac{l_i^3}{24R^2} \qquad (12.7)$$

（3）测设步骤。

① 在 ZY 点上安置全站仪，瞄准 JD 点，并配置水平度盘读数为 0°0′0″，拨角（正拨）δ_1，使度盘读数为 0°17′31″。从 ZY 点沿视线方向测设水平距离 6.019 m，定出 K2+820 桩。

② 转动照准部，使水平度盘读数为 1°14′50″，由 K2+820 点测设水平距离 20 m，距离和方向交会定出 K2+840 桩。同法拨角、测设水平距离，定出其他各点直至 QZ 点。其校核与主点测设时的 QZ 点校核相同。

③ 将全站仪搬到 YZ 点，瞄准 JD 点，配置水平度盘读数为 0°0′0″，按上述方法进行测设。只是这时曲线位于切线左侧，通常曲线位于切线左侧时的角度测设工作称为反拨，曲线位于切线右侧时的角度测设工作称为正拨。所以此时应反拨角度，读盘读数应为 $360° - \delta_i$。

若测设点与 QZ 点不重合，其闭合差不得超过规范规定，否则返工重测。

偏角法测设灵活、适用、精度较高，但由于距离测设存在测点误差累积的缺点，一般测设的曲线不能过长。测设有时会受到障碍物的遮挡，此时，可以迁站到能与待定点通视的已定桩上，根据同一圆弧段两端的弦切角相等的原理，定出新测站的切线方向，就可以继续测设了。

可见，偏角法的测设元素计算和测设工作都比较简单，只要知道待定点到测站点的曲线长和曲线半径即可。其关键工作是确定测站点的切线方向。

（4）测设举例。

圆曲线详细测设通常以 ZY 点和 YZ 点为测站，分别向 QZ 点测设，并闭合于 QZ 点进行检核。

【例 12.3】 按例 12.2 的曲线元素及主点里程，桩距 20 m。该曲线的偏角法测设数据见表 12.1（整桩号法）。

表 12.1　偏角法测设资料

置镜点及测设里程	点间曲线长/m	偏角/° ' "			备注
测站 ZY K2+813.891		0	00	00	后视 JD
K2+820	6.109	0	17	31	
K2+840	20	1	14	50	
⋮	⋮		⋮		
K3+100	20	13	40	03	
QZ K3+103.708	3.708	13	50	41	校核

2. 切线支距法

（1）原理。

如图 12.11 所示，首先以 ZY 或 YZ 为坐标原点，以切线方向为 X 轴，以过原点指向圆心的半径方向为 Y 轴，建立切线直角坐标系。通过计算曲线上任意一点在切线坐标系的坐标来进行测设。切线支距法也称为直角坐标法，一般采用对称测设的方法。

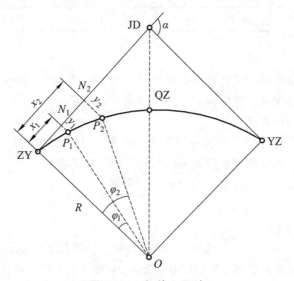

图 12.11　切线支距法

（2）测设元素计算。

设 l_i 为待定点 P_i 至原点间的弧长，φ_i 为 l_i 所对的圆心角，R 为曲线半径，则 P_i 的坐标为：

$$\begin{cases} x_i = R\sin\varphi_i \\ y_i = R(1-\cos\varphi_i) \\ \varphi_i = \dfrac{l_i}{R}\cdot\dfrac{180°}{\pi} \end{cases} \tag{12.8}$$

（3）施测步骤。

① 从 ZY（YZ）点开始，用钢尺沿切线方向量取 x_i，定出垂足点 N_i。

② 在各垂足点用全站仪或方向架定出垂线方向，沿垂线方向量取 y_i，即可定出曲线点 P_i。

③ 曲线细部点测设完毕后，要量取相邻各桩点间的距离，与相应里程差比较，以资检核。

此时应考虑弦弧差的影响，若发现问题，应及时纠正。

切线支距法简单，各曲线点独立测设，没有测量误差累积；但速度慢，缺少检核，精度较低。该法适用于 y_i 值较小，平坦、开阔地区的曲线测设。

（4）测设举例。

【例 12.4】按例 12.2 的曲线元素及主点里程，桩距 20 m。该曲线的切线支距法测设数据见表 12.2（整桩号法）。

表 12.2　切线支距法测设资料

桩点里程	桩点距 ZY 点的曲线长 l_i/m	圆心角 φ_i /° ′ ″	x_i /m	y_i /m
ZY K2+813.891		0　00　00	0	0
K2+820	6.109	0　35　01	6.111	0.031
K2+840	26.109	2　29　40	26.114	0.569
⋮	⋮	⋮	⋮	⋮
K3+100	286.109	27　20　07	275.518	66.999
QZ K3+103.708	289.817	27　41　22	278.807	68.712

3. 全站仪法

用全站仪测设圆曲线时，仪器可安置在任何已知坐标或未知坐标的点上，操作极为简便。故全站仪法具有测设速度快、精度高、使用方便灵活的优点。

（1）全站仪极坐标法放样。

全站仪极坐标法与偏角法类似，通过距离、方向定点。计算公式、测设方法都和偏角法基本相同，只是计算和测设的弦长应为曲线桩点至测站点的弦长。

全站仪极坐标法放样各测设点之间没有误差积累。

（2）全站仪坐标法放样。

① 采用切线坐标系放样。

曲线上各点的坐标 x_i、y_i 可以按式（12.8）计算（曲线位于切线左侧时，y_i 取负值）。

测设时，仪器安置在曲线的 ZY（0，0）或 YZ（0，0）点上，以 JD 或 ZD 作为已知方向（方位角为 0°或 180°）。利用全站仪的放样程序，输入测站点坐标、已知方向和待定点坐标，可以很方便地测设出曲线桩点。

② 采用施工坐标系放样。

使用全站仪内置的自由设站程序和坐标放样程序，可将仪器安置在控制点上进行测设工作或自由设站进行曲线测设工作。但必须注意，曲线上任一点的坐标必须与控制点坐标在同一坐标系内。

如图 12.12 所示，根据 JD 坐标反算出直线段的方位角 A，ZY 和 YZ 的坐标可按下式计算：

$$\begin{cases} x_{ZY} = x_{JD_i} + T\cos(A_{i-1}+180°) \\ y_{ZY} = y_{JD_i} + T\sin(A_{i-1}+180°) \\ x_{YZ} = x_{JD_i} + T\cos A_i \\ y_{YZ} = y_{JD_i} + T\sin A_i \end{cases} \tag{12.9}$$

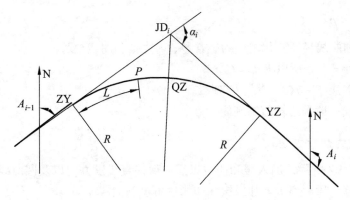

图 12.12　全站仪坐标法

圆曲线上任意点 P 的坐标为：

$$\begin{cases} x = x_{\text{ZY}} + 2R\sin\dfrac{90L}{\pi R} \cdot \cos A_{i-1} \pm \dfrac{90L}{\pi R} \\[3mm] y = y_{\text{ZY}} + 2R\sin\dfrac{90L}{\pi R} \cdot \sin A_{i-1} \pm \dfrac{90L}{\pi R} \end{cases}$$
（12.10）

式中，L 为圆曲线上任一点 P 至 ZY 点的长度；"$\pm$"，当右偏时取 "+"，左偏时取 " - "。

12.4　缓和曲线及其测设

12.4.1　缓和曲线的作用与性质

1. 高速运行的列车从直线进入曲线后，会产生离心力

考虑行车的安全性和舒适性，在曲线外侧设置超高以克服离心力的影响。但超高不能突然出现或消失，所以需要在直线和曲线之间加入一段曲率半径逐步变化的曲线，即缓和曲线。

如图 12.13 所示，缓和曲线是一种过渡曲线，起到连接直线和圆曲线的作用，其半径由与直线相接的∞渐变过渡到与圆曲线相接的 R。

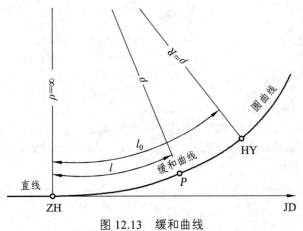

图 12.13　缓和曲线

$$\rho \cdot l = C \tag{12.11}$$

式中，C 称为缓和曲线半径变化率，为一常数；l_0 为缓和曲线全长。

当 $l = l_0$ 时，$\rho = R$，所以 $R \cdot l_0 = C$。

我国公路工程取 $C = 0.035V^3$，铁路取 $C = 0.098V^3$，V 是平均速度，以 "km/h" 计。

我国缓和曲线一般采用辐射螺旋线。

2. 缓和曲线的加设方法

如图 12.14（a）所示，加入缓和曲线以后应保持直线段方向以及圆曲线半径不变。为此必须将圆曲线内移一段距离 p。加入缓和曲线后可使圆曲线变短。

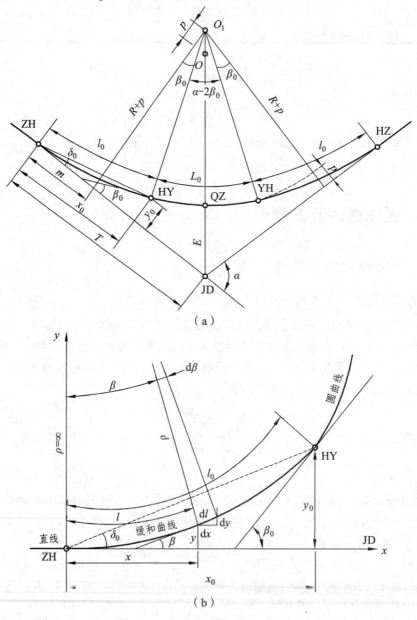

（a）

（b）

图 12.14　缓和曲线常数

12.4.2 缓和曲线的基本公式

1. 曲线主点和缓和曲线常数

具有缓和曲线的圆曲线，其主点如下：

直缓点 ZH：直线与缓和曲线的连接点。

缓圆点 HY：缓和曲线和圆曲线的连接点。

曲中点 QZ：曲线的中点。

圆缓点 YH：圆曲线和缓和曲线的连接点。

缓直点 HZ：缓和曲线与直线的连接点。

缓和曲线常数包括：

β：切线角。缓和曲线上任一点处的切线与过起点切线的交角。

δ_0：缓和曲线的总偏角。

m：切垂距。ZH（或 HZ）点到由圆心向切线所作垂线的垂足之间的距离。

p：圆曲线内移量。由圆心向切线所作垂线长度与半径 R 之差。

x_0，y_0：缓圆 HY（或圆缓 YH）点坐标。

2. 切线角公式

如图 12.14（a）所示，切线角 β 与缓和曲线上任一点处弧长所对的中心角相等。取一微分段 $\mathrm{d}l$，所对应的中心角为 $\mathrm{d}\beta$，则 $\mathrm{d}\beta = \dfrac{\mathrm{d}l}{\rho}$，由于 $\rho \cdot l = R \cdot l_0$，积分后得：

$$\beta = \frac{l^2}{2c} = \frac{l^2}{2Rl_0} \tag{12.12}$$

当 $l = l_0$ 时，$\beta = \beta_0$，即 $\beta_0 = \dfrac{l_0}{2R} \cdot \dfrac{180°}{\pi}$。

3. 参数方程

如图 12.14（b）所示的切线坐标系，任一点的微分弧段 $\mathrm{d}l$ 在坐标轴上的投影为：$\mathrm{d}x = \mathrm{d}l \cdot \cos\beta$，$\mathrm{d}y = \mathrm{d}l \cdot \sin\beta$，根据公式（12.10），将 $\cos\beta$、$\sin\beta$ 按幂级数展开，积分略去高次项，得缓和曲线参数方程：

$$\begin{cases} x = l - \dfrac{l^5}{40R^2 l_0^2} \\ y = \dfrac{l^3}{6Rl_0} \end{cases} \tag{12.13}$$

当 $l = l_0$ 时，HY 点（或 YH 点）的坐标为：

$$\begin{cases} x_0 = l_0 - \dfrac{l_0^3}{40R^2} \\ y_0 = \dfrac{l_0^2}{6R} \end{cases} \tag{12.14}$$

4. 缓和曲线常数计算

如图 12.14（a）所示，$p+R=y_0+R\cos\beta_0$，即 $p=y_0-R\cdot(1-\cos\beta_0)$。

将 $\cos\beta_0$ 按幂级数展开，并将 β_0，y_0 代入得：

$$p=\frac{l_0^2}{24R} \tag{12.15}$$

如图 12.14（a）所示，$m=x_0-R\sin\beta_0$。

将 $\sin\beta_0$ 按幂级数展开，并将 β_0，x_0 代入，略去高次项得：

$$m=\frac{l_0}{2}-\frac{l_0^3}{240R^2} \tag{12.16}$$

如图 12.14（b）所示，$\tan\delta_i=\dfrac{y_i}{x_i}$。因 δ_i 很小，取 $\delta_i\approx\tan\delta_i$，将 x_i，y_i 代入得：

$$\delta_i=\frac{l_i^2}{6Rl_0} \tag{12.17}$$

当 $l_i=l_0$ 时，得缓和曲线的总偏角：

$$\delta_0=\frac{l_0}{6R}=\frac{\beta_0}{3} \tag{12.18}$$

12.4.3 带有缓和曲线的曲线主点要素计算及主点测设

1. 主点要素计算

如图 12.14 所示，带有缓和曲线的曲线主点要素计算公式为：

$$\begin{cases} \text{切线长：} T=m+(R+p)\cdot\tan\dfrac{\alpha}{2} \\[2mm] \text{曲线长：} L=2l_0+\dfrac{\pi R(\alpha-2\beta_0)}{180°}=l_0+\dfrac{\pi R\alpha}{180°} \\[2mm] \text{外矢距：} E=(R+p)\cdot\sec\dfrac{\alpha}{2}-R \\[2mm] \text{切曲差：} D=2T-L \end{cases} \tag{12.19}$$

2. 主点里程计算

根据交点里程和曲线要素，主点里程可按下式计算。

直缓点　　　ZH 里程=JD 里程 $-T$

缓圆点　　　HY 里程=ZH 里程$+l_0$

曲中点　　　QZ 里程=HY 里程$+\left(\dfrac{L}{2}-l_0\right)$

圆缓点　　　HY 里程=QZ 里程$+\left(\dfrac{L}{2}-l_0\right)$

缓直点　　　HZ 里程=YH 里程$+l_0$

计算检核　　HZ 里程=JD 里程$+T-D$

3. 主点的测设

主点 ZH、HZ、QZ 的测设方法与圆曲线主点测设方法相同。HY 点和 YH 点可以根据其坐标 x_0，y_0，用切线支距法[见图 12.14（b）]或全站仪法测设。

12.4.4 缓和曲线的详细测设

1. 偏角法

（1）测设缓和曲线。

如图 12.15 所示，由于缓和曲线上任一点 i 的偏角 δ 都很小，再结合公式（12.17）得 $\delta = \dfrac{\beta}{3}$，所以

$$b = \beta - \delta = 2\delta \qquad\qquad （12.20）$$

式中，δ 为缓和曲线上 i 点的正偏角；b 为该点的反偏角。

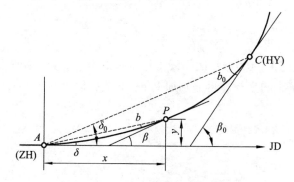

图 12.15　偏角法测设缓和曲线

同理可得　　$b_0 = 2\delta_0$ 　　　　　　　　　　　　　　　（12.21）

将式（12.18）代入式（12.17）得：

$$\delta_i = \left(\frac{l_i}{l_0}\right)^2 \delta_0 \qquad\qquad （12.22）$$

一般选择缓和曲线的长度为 10 m 的整数倍，缓和曲线每 10 m 测设一点。

缓和曲线上任意一点的偏角，与该点至 ZH 点或 HZ 点的曲线长的平方成正比。在实际测设中，任一点的偏角值可以计算，也可从《曲线测设用表》中查得。

测设时，以弧长 l_i 代替弦长，按前述圆曲线偏角法从 ZH（或 HZ）点开始逐一测设，直至 HY（或 YH）点。

测设前先拨偏角 β_0，校核 HY 点位。

（2）测设圆曲线。

如图 12.15 所示，圆曲线测设的关键在于确定 HY（或 YH）点的切线方向。切线确定后即可按前述圆曲线偏角法从 HY（或 YH）点向 QZ 点测设。

当 HY 点和 ZH 点通视时，将全站仪置于 HY 点，后视 ZH 点，配置水平度盘读数为 b_0（路线右转时，为 $360° - b_0$）。转动仪器，当读盘读数为 0°00′00″时，倒转望远镜即得 HY 点切线

方向。也可以配置水平度盘读数为 $180° + b_0$ 照准 ZH 点，当读盘读数为 $0°00'00''$ 时，照准就是 HY 点切线方向。

当 HY 点和 ZH 点不通视时，可以通过测设 ZH 点切线与切线坐标系 X 轴交点 A，来确定切线方向。A 点坐标为：

$$\begin{cases} x_A = x_{HY} - \cot\beta_0 \cdot y_{HY} \\ y_A = 0 \end{cases} \quad (12.23)$$

测设时，在 HY 点安置仪器，照准 A 点，倒镜后即得切线方向。

2. 切线支距法

如图 12.16 所示，建立 ZH 点为原点的切线坐标系，按公式（12.13）计算缓和曲线上各点坐标，即

$$\begin{cases} x = l = \dfrac{l^5}{40R^2 l_0^2} \\ y = \dfrac{l^3}{6R l_0} \end{cases}$$

圆曲线上各点在以 ZH 点为原点的切线坐标系中的坐标，等于圆曲线上各点在以圆曲线起点为原点的切线坐标系中的坐标，再分别加上 p、m 值，即

$$\begin{cases} x_i = R\sin\varphi_i + m \\ y_i = R(1 - \cos\varphi_i) + p \\ \varphi_i = \dfrac{l_i - l_0}{R} \cdot \dfrac{180°}{\pi} + \beta_0 \end{cases} \quad (12.24)$$

测设方法与圆曲线切线支距法相同。

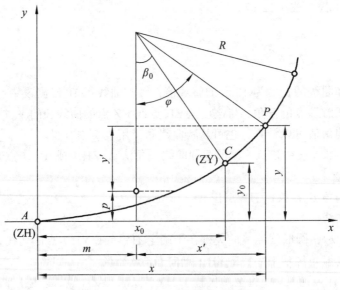

图 12.16 切线支距法测设缓和曲线

3. 全站仪法

缓和曲线的测设也可以采用全站仪法，包括极坐标法和坐标法。具体方法参见圆曲线测设。

12.4.5 交点不能到达时的测设方法（虚交）

交点在曲线测设中的作用非常重要，但当交点落在水中、建筑物上或转向角过大切线过长，交点离线路太远，不便测设时，交点可作虚交点处理。采用副交点法（圆外基线法）或导线法测设副交点代替交点。以辅助方法计算曲线元素，定出主点。

1. 副交点法（圆外基线法）

如图 12.17 所示，交点落水，转向角无法测定。在曲线外侧的两条直线上分别选出点 A、B，称为副交点。测量角度 α_1、α_2，测量 AB 距离 S_{AB}。

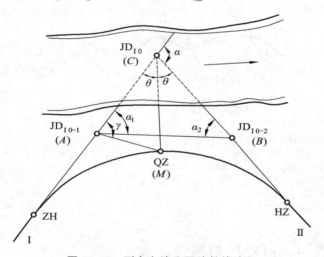

图 12.17　副交点法（圆外基线法）

测角和测距应保证一定精度，角度一般用 DJ$_2$ 级仪器观测两测回，距离可用测距仪测量，如用钢尺丈量则应往返测。

可求：

$$\begin{cases} \alpha = \alpha_1 + \alpha_2 \\ S_{AC} = S_{AB} \cdot \dfrac{\sin \alpha_2}{\sin \alpha} \\ S_{BC} = S_{AB} \cdot \dfrac{\sin \alpha_1}{\sin \alpha} \end{cases} \qquad (12.25)$$

根据转角和曲线半径计算曲线要素，由图 12.17 可得：

$$\begin{cases} S_{ZH-A} = T - S_{AC} \\ S_{HZ-B} = T - S_{BC} \end{cases} \qquad (12.26)$$

若 S_{ZH-A}、S_{HZ-B} 为负值，则 ZH 点或 HZ 点位于副交点和虚交点之间。

测设主点的方法如下：

（1）在 A 点安置仪器，后视任一直线转点定出切线方向，测设距离 S_{ZH-A}，定出 ZH 点。同法在 B 点测设 HZ 点。

（2）因为 QZ（M）点位于角分线上，且 $S_{CM} = E$（外矢距），解 $\triangle ACM$ 可得 S_{AM}、γ。在 A 点安置仪器，后视 ZH 点，根据 S_{AM}、γ 可定出 QZ 点。

2. 导线法

如图 12.18 所示，副交点 A、B 不通视或距离较远时，用导线将 A、B 连测，可求出 B 点坐标和 CB 边方位角（曲线转角），进而求出 AC、AB 边长。之后即可以用副交点法测设。

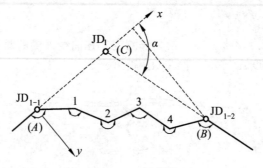

图 12.18　导线法

$$
\begin{cases}
\alpha = \alpha_{CB} - \alpha_{AC} \\
S_{AC} = x_C = x_B - \dfrac{y_B}{\tan \alpha} \\
S_{BC} = \dfrac{y_B}{\sin \alpha}
\end{cases}
\tag{12.27}
$$

12.4.6　主点不能到达时的测设方法

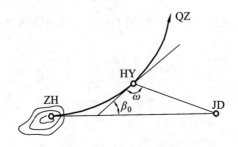

图 12.19　主点落水的测设方法

如图 12.19 所示，当 ZH 点或 HZ 点落水不能测设时，可利用切线支距法从交点 JD 沿切线方向测设距离 $T - x_0$，再从该点沿与切线垂直方向向圆心测设距离 y_0，得到 HY 点或 YH 点。将仪器安置在 HY 或 YH 点上，后视 JD 点，测设 ω 角即为切线方向。其中：

$$
\omega = 180° - \beta_0 - \arctan \frac{y_0}{T - r_0}
\tag{12.28}
$$

12.5 全站仪线路中线测设

前面介绍的中线测量方法基本上都是在线路上设站进行的，实际工作中会遇到障碍等很多问题，导致测站过多、进度缓慢。全站仪测量速度快、精度高，在线路工程中已被广泛采用。目前在高等级线路工程的设计文件中，会编制出中线逐桩坐标表，此时采用全站仪坐标放样法能给测量工作带来很多方便。

12.5.1 逐桩坐标计算

线路勘测阶段所建立的控制点可以直接用于中线测设工作，在没有控制点时需要首先进行控制测量，并与附近的国家高级控制点进行联测，构成附合导线，建立统一的测量坐标系，同时计算出各个中线桩点在该坐标系中的坐标。全站仪测设时一般应沿路线方向布设导线控制，依导线进行中线测设。

如图 11.20 所示，各个交点的坐标已知，则交点间连线的方位角和边长可按坐标反算的方法求得，再选定曲线半径和缓和曲线长度后，就可以根据中线桩里程进行逐桩坐标计算了。为区别起见，用大写 (X_i, Y_i) 表示桩点在测量坐标系中的坐标。

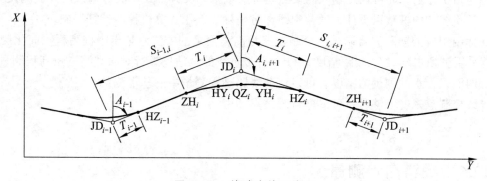

图 12.20 线路中线示意图

1. 直线段中桩坐标计算

如图 12.20 所示，HZ 点（包括路线起点）至 ZH 点间为直线段，桩点的坐标按下式计算：

$$\begin{cases} X_i = X_{HZ_{i-1}} + S_{i-1,i} \cos A_{i-1,i} \\ Y_i = Y_{HZ_{i-1}} + S_{i-1,i} \sin A_{i-1,i} \end{cases} \tag{12.29}$$

式中，$S_{i-1,i}$ 为第 i 桩点到 HZ_{i-1} 的距离，$\cos A_{i-1,i}$ 为 JD_{i-1} 到 JD_i 的方位角，HZ_{i-1} 点坐标按下式计算：

$$\begin{cases} X_{HZ_{i-1}} = X_{JD_{i-1}} + T_{i-1} \cos A_{i-1,i} \\ Y_{HZ_{i-1}} = Y_{JD_{i-1}} + T_{i-1} \sin A_{i-1,i} \end{cases} \tag{12.30}$$

式中，T_{i-1} 为切线长。

2. ZH 点至 YH 点间的中桩坐标计算

此段包括第一段缓和曲线和圆曲线，首先按式（12.13）和式（12.24）计算各中桩点在切线坐标系中的坐标 (x_i, y_i)，再通过下列坐标变换公式将其转换为测量坐标系坐标 (X_i, Y_i)。

$$\begin{bmatrix} X_i \\ Y_i \end{bmatrix} = \begin{bmatrix} X_{ZH_i} \\ Y_{ZH_i} \end{bmatrix} + \begin{bmatrix} \cos A_{i-1,i} & -\sin A_{i-1} \\ \sin A_{i-1} & \cos A_{i-1} \end{bmatrix} \begin{bmatrix} x_i \\ y_i \end{bmatrix} \tag{12.31}$$

当曲线为左转角时，以 $y_i = -y_i$ 代入计算。

3. YH 点至 HZ 点间的中桩坐标计算

此段为第二段缓和曲线，首先按式（12.11）计算各中桩点在切线坐标系中的坐标 (x_i, y_i)，再通过下列坐标变换公式将其转换为测量坐标系坐标 (X_i, Y_i)。

$$\begin{bmatrix} X_i \\ Y_i \end{bmatrix} = \begin{bmatrix} X_{HZ_i} \\ Y_{HZ_i} \end{bmatrix} + \begin{bmatrix} \cos A_{i,i+1} & -\sin A_{i,i+1} \\ \sin A_{i,i+1} & \cos A_{i,i+1} \end{bmatrix} \begin{bmatrix} x_i \\ y_i \end{bmatrix} \tag{12.32}$$

当曲线为右转角时，以 $y_i = -y_i$ 代入计算。

12.5.2 中线桩测设

用全站仪进行中线桩测设时，在已知控制点上安置仪器，利用全站仪的放样程序，进行相应的建站工作后，即可逐点输入测设点坐标（或采用文件形式一次性输入）开展测设工作。由于一条路线的中桩数以千计，通常中线逐桩坐标表都用计算机程序计算编制。

在标定中桩的同时，可以采用全站仪三角高程测量的方法测量出中桩高程，简化测量工作。若采用测角精度±2″、测距精度（2 mm+2 ppm）的全站仪进行对向观测三角高程测量，能够达到四等以上水准测量的精度，可以代替线路高程测量中的基平测量。

导线控制点密度不够时，可以进行测站点加密。

12.6 线路高程测量

线路工程的初测和定测阶段都要进行高程测量。高程测量包括：建立高程控制的水准点高程测量，称为基平测量；中桩高程测量，称为中平测量。

12.6.1 基平测量

1. 水准点布设

定测的水准点的布设是在初测水准点的基础上进行的。初测水准点经检测合格可以使用，若超限则需改正；若初测水准点离线路中线较远，可重新布设。一般在路线起点和终点、大桥与隧道两端、垭口、大型构筑物和需长期观测高程的重点工程附近设置永久性水准点。一般地段每隔 2 km 设立一点，工程复杂地段每 1 km 设立一点。水准点是恢复线路和线路施工的重要依据，要求点位选择在稳固、醒目、安全（施工线外）、引测方便和不易破坏的地方。

2. 基平测量

基平测量时，水准点高程测量时应与国家水准点或相当国家等级的水准点联测，线路长度不超过 30 km 联测一次，形成附合水准路线。

基平测量采用水准测量方法时，应使用不低于 DJ$_3$ 级的水准仪，按五等水准测量精度，采用往返或两次单程观测的方法测定。视线长度一般不超过 150 m。往返测或两组高差不符值满足 $F_h = \pm 30\sqrt{L}$ mm 要求时，取平均值。

线路跨越大河、深沟时，采用跨河水准测量，视线长度一般不超过 200 m。

基平测量采用全站仪三角高程测量时，可以与平面控制的导线测量一起进行，精度不低于水准测量的要求。

12.6.2　中平测量

1. 测量方法和要求

初测阶段的中桩高程测量的任务是测定导线点和加桩桩顶的高程，为地形测图建立图根高程控制。可以采用水准测量和全站仪三角高程测量的方法进行测量。采用水准测量时，用一台水准仪单程观测，水准路线起闭于水准点；导线点应作为转点，高程取位至 mm；加桩高程取位至 cm。附合路线闭合差为 $F_h = \pm 50\sqrt{L}$ mm。

定测阶段中桩高程测量的任务是根据各水准点，分段以附合水准路线形式，测定各中桩的地面高程，为绘制线路纵断面图提供资料。

采用中平测量法时，用一台水准仪单程观测，水准路线起闭与水准点，用视线高法施测逐点中桩的地面高程。观测时，水准尺应立在紧靠中桩的地面上。中桩高程观测两次，差值不超过 10 cm，高程取位至 cm，限差为 $F_h = \pm 50\sqrt{L}$，满足要求时不做平差。

相邻两转点间观测的中桩，称为中间点。由于中间点不传递高程，其读数是独立的，所以称为中视读数。为了削弱高程传递的误差，观测时应先观测转点，后观测中间点。转点传递高程，因此转点要选在稳固的固定点上或放置尺垫，读数至 mm，视线长度不大于 150 m。

如图 12.21 所示，水准仪置于测站 I，以水准点 BM$_1$ 为后视，读后视读数；照准前视转点 ZD$_1$，读前视读数；然后依次观测 BM$_1$ 至 ZD$_1$ 之间中桩点 K0+000，K0+020，…，K0+080 的前视尺，读中视读数，记入"中视栏"（见表 12.3）。转至第 II 测站，后视转点 ZD$_1$，前视转点 ZD$_2$，然后依次观测 ZD$_1$ 至 ZD$_2$ 之间的中桩点。继续向前观测，直到附合到下一个水准点 BM$_2$。

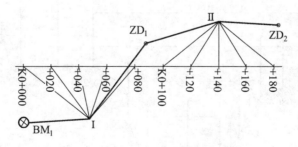

图 12.21　中桩水准测量

测段高差闭合差在容许范围内，即可进行中桩地面高程的计算，但无须进行闭合差调整；否则重测。

采用视线高法的中桩高程计算公式如下：

$$\begin{cases} 仪器视线高H_i = 后视点高程+后视读数 \\ 中桩高程 = H_i -中视读数 \end{cases} \qquad (12.33)$$

个别处于深沟等特殊地点的中桩高程可以采用全站仪三角高程测量。

表 12.3　中平测量手簿

测站	后视/m	中视/m	前视/m	视线高程/m	高程/m	备注
BM$_1$	2.267			488.046	485.779	
K0+000		1.78			486.270	
020		1.43			486.620	
040		0.98			487.070	
060		0.87			487.180	
080		1.65			486.400	
ZD$_1$	1.795		1.237	488.604	486.809	
100		1.43			487.170	
120		1.08			487.520	
140		1.62			486.980	
160		1.56			487.040	
180		1.24			487.360	
⋮						
BM$_2$			1.651		484.762	$H_{BM_2}=484.751$

由表 12.3 可解得 $f_h = 484.762 - 484.751 = 11\,(\text{mm})$，$F_h = \pm50\sqrt{L} = \pm50\sqrt{1.87} = \pm68\,(\text{mm})$。

2. 跨沟谷中平测量

当线路跨越较深的沟谷时，一般采用沟谷内、外分开的方法进行中平测量。如图 12.22 所示，在靠近沟谷边沿的测站 1 上直接在沟谷对岸设置前视转点 2+200，中平测量跳过沟谷连续进行；同时，在沟谷内设置另一前视转点 Z_1，分出一条支水准路线进行沟谷内的中平测量。

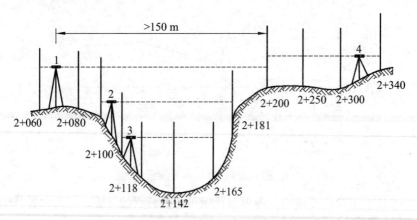

图 12.22　跨沟谷中平测量

为了减少在测站 1 设置 2+200 转点时前视距离过长所引起的误差，可将测站 4 的后视距离加长。沟谷内的支水准测量要求另行记录。

12.7 线路纵横断面测绘

断面图非常直观地体现了地面现状的起伏状况，是工程设计和施工的重要资料。

12.7.1 线路纵断面图的测绘

纵断面图是表示线路中线方向的地面起伏和纵坡设计的线状图，它表示出了路段纵坡大小、中桩填挖高度以及设计结构物立面布局等。线路中线桩测设之后，可以根据中平测量得到的中桩高程绘制线路的纵断面图。

如图 12.23 所示，断面图采用直角坐标法绘制，横坐标表示里程，纵坐标表示高程。为了突出表示地面的起伏状况，一般取高程比例尺为里程比例尺的 10 倍。里程比例尺一般取 1：2 000 和 1：1 000。

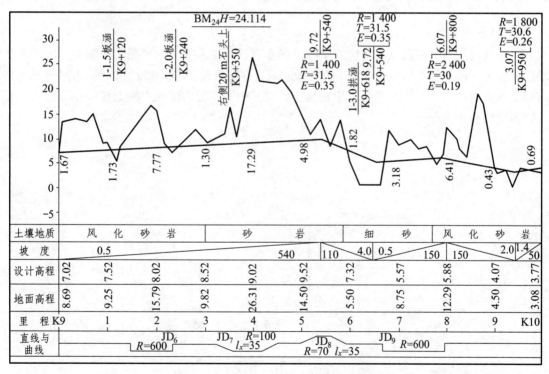

图 12.23　线路纵断面图

纵断面图以表示实际地面线和线路坡度设计线为主，图下部还有以下相关内容：

（1）直线与曲线：表示线路平面线形。曲线部分用偏离直线的折线表示，并注明交点编号、曲线半径和缓和曲线长度；圆曲线用直角折线表示；缓和曲线用钝角折线表示。

（2）桩号里程：按比例尺标注百米桩、公里桩和地形变化点里程。

（3）地面高程：中平测量的里程桩地面高程。

（4）设计高程：按中线设计纵坡和平距计算的里程桩的设计高程。

（5）坡度与距离：左低右高的斜线表示正坡（上坡），左高右低的斜线表示负坡（下坡），并标注坡度大小和坡长。

（6）填挖高度：同一里程点地面高程与设计高程之差。

此外，图上还标注有水准点、重要地物（如桥涵等）点的位置、编号、高程、里程等资料信息。

12.7.2　线路横断面测量

横断面测量的任务是在各中桩处测定垂直于线路中线方向两侧的地面起伏，以及地面变坡点到中桩的距离，绘制出横断面图，为路基、路面、桥涵、站场等专业设计、土石方计算和施工提供依据。横断面测量的宽度和密度应根据工程需要而定，除各中桩处测量横断面以外，一般在线路纵、横向地形明显变化处和曲线控制桩等处测量横断面；在桥头、隧道洞口和挡土墙等重点工段，应适当加密断面。断面测量宽度，应根据路基宽度、中桩的填挖高度、边坡大小、地形复杂程度和工程要求而定，但必须满足横断面设计的需要。一般自中线向两侧各测 15～50 m。距离和高差的测定精度一般精确到 0.1 m。

1. 确定横断面方向

（1）直线段的横断面方向与线路中线方向垂直，可以采用方向架确定横断面方向；曲线段的横断面方向与各点的切线方向垂直，可以采用方向架或全站仪确定。如图 12.24 所示，方向架上两方向垂直，将方向架置于中桩点上，以其中一个方向瞄准中线上任一点，则另一方向即为横断面施测方向。

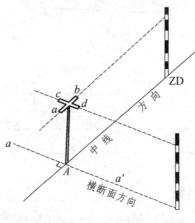

图 12.24　方向架

（2）圆曲线中桩横断面方向可采用安装有活动定向杆的方向架测定（称为求心方向架）。如图 12.25 所示，ab 和 cd 为相互垂直的十字杆，ef 为活动定向杆。确定中桩 1 的横断面方向的方法为：先将方向架立在 ZY 点（或已定切向方向的点）上（记为 0 点），用 ab 对准 JD 点（或某点切线方向），cd 方向即为该点处的横断面方向；转动定向杆 ef 对准曲线上中桩 1，固定活动杆 ef；移动方向架至点 1，用 cd 对准 0 点。按同弧弦切角相等原理，则定向杆 ef 方向即为点 1 处的横断面方向。在该方向竖立标杆，转动方向架使 *cd* 对准标杆，则 *ab* 方向即为点 1 的切线方向。采用同样方法可以确定点 2 的横断面方向。

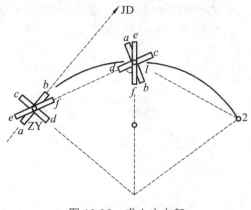

图 12.25　求心方向架

也可以采用全站仪按曲线测设的方法确定圆曲线上各中桩点的切线方向，从而确定横断面方向。

（3）缓和曲线上各点横断面方向按照曲线测设的方法，通过计算弦线偏角进行测设。

2. 横断面的测量方法

（1）花杆皮尺法（也称抬杆法）。

花杆皮尺法就是用花杆确定变坡点间高差，用皮尺丈量水平距离。如图 12.26 所示，这种方法测定横断面操作简便，但精度较低。

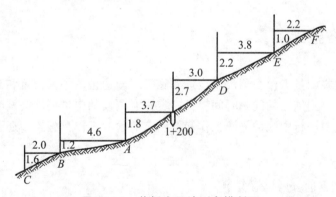

图 12.26　花杆皮尺法测定横断面

（2）水准仪法。

水准仪法就是用水准测量的方法测定横断面方向的坡度变化点与中桩之间的高差，即得到各测点高程，再用钢尺（或皮尺）丈量水平距离。

水准仪法用于横断面方向高差变化较小、精度要求较高时的横断面测量。

（3）全站仪法。

全站仪法就是在中桩上安置全站仪，用电磁波测距（或视距）法测出横断面方向各变坡点至中桩间的水平距离，用三角高程的方法测定高差。该法适用于地形复杂、横坡较陡的地段。

3. 横断面图的绘制

如图 12.27 所示,横断面图采用相同的纵(高程)横(平距)比例尺,一般采用 1∶100 或 1∶200。根据横断面测量的各点间平距和高差,在毫米方格纸上绘制横断面图,图上应标示出中桩位置和里程。横断面图应边测边画,以便检核。

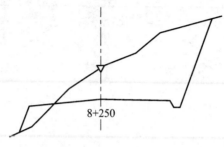

8+250

图 12.27　横断面图

横断面的检查限差应满足下式要求:

$$\begin{cases} \Delta h_{限} = \pm\left(\dfrac{h}{100}+\dfrac{L}{200}\right)+0.1 \\ \Delta L_{限} = \pm\left(\dfrac{L}{100}+0.1\right) \end{cases} \tag{12.34}$$

式中　h —— 检查点至中桩的高差;

　　　L —— 检查点至中桩的水平距离,m。

12.8　线路施工测量

线路施工的主要测量工作是测设中线桩和施工界限边桩的平面位置和高程,作为施工的依据。由于线路定测到施工的间隔时间较长,定测时测设的中桩可能会发生破坏、丢失或移位等现象。施工前要进行中线的复测工作和控制点的检验工作,施工中还要进行路基的放样工作。

12.8.1　施工前的线路复测

路基施工前,要进行线路复测工作,其内容主要包括线路转角测量,直线转点、曲线主点测量,线路水准测量,以及横断面检查与补测、施工控制点加密等。

1. 复测要求

施工复测前,施工单位和设计单位要进行交桩工作,主要包括导线点、水准点等各类控制点,以及直线转点 ZD、交点 JD、曲线主点等。

复测应尽量按定测桩点进行,如有丢失应进行恢复,复测结果与定测成果的误差在容许误差范围以内时,以定测为准;若超出容许范围,必须能够确实证明定测资料出现问题或桩点移位，才可采用复测成果。

复测中加密控制点、增测横断面、加密里程桩等工作按定测要求进行。

2. 设置护桩

在施工过程中，作为路基施工主轴线的中线桩经常会出现被碰动、挖埋的现象，为了快速回复中线位置，需对主要的中线控制桩（如交点、转点、曲线主点等）设置施工控制桩（也称护桩）。可以采用两个方向交会定点（每个方向线上设置三个护桩）、一个方向线加测精确距离或三个护桩距离交会定点的设置方法。

根据地形条件护桩选在填挖线以外不受施工破坏、引测方便和易于保存桩位的地方，并考虑通视。护桩应做加固处理，并做好护桩的"点之记"。

12.8.2 路基边坡放样

路基施工填挖边界的标定称为路基边坡放样。设计路基的边坡与地面的交点，称为路基边桩。路基的填方称为路堤，挖方称为路堑，填挖高度为零时，称为路基施工零点。测设时，边桩的位置由边桩至中桩的距离来确定。通常采用的测设方法如下。

1. 图解法

图解法就是直接在横断面图上量取边桩到中桩的水平距离，沿横断面方向进行距离测设，放样出边桩。此方法适用于地面比较平坦、横断面测量精度较高、填挖方不大的地段。

2. 解析法

解析法就是根据路基填挖高度、边坡率、路基宽度，通过计算求得路基边桩至中桩的水平距离，再进行测设。

（1）平坦地段边坡放样。

如图 12.28（a）所示，路堤边桩至中桩的距离为：

$$D = \frac{B}{2} + m \cdot H \tag{12.35}$$

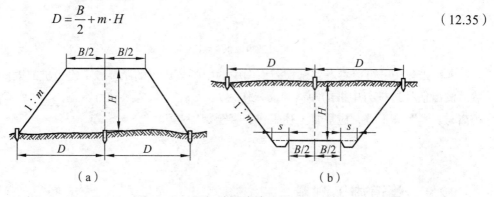

图 12.28 平坦地段边坡放样

如图 12.28（b）所示，路堑边桩至中桩的距离为：

$$D = \frac{B}{2} + m \cdot H + s \tag{12.36}$$

式中　B —— 路基或路堑的设计宽度；

　　　m —— 设计的边坡坡度比例系数；

　　　H —— 中桩填挖高度；

　　　s —— 路堑边沟顶面宽度。

（2）倾斜地段边坡放样。

如图 12.29（a）所示，在倾斜地段，中桩至两侧边桩的水平距离不等，计算时应考虑地面横向坡度的影响。路堤边桩至中桩的距离为：

$$\begin{cases} D_{\pm} = \dfrac{B}{2} + m \cdot (H - h_{\pm}) \\ D_{\mp} = \dfrac{B}{2} + m \cdot (H + h_{\mp}) \end{cases} \qquad (12.37)$$

如图 12.29（b）所示，路堑边桩至中桩的距离为：

$$\begin{cases} D_{\pm} = \dfrac{B}{2} + m \cdot (H + h_{\pm}) + s \\ D_{\mp} = \dfrac{B}{2} + m \cdot (H - h_{\mp}) + s \end{cases} \qquad (12.38)$$

式中，H、B、s、m 的意义同式（12.36）；$h_{\pm}$、$h_{\mp}$ 为斜坡上、下侧边桩与中桩的高差，在边桩未标定之前是未知的。

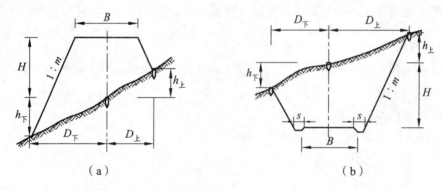

图 12.29　倾斜地段边坡放样

实际工作中，可以参考路基横断面图中的中桩至边桩的距离，定出边桩的大概估计位置；然后测出估计边桩与中桩的距离和高差作为 $h_{\pm}$ 或 $h_{\mp}$，代入公式计算求出 $D_{\pm}$ 或 $D_{\mp}$。若计算距离与实测距离不符，应重复上述工作，直至相等。

12.9　管道施工测量

管道工程多属于地下工程，测量工作尤为重要。管道工程测量的主要任务与线路工程测量的工作内容基本相同，一是为管道工程设计提供地形图、断面图等测量资料；二是将设计的管道测设到实地，指导施工。管道施工测量包括管道主点（管道的起点、终点和转向点）

测设、中桩测设、转向角测量、纵横断面测量等工作，其方法可参考线路工程测量。本节只介绍管道施工测量的主要工作。

12.9.1 地下管道施工测量

1. 复核中线

施工前对设计阶段在地面上标定的管道中线位置进行复核，若主点各桩完好无损，只需检核，否则应给予恢复；同时对高程控制点进行复核，必要时可增设临时水准点，以便于施工引测。

在中线方向上，根据检查井及附属构筑物的设计资料，桩定出实地位置。

2. 设置施工控制桩

施工中，管道中线上的桩点会被挖掉，为了便于恢复中线和检查井位置，应设置施工控制桩。施工控制桩可以分为中线控制桩和井位控制桩两种。

如图 12.30 所示，中线控制桩应设置在管道主点处的中线延长线上，井位控制桩应设置在垂直于管道中线的方向上。

施工控制桩应选在不受施工干扰、便于引测、易于保存的地方。

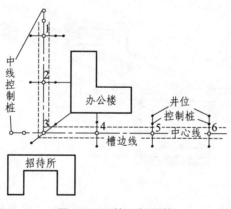

图 12.30　施工控制桩

3. 槽口放线

根据管径大小、埋设深度和土质状况，确定基坑开挖宽度；在地面上测设出槽口开挖边线，作为施工的依据。

如图 12.31 所示，当横断面上坡度比较平缓时，开挖宽度按下式计算：

$$B = b + 2mh \tag{12.39}$$

式中　B —— 开挖宽度；

　　　b —— 坑底宽度；

　　　h —— 中线上开挖深度，应考虑管道基础的厚度；

　　　$1:m$ —— 管槽边坡坡度。

若横断面上坡度较大、管径较粗、埋设较深时，可参考路堑放样方法施工测设。

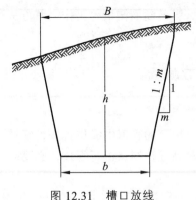

图 12.31　槽口放线

4. 管道施工控制标志的测设

控制管道中线和高程的施工控制标志的测设是管道施工测量的主要任务。常用的方法有以下几种：

（1）龙门板法。

龙门板包括坡度板和高程板，如图 12.32 所示，沿中线每隔 10~20 m 设置龙门板。检查井处也应设置龙门板。

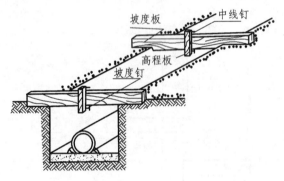

图 12.32　龙门板

中线测设时，根据中线控制桩，用全站仪将管道中线投影到坡度板上，并钉上小钉（称为中线钉）标定其位置。此外，还需将里程桩号或检查井编号写在坡度板侧面。各坡度板上中线钉的连线即为管道的中线方向。在连线上挂垂球线可以把中线位置投测到管槽内，以控制管道中线。

坡度板埋设要牢固，顶面应水平。

为了控制管槽开挖的深度，可以根据水准点，用水准仪测出各坡度板顶面高程 $H_{板顶}$，并标注在坡度板上。根据管道坡度可以计算出该点管道设计高程 $H_{管底}$，则坡度板顶面高程与管道设计高程之差就是从坡度板顶面开始向下开挖的深度，称为下返数，通常用 C 表示。

由于各坡度板的下返数一般不会一致，而且往往不是整数，对于施工或者检查都不方便，为了使下返数为一整数（分米位），可以由下式计算出每一坡度板顶面应向下或向上量取的调整数 δ：

$$\delta = C - (H_{板顶} - H_{管底}) \tag{12.40}$$

在高程板上，根据计算出的调整数 δ，定出点位，再钉上小钉，称为坡度钉。各相邻坡度钉的连线平行于设计管底坡度线，且高差均为 C。施工时只需用一根标有长度 C 的木杆就可随时检查是否开挖到设计深度。施工中若有超挖，绝不能用土回填，只能用加高垫层的方法解决。

坡度钉钉好以后应重新进行水准测量工作，检查定位是否准确。施工中还要定期检查龙门板的稳定。

（2）平行轴、腰桩法。

此方法就是用平行于中线的轴线控制中线施工，用腰桩控制高程，如图 12.33 所示。

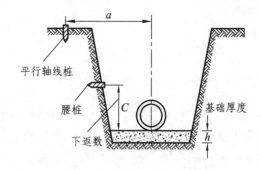

图 12.33　平行轴、腰桩示意图

① 设置平行轴线。开工前，在开挖边线以外，中线的一侧（或两侧）测设一排平行于管道中线的轴线桩。轴线桩间隔一般为 10～20 m，各检查井位也应在平行轴线上设桩。

② 设置腰桩。在槽沟边坡上（距坑底 1 m 左右）钉一排木桩，称为腰桩。在腰桩上钉上一个小钉，并用水准仪测量出小钉高程。小钉高程与该处管底设计高程之差即为下返数 h。为施工和检查方便，可先确定下返数为一整数 C，在每个腰桩沿垂直方向量出下返数 C 与各腰桩下返数 h 之差 $\delta = C - h$，用小钉标定，则此时各小钉的连线与设计坡度线平行，而小钉的高程与管底高程相差为一常数 C。

平行轴、腰桩法适用于管径较小、坡度较大、精度要求较低的管道施工控制。

12.9.2　顶管施工测量

当管道施工需要穿越铁路、公路或重要建筑物时，如采用开挖施工的方法，必然会涉及大量的拆迁工作，而且会影响正常的交通秩序。此时可采用顶管施工方法敷设管道。

采用顶管施工技术时，首先在欲设顶管的两端挖好工作坑，在工作坑内安装导轨（铁轨或方木），将管材放在导轨上，用顶镐技术将管子沿中线方向顶进土中，然后挖出管筒内泥土。顶管施工测量的主要任务是控制管道中线方向、高程及坡度。

1. 准备工作

如图 12.34（a）所示，准备工作包括以下几方面：

（1）顶管中线桩设置：首先在工作坑前后设置中线控制桩，工作坑开挖到设计高程后，将中线引测到坑壁上，设置桩点，标定顶管的中线位置。

（2）临时水准点设置：在工作坑内设置两个水准点。

（3）导轨安装：按照设计的高程和纵坡要求做好垫层，再根据导轨宽度安装导轨；依据顶管中线桩和临时水准点进行中心线和高程检查，满足要求即可固定导轨。

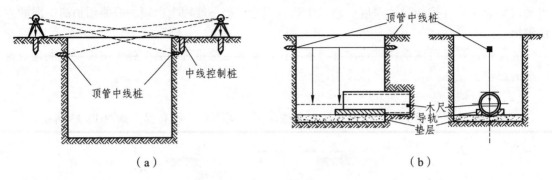

（a）   （b）

图 12.34　顶管施工

2. 顶进中的测量工作

（1）中线测量。如图 12.34（b）所示，在顶管中线桩之间拉一细线，在线上挂两个垂球，两垂球的连线方向即为管道方向。这时在管内前端横放一把尺长等于或略小于管径的水平木尺，尺上分划以尺中点为零，向两端增加。若尺子中点位于两垂球的连线方向上，顶管中心线即与设计中心线一致。若尺子中点偏离两垂球的连线方向的偏差大于 ±1.5 cm，则应校正。

（2）高程测量。水准仪安置在工作坑内，先检测临时水准点高程有无变化，再后视临时水准点，用一根长度小于管径的标尺立于管道内待测点上，即可测得管底（内壁）各点高程。将测得的管底高程与设计高程比较，差值应不超过 ±1 cm，否则应进行校正。

顶进过程中，对于短距离（小于 50 m）的顶管施工，一般每顶进 0.5 m 进行一次中线和高程测量。当距离较长时，可以分段施工；每 100 m 设一个工作坑，采用对向顶管施工。顶管施工中要求：高程允许偏差为 ±10 mm；中线允许偏差为 30 mm；管子错口一般不超过 10 mm，对顶时管子错口不得超过 30 mm。

在大型管道的机械化施工中，可采用激光准直仪配置光电接收靶和自控装置。

本章小结

线路测量是指线路工程在勘测、设计和施工等阶段中所进行的各种测量工作，伴随工程建设的全过程。线路测量工作包括为勘测设计阶段提供地形图等相关测量资料、控制测量和施工测量。

线路工程的控制测量工作可以采用导线测量、三角网和 GPS 等方法。线路工程施工过程中的测量工作，主要是中线测设工作和施工放样工作，这是本章介绍的重点。

线路的转向角、曲线半径确定后，可以结合线路等级等相关因素计算曲线要素，再根据不同的施工条件选择采用偏角法、切线支距法或全站仪坐标法等进行曲线测设。

线路的纵横断面图可以结合实际需要从地形图上得到，也可以实测断面图。施工过程中的放样工作包括基础开挖边界线的测设、中线恢复测量、高程测量等工作。

管道施工测量的主要工作是校核中线、测设施工控制桩、槽口放线和控制管道中线和高程的施工测量标志测设。

顶管施工技术主要用于穿越不便开挖的铁路、公路，以及重要建筑物的管道施工。大型管道施工中应采用自动化顶管施工技术。

习　题

1. 线路中线测量的内容是什么？

2. 什么是线路的转角？如何测定？

3. 在路线上测设直线转点的目的是什么？试述放点穿线法测设交点的步骤。

4. 在加设缓和曲线后，曲线发生了哪些变化？

5. 绘制线路纵断面图时，如何计算里程桩的设计高程？

6. 在线路右角测定后，保持原度盘位置，若后视方向的读数为 $54°33'32''$，前视方向的读数为 $178°54'32''$，分角线方向的度盘读数是多少？

7. 已知交点 JD 的桩号为 K1123+431.573，转角 $\alpha_右=32°24'$，半径 $R=600$ m。试计算圆曲线测设元素和主点桩号。

8. 已知交点的里程桩号为 K1254+478.578，测得转角 $\alpha=13°52'$，圆曲线半径 $R=1\,000$ m，按整桩号法设置中桩，说明采用切线支距法的测设步骤。

9. 已知交点的里程桩号为 K1254+478.578，转角 $\alpha=13°52'$，圆曲线半径 $R=1\,000$ m，缓和曲线长 150 m，试计算该曲线的测设元素、各主点里程和坐标，并说明主点的测设方法。

10. 管道施工测量中的腰桩起什么作用？

第 13 章　桥梁与隧道测量

> 本章要点：本章介绍了桥梁、隧道施工测量的内容、方法，桥梁、隧道控制网的特点、布网形式和测量方法，以及跨河水准测量方法。详细介绍了桥梁、隧道施工过程中各工序的测量工作。学生在学习过程中应重点掌握建立桥梁控制网，墩台中心、纵横轴线测设，以及细部放样的方法，隧道控制网布设、联系测量的方法等相关内容。本章难点是理解贯通误差的重要性。

13.1　概　述

新时期交通的发展要求，除了确保交通通行安全以外，快速、高效、舒适成为新的目标。同时，为了环保、少占耕地，以高架桥、立交桥为主的高速公路、高速铁路为代表的高等级交通线路建设日新月异。伴随科学技术的进步、新桥型的不断涌现，使得桥梁施工技术含量增加，桥梁建设在工程建设中占据越来越重要的地位。

桥梁测量主要研究的是桥梁施工前后的测量和放样工作。按工程进行的先后顺序，测量工作可以分为三个方面：一是施工前的勘测工作，以提供选址和方案设计所需要的地形图等测量资料为主；二是施工过程中的测设工作；三是运营期间的测量工作，以变形监测为主。

桥梁建设的施工测量工作，从控制网建立、施工测量、竣工测量到变形监测。不同的桥梁类型、不同的施工方法，测量的工作内容和测量方法会有所区别。桥梁施工测量的方法及其精度要求根据桥轴线长度而定。为了保证桥梁施工质量达到设计要求，必须采用正确的测量方法和适宜的精度控制。

桥梁按其桥轴线长度一般分为：特大桥（>500 m）、大桥（100～500 m）、中桥（30～100 m）、小桥（<30 m）四类。

桥梁施工测量的主要工作内容包括建立桥梁控制网、桥轴线测定、墩台中心测设、轴线控制桩设置、墩台基础及细部施工放样等。

13.2　桥梁的平面和高程控制测量

桥梁施工控制测量的目的，是测定桥梁轴线长度，并据此进行墩、台中心位置的施工放样；也可以用于施工过程中的变形监测工作。

桥梁施工阶段的平面和高程控制网不同于设计阶段建立的以测图为主要目的的控制网。如果需要对设计阶段的控制网加以利用,必须进行复测,检查其是否能保证桥轴线长度测定和墩台中心放样的必要精度。必要时还应加密控制点或重新布网。

13.2.1　桥梁平面控制网

桥梁平面控制网是确保桥梁上、下部结构按照设计图纸精确施工的控制依据。如图 13.1 所示,结合桥梁跨越的河流宽度及地形条件的具体情况,桥梁平面控制网一般布设成三角网。图 13.1(a)所示为双三角形,适用于一般桥梁的施工放样;图 13.1(b)所示为大地四边形,适用于中、大型桥梁的施工测量;图 13.1(c)所示为桥轴线两侧各布设一个大地四边形,适用于特大桥的施工放样;大桥和特大桥也可以采用图 13.1(d)的布网形式。

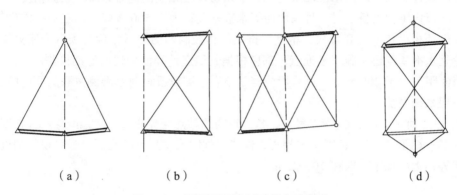

(a)　　　　　　(b)　　　　　　(c)　　　　　　(d)

图 13.1　桥梁平面控制网的布网形式

注:图中双线为基线,虚线为桥轴线。

所谓桥轴线,就是在选定的桥梁中线上,分别在两岸桥头两端埋设的两个控制桩之间的距离。它是桥梁墩、台定位时的主要依据,桥轴线的精度直接影响桥梁墩、台的定位精度。选择控制点时,应将桥轴线纳入控制网中,作为一条边,以提高桥轴线精度;如果布网困难,可以将桥轴线的两个端点纳入网中,间接求得桥轴线长度,如图 13.1(d)所示。引桥较长的,控制网应向两岸方向延伸。

控制点点位的选取,首先考虑图形强度,满足设计对桥轴线全长的精度要求;其次应考虑选在地质条件稳定、不易受施工干扰、通视条件良好、便于开展放样工作的地方。

平面控制网测量可以采用测角网、测边网或边角网。布设时应满足相关规范的规定。采用测角网时基线不应少于两条,河流两岸各设一条基线并分别布设在桥轴线两侧,基线尽量与桥轴线垂直,基线长度一般不短于桥轴线长的 0.7 倍。

目前,GNSS 测量技术以其精度高、快速定位、无须通视和全天候作业等优点,在桥梁平面控制中得到广泛应用。

桥梁控制网一般采用独立网,以桥轴线为 X 轴,以桥轴线始端控制点里程为该点的 X 坐标值。放样时,墩、台的设计里程就是该点的 X 坐标,便于放样数据计算。独立网没有坐标和方向的约束,可以按自由网进行平差处理。

由于施工影响,无法利用主网控制点进行施工放样时,可以采用三角形内插点或基线上设节点的方法进行控制网加密。

13.2.2 桥梁高程控制网

为了满足测图和水文测量，精确测定墩、台以及主要建筑物的高度和沉降监测的需要，需要建立高程控制网。高程控制应采用水准测量的方法建立，高程控制的基准点一般在线路基平测量时建立，两岸各设置若干个水准基点。当桥长在 200 m 以上时，由于两岸联测不便，每岸至少埋设两个水准基点，用于检查高程变化。

水准基点需要永久保存，应选择性地在施工范围之外布设水准基点，并根据地质条件选择合适的标石，以免受到破坏。

为了方便施工，可以在墩、台附近设立施工水准点，以便将高程传递到桥台和桥墩上，满足各施工阶段测量的需要。

桥梁高程控制网一般用水准测量施测，采用与线路相同的高程系统。联测精度要求不高，桥长 500 m 以内（含引桥）时，可采用四等水准联测；大于 500 m 时，用三等水准进行测量。为了保证桥梁各部的高程放样精度，桥梁高程控制网的测量精度必须符合相关规范的规定。不论是水准基点还是施工水准点，都应根据其稳定性和使用情况定期检测。

当跨河距离大于 200 m 时，可采用精密三角高程测量或跨河水准测量联测两岸的水准点，以保证高程系统的统一。

如图 13.2 所示，C_1、C_2 为立尺点，Y_1、Y_2 为测站点，要求 Y_1—C_2 和 Y_2—C_1 长度基本相等，即有 Y_1—C_1 和 Y_2—C_2 长度基本相等，构成对称图形。其目的是两岸远尺视距和近尺视距均对应相等，近尺视距一般在 10 ~ 25 m。

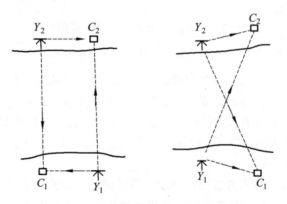

图 13.2　跨河水准的场地布置

用两台水准仪做对向观测，同时开始同时结束。跨河水准一般要进行多个测回观测，每个测回当中，先读近尺读数一次；再读远尺读数 2 ~ 3 次，取平均值，计算高差。两台仪器测得的两个高差再取平均作为一测回高差。

跨河水准测量应在上、下午各完成一般的工作量。使用一台水准仪进行测量时，仪器搬至对岸后，应不改变焦距，先测远尺，再测近尺。

由于河面宽、视线长，难以清晰、准确地直接读出河对岸尺上分划线读数时，可以在水准尺上安装特制觇牌，觇牌板面中央开一个窗孔，小窗中央安有一条水平指标线。如图 11.3 所示，觇牌能够沿水准尺面上下移动，在观测人员的指挥下，由扶尺人员上下移动觇牌进行读数。读数时，要求觇牌上水平指标线与水准仪横丝重合。

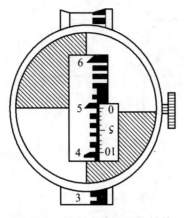

图 13.3　跨河水准的测量觇牌

13.3　桥梁墩、台中心的测设

桥梁墩、台施工中，首先要测设出其中心位置。桥梁墩、台的定位测量工作，是桥梁施工测量中的关键性工作。其主要内容是根据桥轴线控制点的里程和墩、台中心的设计里程以及控制点坐标，计算测设数据；再以适当的方法进行墩、台中心位置和纵横轴线的放样，以固定墩、台位置和方向。

13.3.1　直线桥墩、台中心测设

由于直线桥的墩、台中心都位于桥轴线上，可以根据设计里程很方便地计算出相邻两墩、台中心之间的间距，然后选择采用直接测距法、角度交会法、全站仪坐标法或 GNSS 法进行放样。

1. 直接测距法

直接测距法主要用于无水、浅水或水面较窄的河道。用钢尺可以跨越丈量时，可以直接丈量测设。如图 13.4 所示，根据计算出的距离，从桥轴线的一端起，采用精密测设已知水平距离的方法，使用检定过的钢尺逐段测设出各个墩、台中心，期间考虑尺长、温度、倾斜三项改正，最后与沿桥轴线另一端的控制点闭合。经检核，若在限差范围以内，可以按距离比例调整测设的距离，用木桩加小钉标定于地上，即为墩、台中心的位置。也可以采用光电测距仪测设墩、台中心位置。仪器架设在桥轴线一端的控制点上，以另一端的控制点为零方向，进行距离测设。

2. 角度交会法

当桥墩所在位置的河水较深，无法直接丈量距离及安置反光镜时，可采用角度交会法测设。

如图 13.5 所示，施工控制网的已知控制点 A、B、C、D，其中 A、B 是位于桥轴线上，E 为待测设的桥墩中心。根据已知控制点坐标和设计里程可以反算出测设数据：

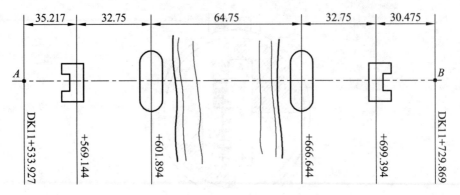

图 13.4　直接测距法

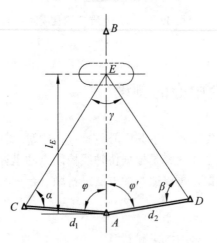

图 13.5　角度交会法

$$
\begin{cases}
l_E = 里程E - 里程A \\
\alpha = \arctan\left(\dfrac{l_E \cdot \sin\varphi}{d_1 - l_E \cdot \cos\varphi} \right) \\
\beta = \arctan\left(\dfrac{l_E \cdot \sin\varphi'}{d_2 - l_E \cdot \cos\varphi'} \right)
\end{cases}
\tag{13.1}
$$

其测设步骤：在 A、C、D 点上架设全站仪，C、D 点测设角度 α、β，则两方向的交点就是 E 点的位置。A 点仪器照准 B 点，确定出桥轴线 AB 方向，则 E 点应该在 AB 方向上。

由于测量误差的影响，三台仪器的方向线不会交于一点，而形成一个三角形，称为示误三角形，如图 13.6 所示。示误三角形的边长不超过相应限差要求时（墩台下部 25 mm，上部 15 mm），将交会点 E' 投影到桥轴线上，E 点作为最后的墩中心的放样位置。

随着工程的进展，整体桥墩施工过程中，其中心位置的放样是要反复进行的，为了不影响施工进度，做到准确、快速地交会中心位置，可以在第一次测定 E 点后，将 CE、DE 方向线延长到对岸，并桩定设立瞄准标志，以便在以后的放样工作中，只要瞄准对岸的标志，就可以很方便地恢复交会点 E。

桥墩出水后也可以采用测距仪直接测距法或全站仪坐标法进行测设。

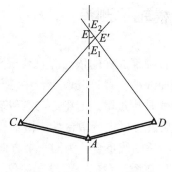

图 13.6　示误三角形

3. 全站仪坐标法

桥墩出水后，就可以在墩、台位置安置反射棱镜，采用坐标法测设墩、台的中心位置。由于墩、台中心坐标会在设计文件中给定，应用全站仪的坐标放样功能进行测设工作非常便捷。

在全站仪坐标放样模式下，输入测站点、后视点坐标，瞄准后视方向；进行相关建站工作以后，再输入放样点坐标，仪器可显示出后视方向至放样点的方向的角值，旋转照准部至该方向固定不动。照准该方向上的反光镜测量，仪器会显示该点至放样点的距离，按提示移动反光镜，直至该距离为 0，此时反光镜的位置就是测设的点位。

坐标法测设时要测定气温、气压进行气象改正。

4. GNSS 法

随着 GNSS 技术的普及，在桥梁施工中也发挥着越来越重要作用。具体的方法见第 7 章。

13.3.2　曲线桥墩、台中心测设

对于曲线桥梁，由于线路中线是曲线，而每跨的梁是直的，墩、台中心连线构成一条折线，称为桥梁工作线。相邻折线的偏角 α 称为桥梁偏角，每段折线的长度 L 就是桥墩中心距。考虑受力均匀的问题，桥梁工作线要尽量接近线路中线，墩、台中心一般不会位于线路中线上，其偏移的距离 E 称为桥墩偏距。

在曲线桥上测设墩位也要在桥轴线两端测设控制点，作为墩、台测设和检核的依据。对于曲线桥桥轴线的两个控制点，可能同时位于曲线上，也可能一个点位于曲线上。与直线桥不同的是，该控制点很难预先设置在线路中线上，而是要结合曲线要素，以一定的精度和方法进行测设。

测设出桥轴线控制点后，可根据具体条件采用直接测距法、角度交会法或全站仪坐标法进行墩、台中心放样。具体可参考第 12 章中曲线测设的相关内容。

曲线桥梁测设时，涉及曲线坐标系、墩位坐标系和控制网坐标系的问题，计算测设数据时应注意坐标系的统一问题，否则要先进行坐标转换。

对于曲线桥梁的墩、台中心采用角度交会法放样时，一般取示误三角形的重心作为墩中心的测设位置。

13.4　桥梁墩、台纵横轴线测设

墩、台的纵、横轴线是墩、台细部放样的依据。直线桥墩、台的纵轴线是指过墩、台中心平行于线路方向的轴线；对于曲线桥，经过其墩、台中心位置曲线的切线方向的轴线就是墩、台的纵轴线。墩、台的横轴线是指过墩、台中心与其纵轴线垂直或斜交一定角度（斜交桥）的轴线。在墩、台中心定位后就可以进行墩台纵、横轴线的测设工作。

直线桥上各墩、台的纵轴线与桥轴线重合，为同一个方向。

在测设墩、台的横轴线时，应在墩、台中心架设全站仪，自桥轴线方向用正倒镜分中法测设90°角或一定的斜交角度，即为横轴线方向。

由于在施工过程中，测设的墩、台中心的桩点会被挖掉，随着工程进展，又需要经常恢复，所以需要在基坑开挖线以外设置墩、台纵、横轴线的护桩，如图13.7所示。作为恢复轴线的依据，护桩应妥善保存，轴线的护桩在墩台每侧应不少于两个，以便在墩台修筑到一定高度以后，在同一侧仍能用以恢复轴线。为防止破坏，可多设几个；如果施工期限较长，还应进行加固处理。位于水中的桥墩，如采用筑岛或围堰施工时，则可把轴线测设于岛上或围堰上。

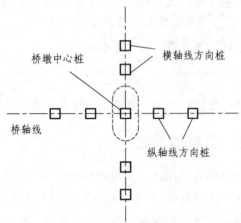

图 13.7　直线桥墩、台轴线护桩

如图13.8所示，在曲线桥上测设纵、横轴线时，在墩、台中心安置全站仪。自相邻的墩、台中心方向测设1/2桥梁偏角，即得纵轴线方向，自纵轴线方向再测设90°角，即得横轴线方向。

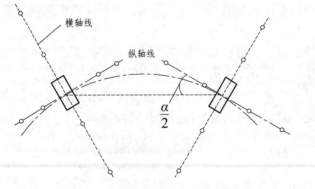

图 13.8　曲线桥墩、台轴线护桩

13.5　墩、台的施工放样

桥梁墩、台的施工放样工作的方法和内容，随桥梁结构及施工方法的不同而改变。其主要工作有基础放样，墩、台放样以及架梁时的放样工作。在放样出墩、台中心和纵、横轴线的基础上，配合施工进度，按照施工图纸自下而上分阶段地将桥墩各部位尺寸放样到施工作业面上。

中小桥梁基础通常采用明挖基础和桩基础。如图 13.9 所示，明挖基础就是在墩、台所在位置开挖基坑。根据已测设的墩中心及纵、横轴线，结合基坑设计的相关资料，如基坑底部的长度和宽度及基坑深度、边坡等，测设出基坑的边界线。边坡桩至墩、台轴线的距离 D 按下式计算：

$$D = \frac{b}{2} + l + h \cdot m \qquad (13.2)$$

式中　b ——基础宽度；

　　　l —— 预留工作宽度；

　　　m ——坡度系数分母；

　　　h ——基坑底距地表的高差。

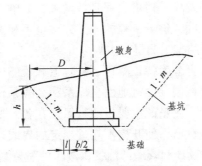

图 13.9　明挖基础放样

如图 13.10 所示，桩基础的构造为在基础下部打入一组基桩，在桩群上灌注钢筋混凝土承台，桩和承台连成一体，在承台以上浇筑墩身。

基桩位置的放样如图 13.11 所示，它以墩台纵、横轴线为坐标轴，根据基桩的设计资料，用直角坐标法进行逐桩桩位测设。

墩、台的施工放样工作中，无论明挖基础的基础部分、桩基的承台，还是后期墩身的施工放样，都是根据护桩，反复恢复墩、台纵横轴线，再根据轴线设立模板，进行浇注的。

为了方便高程放样，通常在墩台附近设立施工水准点。基础完工后，应根据岸上水准基点检查基础顶面的高程。

桥梁工程的最后一项工作就是架梁。架梁的测量工作主要是结合设计图纸上给定的支座底板的纵、横轴线和墩、台纵横轴线的位置关系，在墩顶测设支座底板的纵横轴线，确定支座底板的位置。

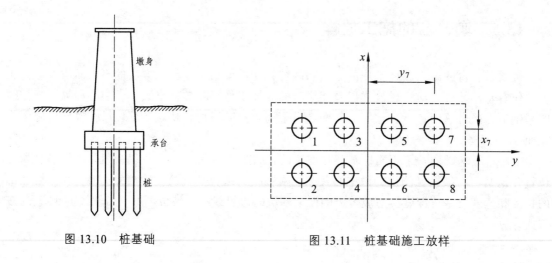

图 13.10　桩基础　　　　　　　　图 13.11　桩基础施工放样

13.6　地下工程测量概述

地下工程测量的主要任务有地面控制测量、联系测量、地下控制测量、地下工程施工测量、贯通测量等。随着社会的发展，地下工程日益增多，如输水隧道、地铁、矿山巷道等。由于工程性质和地质条件的不同，地下工程的施工方法也不相同。施工方法不同，测量的要求也会有所不同。本章以隧道的施工测量为主加以介绍。

按平面形状和长度，隧道可分为特长隧道、长隧道和短隧道。隧道施工测量的主要工作包括在地面上建立平面和高程控制网，将地面坐标系和高程系传到地下的联系测量、地下平面和高程控制测量、施工测量。测量的主要目的是保证在各开挖面的掘进中，施工中线在平面和高程上按设计的要求正确贯通，使开挖不超过规定的界线，从而保证所有建筑物能正确地修建和设备的正确安装，为设计和管理部门提供竣工测量资料等。

13.7　隧道地面控制测量

隧道施工至少要从两个相对的洞口同时开挖，为了加快施工进度，对于长大隧道的施工还需要通过竖井、斜井、平峒增加工作面。这就要求必须在隧道各开挖口之间建立统一的精密控制网，以便指挥隧道内的施工工作。地面控制测量的作用就是提供洞口控制点的三维坐标和进洞开挖方向，保证隧道按设计规定的精度正确贯通。

地面控制测量包括平面和高程两个方面。一般要求在每个洞口应测设不少于 3 个平面控制点和 2 个高程控制点。对于直线隧道，一般要求两端洞口各设一个中线控制桩，以两桩连线作为隧道洞内的中线。隧道位于曲线上时，两端洞口的切线上各设立两个控制桩。中线控制点应纳入平面控制网中，以利于提高隧道贯通精度。

在进行高程控制测量时，必须联测各洞口的水准点，以保证隧道在高程方向正确贯通。

13.7.1 地面平面控制测量

地面平面控制测量的主要任务是测定各洞口控制点的相对位置，以便根据洞口控制点按设计方向进行开挖。地面平面控制网的布设方案可以根据隧道的大小、长度、形状和施工方法进行选择。常用的方法有中线法、三角测量、精密导线和 GNSS 测量。

1. 中线法

所谓中线法，就是将隧道线路中线的平面位置按定测的方法测设到地表面上，经检核，满足要求后，在线路中线上把控制点确定下来，据此将隧道中线测设进洞。该方法适用于 1 000 m 以内的直线隧道和 500 m 以内的短曲线隧道，优点是中线长度误差对贯通影响甚小。

如图 13.12 所示，按定测法标定出线路中线点 A、B、C、D，其中 A、B 为两洞口中线控制点。由于定测精度偏低，施工前需要按照下面方法进行复测。

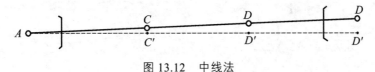

图 13.12　中线法

在 C' 点安置全站仪，后视 A 点，倒转望远镜，以正倒镜分中法延长直线定出 D'；同法延长直线至 B' 点。在延长直线的同时测定 AC'、$C'D'$、$D'B'$ 的距离。如果 B' 点和 B 点不重合，量出 $B'B$ 的长度。可按下式求得 D' 点的偏距为：

$$D'D = \frac{AD'}{AB'} \cdot B'B \qquad (13.3)$$

从 D' 点沿垂直 AB 方向量取 $D'D$ 定出 D 点，按照相同的方法可以定出 C 点，再将全站仪安置在 C、D 点上进行检核，直到 A、B、C、D 位于同一直线上为止。

中线法简单，但精度不高；受地形条件限制，有时测量困难。

2. 三角测量

三角测量是传统的隧道地面平面控制测量方法，适用于隧洞较长且地形复杂的山岭地区。采用的方法除常用的三角锁以外，还有三边网和边角网等。如图 13.13 所示，三角锁的布设一般沿隧道中线方向延伸，尽量沿洞口连线方向布设成直伸型三角锁，以减小边长误差对横向贯通的影响。在三角锁两端应各布设一条高精度的基线作为起算和检核数据的依据。隧道的洞口控制点应纳入三角锁中。

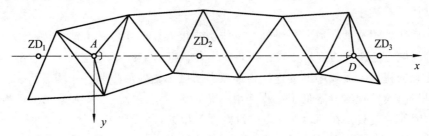

图 13.13　隧道三角测量

三角测量的方法定向精度高，但外业工作量大。

3. 精密导线测量

目前，高精度全站仪的应用已经普及，精密导线测量既方便又灵活，对地形的适应性强，应用很广，是一种主要布网形式。导线既可单独作为地面控制，也可以用来作为 GPS 网的加密。

如图 13.14 所示，精密导线一般采用附合导线、闭合导线、直伸形多环导线索、环形导线网和主副导线环的形式布设；既可以是独立导线，也可以与国家控制点连测。为减少导线测距误差对隧道横向贯通的影响，应尽量将导线沿隧道中线方向延伸布设。尽可能加大导线边长，减少转折角，以减少导线测角误差对横向贯通误差的影响。对于曲线隧道，应使主导线沿两端洞口连线方向布设成直伸型，并将曲线的起点、终点以及切线方向上的定向点包含在导线中。为了增加校核条件、提高导线测量的精度，应适当增加闭合环个数以减少闭合环中的导线点数。

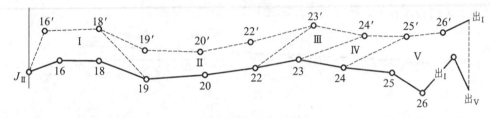

图 13.14　隧道精密导线控制

《工程测量规范》（GB 50026—93）中对地面精密导线测量的技术要求做了相应规定。

表 13.1　导线测量的主要技术要求

等级	导线长度/km	平均连长/km	测角中误差/"	测距中误差/mm	测距相对中误差	测回数			方位角闭合差/"	相对闭合差
						DJ$_1$	DJ$_2$	DJ$_6$		
三等	14	3	1.8	20	≤1/150 000	6	10	—	$3.6\sqrt{n}$	≤1/55 000
四等	9	1.5	2.5	18	≤1/80 000	4	6	—	$5\sqrt{n}$	≤1/35 000
一级	4	0.5	5	15	≤1/30 000	—	2	4	$10\sqrt{n}$	≤1/15 000
二级	2.4	0.25	8	15	≤1/14 000	—	1	3	$16\sqrt{n}$	≤1/10 000
三级	1.2	0.1	12	15	≤1/7 000	—	1	2	$24\sqrt{n}$	≤1/5 000

注：①表中 n 为测站数。
　　②当测区测图的最大比例尺为 1：1 000 时，一、二、三级导线的平均边长及总长可适当放长，但最大长度不大于表中规定的 2 倍。

4. GNSS 测量法

隧道工程所处的地理环境对测量外业工作影响很大。前述各种方法都存在工作量大、作业时间长等问题；传递式的测量方式，误差积累大。应用 GNSS 定位技术建立隧道地面测量控制网，无须通视，不需要中间的连接传递点，所以不受地形限制，布网灵活、工作量小、精度高，可以全天候观测，降低了工程费用，尤其适用于建立大、中型隧道地面控制网。布设 GNSS 网时，一般只需在洞口处布点，没有误差积累，如图 13.15 所示。

采用 GNSS 测量法进行隧道地面控制时，只需要考虑选点环境满足 GNSS 观测，对洞口控制点的要求与其他方法相同。

当采用 GNSS 控制网作为隧道的首级控制网、采用其他方法进行加密时，一般每隔 5 km 设置一对相互通视的 GNSS 点；如 GNSS 网直接作为施工控制网，考虑隧道施工时需要用常规仪器进行进洞的测设工作，需要另外再布设两个定向点与 GNSS 点通视，但定向点之间不要求通视。对于曲线隧道，还应把曲线上的主要控制点包括在网中。

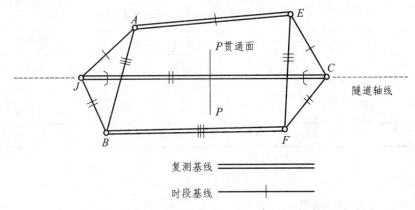

图 13.15　隧道 GNSS 控制

有关 GNSS 的测量工作参考第 7 章，建设部颁发的《全球定位系统（GPS）城市测量技术规程》中对 GNSS 测量作业的基本技术要求见表 13.2，它适合工程 GNSS 测量。

目前 GNSS 测量已成为隧道地面平面控制网的主要形式。

表 13.2　GNSS 测量各等级作业基本技术要求

项目	观测方法	等级				
		二等	三等	四等	一级	二级
卫星高度角/″	静态	≥15	≥15	≥15	≥15	≥15
	快速静态					
有效观测卫星数	静态	≥4	≥4	≥4	≥4	≥4
	快速静态	—	≥5	≥5	≥5	≥5
平均重复设站数	静态	≥2	≥2	≥1.6	≥1.6	≥1.6
	快速静态	—	≥2	≥1.6	≥1.6	≥1.6
时段长度/min	静态	≥90	≥60	≥45	≥45	≥45
	快速静态	—	≥20	≥15	≥15	≥15
数据采样间隔/s	静态	10~60	10~60	10~60	10~60	10~60
	快速静态					

注：当采用双频机进行快速静态观测时，时间长度可缩短为 10 min。

13.7.2　地面高程控制测量

地面高程控制测量的任务是在隧道各洞口（包括隧道进口、出口、竖井口、斜井口、坑道口等）附近设置水准点，并按设计的精度测定各洞口点间的高差，作为向隧道内引测高程的依据，形成统一的地下高程系统，保证隧道在高程方面正确贯通。

每一洞口应埋设的水准点 2~3 个，两个水准点之间的高差以安置一次仪器即联测为宜。高程控制宜采用等级水准测量的方法进行，随着高精度全站仪应用的普及，在山势陡峻水准测量困难的地区，可以采用全站仪三角高程测量替代三等以下的水准测量。

水准测量的等级与隧道长度和地形情况有关，《铁路测量技术规则》规定见表 13.3。

表 13.3　地面水准测量等级及使用仪器要求

等级	两洞口间水准路线长度/km	水准仪型号	标尺类型
二	>36	$DS_{0.5}$、DS_1	线条式铟瓦水准尺
三	13~36	DS_1	线条式铟瓦水准尺
		DS_3	区格式木质水准尺
四	5~13	DS_3	区格式木质水准尺

13.8　竖井联系测量

在隧道施工中，可以采用开挖平洞、斜井、竖井的方式增加掘进作业面，以缩短贯通段的长度，加快工程进度。为了保证各相向开挖面能正确贯通，必须将地面控制网中的坐标、方向及高程，经由平峒、斜井、竖井传递到地下，作为地下控制的起算数据，保证地面、地下控制系统的统一。这些传递工作称为联系测量。通过平峒、斜井的联系测量可以采用常规方法从地面洞口直接测量到地下。本节着重介绍竖井联系测量。

竖井的联系测量分为平面和高程两部分。其中，坐标和方向的传递称为平面联系测量，也称为竖井定向测量；高程的传递称为高程联系测量，简称导入高程。

定向测量的主要方法有：一井定向、两井定向和陀螺全站仪定向。这里主要介绍一井定向。

13.8.1　竖井定向测量

如图 13.16 所示，一井定向是在竖井内悬挂两根吊垂线，在地面根据近井控制点测定两吊垂线的坐标 x、y 及其连线的方位角。在井下，根据投影点的坐标及其连线的方位角，确定地下导线点的起算坐标及方位角。一井定向的工作分为投点和连接测量两部分。

1. 投　点

通常采用单重稳定投点法。吊垂线下端挂上重锤，其重量与吊垂线直径随井深而变化。将重锤放入盛有油类液体的桶中，使其稳定。应检查吊垂线是否处于自由悬挂状态，确保不与任何物体接触。

2. 连接测量

如图 13.16 所示，O_1、O_2 为竖井中悬挂的两根吊锤线，A、A_1 为井上、井下定向连接点，从而形成了以 O_1O_2 为公共边的两个联系三角形 AO_1O_2 与 $A_1O_1O_2$。经纬仪安置在 A 点和 A_1 点，

精确观测连接角 ω 和 ω'、三角形内角 α 和 α'；用钢尺精确丈量井上、井下两个三角形的六条边 a、b、c 和 a'、b'、c'。用正弦定律计算 β、γ 和 β'、γ'。根据 A 点坐标和 TA 方位角，可以推算出 O_1、O_2 的坐标和 O_1O_2 的方位角。在井下，利用 O_1、O_2 的坐标和 O_1O_2 的方位角便可推算出 A_1 点的坐标及 A_1M 的方位角，将坐标和方位角传递到地下。

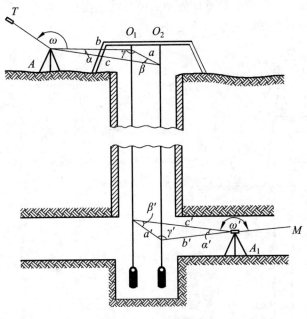

图 13.16　一井定向

为了提高定向精度，投点时，两重锤之间距离尽可能大；两重锤连线所对的角度 α 和 α' 应尽可能小，一般不超过 3°。丈量边长时使用的钢尺，必须经过检定，并施以标准拉力，一般丈量 6 次，读数估读 0.5 mm，每次较差不应大于 2 mm，取平均值作为最后结果。水平角用 DJ$_2$ 级全站仪观测 3～4 个测回。

13.8.2　高程联系测量

高程联系测量的目的是将地面上水准点的高程传递到井下水准点上，以此建立井下高程控制。常用的导入高程的方法有长钢尺法和光电测距仪法。

1. 长钢尺法

如图 13.17 所示，A、B 分别是地面和地下的水准点。

传递高程时，将钢尺悬挂在架子上，其零端放入竖井中，通过悬挂重锤将钢尺拉直。用两台水准仪同时进行观测，观测时应测定地面及地下的温度。

地下水准点 B 的高程可用下列公式计算：

$$H_B = H_A - [(m-n)+(b-a)+\sum \Delta l] \qquad (13.4)$$

计算时，要加入钢尺改正数总和 $\sum \Delta l$，包括尺长、拉力、温度和钢尺自重伸长改正。温度改正时取井上井下温度的平均值，自重伸长改正数计算公式为：

$$\Delta l_C = \frac{\gamma}{E} l \left(L - \frac{l}{2} \right)$$
(13.5)

式中 γ——钢尺单位体积的质量（一般取为 7.85 g/cm³）；

E——钢尺的弹性模量（一般取 2×10^6 kg/cm²）；

L——为钢尺悬挂点至地下挂垂球处的自由悬挂长度；

l——井上、井下水准仪视线间长度。

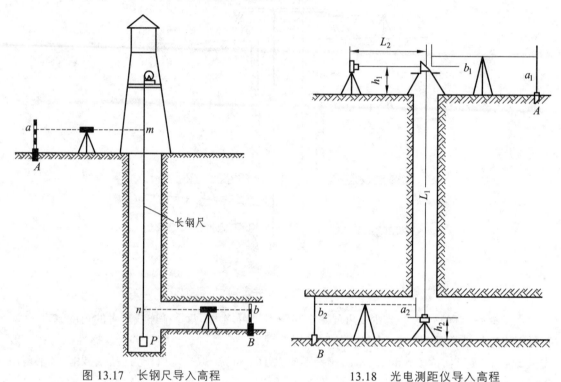

图 13.17 长钢尺导入高程   13.18 光电测距仪导入高程

2. 光电测距仪法

如图 13.18 所示，在井口上方与测距仪等高处安置直角棱镜，将光线转折 90°，发射到井下平放的反射镜，用光电测距仪分别测出仪器至井口棱镜和井底反射镜两段距离（至井底为折线）；再分别测出井口和井底的反射镜与水准点 A、B 的高差，即可求得 B 点得高程。计算公式为：

$$H_B = H_A + (a_1 - b_1) - L_1 + (a_2 - b_2)$$
(13.6)

13.9 隧道地下控制测量

地下控制测量包括平面控制测量和高程控制测量。受场地条件限制，地下平面控制一般采用导线测量的方法，随着隧道开挖掘进逐步布设。高程测量方法有水准测量和三角高程测量。

13.9.1 地下导线测量

地下导线与地面导线相比，不能一次布设完成，只能布设成支导线或狭长的导线环。起始点设在由地面控制测量测定的隧道洞口的控制点上。地下导线布设的等级和测量精度要求取决于设计的限差要求和工程的具体情况。《铁路测量技术规则》的规定见表 13.4。

表 13.4 铁路测量对地下导线测量的规定

测量部位	测量方法	测量等级	测角精度/″	适用长度/km	边长相对中误差
洞内	导线测量	二等	±1.0	直线：7~20	1/5 000
				曲线：3.5~20	1/10 000
		三等	±1.8	直线：3.5~7	1/5 000
				曲线：2.5~3.5	1/10 000
		四等	±2.5	直线：2.5~3.5	1/5 000
				曲线：1.5~2.5	1/10 000
		五等	±4.0	直线：<2.5	1/5 000
				曲线：<1.5	1/10 000

地下导线采用分级布设的方法。为了很好地控制贯通误差，先敷设精度较低的施工导线（边长 20~50 m），然后再敷设精度较高的基本导线（边长 50~100 m），也可以在施工导线的基础上直接布设长边导线（主要导线）（边长 150~800 m）；不具备长边通视条件时，也可以只布设基本导线。施工导线随开挖面推进布设，用以放样，指导开挖。当隧道掘进一段后，选择部分施工导线点布设精度较高的基本导线，以检查开挖方向的精度。对于特长隧道掘进大于 2 km 时，可选部分基本导线点敷设主要导线。

地下导线的水平角测量采用测回法，由于边长较短，应尽量减少仪器对中和目标偏心误差。

地下导线的特点：随隧道开挖进程向前延伸，沿坑道内敷设的导线点位选择余地小。容易受到破坏，每次延伸都应该从起点开始全面复测。直线隧道一般只复测水平角。

为增强定向精度，可以对地下导线的某个导线边采用陀螺全站仪进行方位角测量。

13.9.2 地下高程控制测量

地下高程控制测量具有以下特点：

（1）高程线路与导线线路相同，可以利用导线点作为高程控制点。点位可以选在隧道顶板、底板或拱部边墙上。

（2）贯通前只能布设支水准路线，且必须进行往返观测，以防止错误的发生。

（3）随着工程的进展，要建立高等级永久水准点，用以高程方面的检核。

（4）水准测量采用中间法施测时，视距不宜超过 50 m。

（5）如图 13.19 所示，当水准点设在顶板上时，水准测量计算高差的读数前应加 "–"号。如：

$$h_{AB} = (-b_1) - a_1$$
$$h_{BC} = b_2 - a_2$$
$$h_{CD} = b_3 - (-a_3)$$
$$h_{DE} = (-b_4) - (-a_4)$$

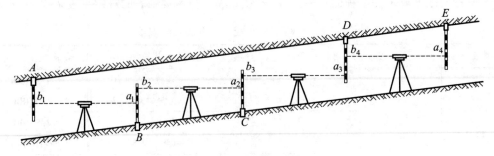

图 13.19 地下高程测设

（6）当隧道坡度较大时可采用三角高程测量。若高程点设在顶板，仪器高和目高程应用负号代入计算。

13.10 隧道施工测量

13.10.1 平面掘进方向的标定

根据地面控制点坐标和洞口开挖点坐标，利用坐标反算公式计算出测设数据，即可进行洞口点位置和进洞方向测设。

如图 13.20 所示，全断面开挖的隧道施工过程中常采用中线法进行掘进方向的标定。

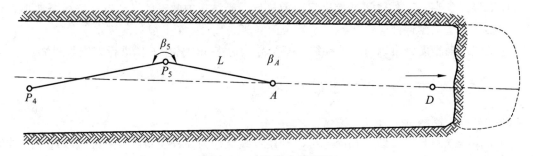

图 13.20 隧道中线测设

A 为隧道中线点，设计坐标已知；P_4、P_5 为导线点，有实测坐标；中线设计方位角 α_{AD} 已知。可以推算出放样数据 β_5、β_A 和 L，进而放样出 A 点。

用全站仪重新测量 A 点坐标进行检核，确认无误。

置全站仪于 A 点，后视 P_5 点，拨角度 β_A 就是掘进的中线方向。一般在中线上埋设 3 个中线点作为一组，一组中线点可以指示直线隧道掘进 30～40 m；然后再设一组中线点。

一组中线点到另一组中线点中间，可以采用瞄线法指示掘进方向。先用正倒镜分中法延长直线，在洞顶设置 3 个临时中线点，点间距不宜小于 5 m，如图 13.21 所示。定向时，一人指挥，另一人在作业面上标出中线位置。因用肉眼定向，标定距离在直线段不宜超过 30 m。

激光导向仪可以用来指示开挖方向，特别是对于直线隧道，可以定出 100 m 以外的中线点。使用时挂在隧道顶部的中线位置上，既精确又快捷。

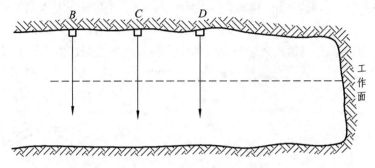

图 13.21　瞄线法中线测设

13.10.2　竖直面掘进方向的标定

为指示隧道竖直面内的掘进坡度，可在隧道壁上定出一条基准线（腰线）。腰线距底板或轨面为一固定值。腰线点成组设置，每组 3 个以上，相邻点间距应大于 2 m，也可以每隔 30 ~ 40 m 设置一个。腰线点一般用水准仪设置。

如图 13.22 所示，根据已知腰线点 A 和设计坡度，可以计算腰线点 B 与 A 的高差 h_{AB}：

$$h_{AB} = L \cdot i \qquad\qquad (13.7)$$

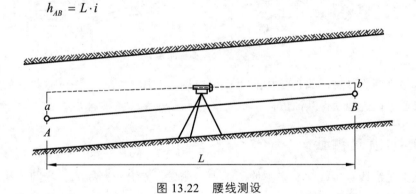

图 13.22　腰线测设

在 AB 之间架设水准仪，丈量距离 L，读取 A 点水准尺读数 a 和 B 点水准尺读数 b，计算 Δ：

$$\Delta = h_{AB} - (a - b) \qquad\qquad (13.8)$$

从读数 b 的零点向上（Δ 为正）或向下（Δ 为负）量取就可以在边墙上定出 B 点，A、B 两点的连线即为腰线。

13.10.3　开挖断面的测量

隧道断面测设的目的在于使开挖断面较好地符合设计要求。每次掘进之前根据中线和轨顶高程在开挖工作面上标出设计断面尺寸。

隧道断面的形式如图 13.23 所示，根据设计图纸上给出的断面宽度 B、拱高、拱弧半径 R 以及设计起拱线的高度 H 等数据，结合测设出的工作面上的断面中垂线，根据腰线定出起拱线位置。然后根据设计图纸，采用支距法就可以测设断面轮廓了。

隧道全断面开挖成型后，采用断面支距法测定断面，用以检查是否满足设计要求，确定工作量。按照中线和外拱顶高程，自上而下每 0.5 m（拱部和曲墙）和 1.0 m（直墙）分别向左、右量测支距；遇曲线隧道时还应考虑线路中线与隧道中线偏移值和施工预留宽度。

对于仰拱断面，可以由设计轨顶高程线每隔 0.5 m（自中线分别向两侧）向下量取开挖深度。

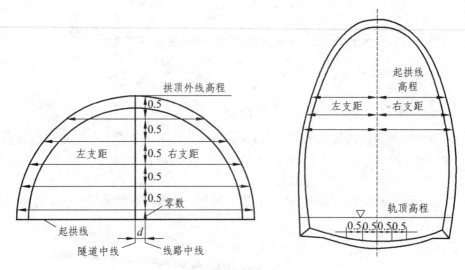

图 13.23　隧道断面测量

目前，隧道断面仪在隧道施工中有了大量应用。在施工监测、竣工验收、质量控制等工作中可以快速、便捷地获得断面数据，精度高，不受外界环境影响。

13.10.4　贯通测量

隧道施工是沿线路中线向洞内延伸的，中线测设误差会不断积累；当两个相向开挖的施工中线在贯通时势必会产生错位，这就是贯通误差。贯通误差包括纵向（中线方向）、横向（与线路中线方向垂直）和高程三个方向。一般情况下纵向贯通误差对隧道质量没有影响，没有实际意义；一般的水准测量方法能够满足高程精度的要求；横向贯通误差会直接影响工程质量，必须严格控制。《铁路测量技术规则》对隧道贯通误差的规定见表 13.5。

表 13.5　贯通误差限差

两开挖洞口间的长度/km	<4	4~8	8~10	10~13	13~17	17~20
横向贯通允许偏差/mm	100	150	200	300	400	500
高程贯通允许误差/mm	50					

（1）中线法。

如图 13.24（a）所示，用全站仪将贯通面两侧的中线延伸至贯通面，量取贯通面上两中线间的距离，即为横向贯通误差的大小。

如图 13.24（b）所示，若两条中线不平行时，中线法不能确定横向贯通误差的大小。

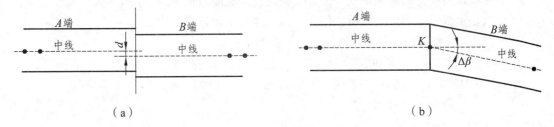

（a） （b）

图 13.24 中线法测定横向贯通误差

（2）联测法。

如图 13.25 所示，用全站仪联测贯通面两侧的中线点，得到两条中线的夹角 $\Delta\beta$，丈量一端中线点至贯通相遇点的距离 l，则横向贯通误差为：

$$d = l \cdot \frac{\Delta\beta}{\rho} \tag{13.9}$$

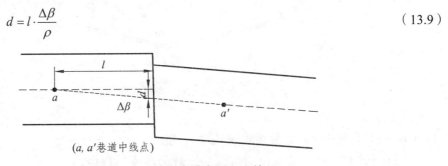

（a, a' 巷道中线点）

图 13.25 联测法测定横向贯通误差

本章小结

桥梁测量的主要工作包括控制网的建立、墩台中心及其纵横轴线测设、高程测量。

桥梁平面控制网可以采用三角网和 GNSS 技术建立；为保证桥梁两侧高程精度统一，需要进行水准联测，必要时可以采用跨河水准方法测量。墩、台中心测设可以采用直接测距法、角度交会法、全站仪坐标法和 GNSS 法，结合实际情况在施工不同阶段选择使用。墩、台中心及其纵横轴线是桥梁施工的依据，施工中可以通过设置护桩加强保护。

隧道测量的主要工作有地面控制测量、联系测量、地下控制测量和施工测量等。

地面控制测量根据地形和隧道的实际情况，可以采用中线法、三角测量、精密导线测量和 GNSS 测量等方法进行。联系测量的目的是将地面控制网的坐标、方向和高程传递到地下，指导隧道开挖。一井定向时常用的联系测量方法，其主要工作为投点和连接测量。受隧道施工场地的限制，地下控制测量采用导线形式，施工中应加强检核；导入高程可以采用长钢尺法或光电测距法。

隧道贯通精度是衡量隧道施工质量的重要指标，特别要加强横向贯通误差的控制。

习 题

1. 什么是桥轴线？其精度如何确定？

2. 桥梁控制网的坐标系是如何建立的？为什么要这样建立坐标系？

3. 怎样测设曲线桥的纵横轴线？为什么在设置护桩时每侧不少于两个？

4. 什么是示误三角形？直线桥如何在示误三角形中确定墩台中心？

5. 如图 13.26 所示，桥梁控制网的观测数据如下：

$a_1 = 45°39'32''$，　$a_2 = 34°39'37''$，　$b_1 = 38°16'28''$，　$b_2 = 68°32'55''$

$c_1 = 96°04'13''$，　$c_2 = 76°47'17''$，　$s_1 = 63.786$ m，　$s_2 = 43.238$ m

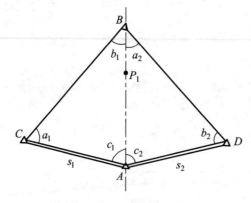

图 13.26　习题 5 图

试求：

（1）进行角度平差，计算桥轴线 AB 的长度。

（2）A—P_1 的距离为 27 m，计算交会法测设 P_1 点的数据？

6. 隧道地面控制测量有哪些方法？各自的优缺点是什么？

7. 地下高程测量有哪些注意事项？

8. 一井定向的方法和步骤是什么？

9. 贯通误差包括哪些误差？对隧道各有什么影响？

10. GNSS 在隧道测量中有什么作用？

参考文献

[1] 王兆祥. 铁道工程测量[M]. 北京：中国铁道出版社，2003.

[2] 武汉测绘科技大学"测量学"编写组. 测量学[M]. 北京：测绘出版社，2000.

[3] 合肥工业大学，重庆建筑大学，天津大学，哈尔滨建筑大学. 测量学[M]. 北京：中国建筑工业出版社，1995.

[4] 梁盛智. 测量学[M]. 重庆：重庆大学出版社，2005.

[5] 钟孝顺，聂让. 测量学[M]. 北京：人民交通出版社，1997.

[6] 潘正风，程效军，等. 数字地形测量学[M]. 武汉：武汉大学出版社，2015.

[7] 覃辉，等. 测量学[M]. 北京：中国建筑工业出版社，2007.

[8] 陈久强，刘文生. 土木工程测量[M]. 北京：北京大学出版社，2006.

[9] 潘正风，等. 数字测图原理与方法[M]. 武汉：武汉理工大学出版社，2004.

[10] 宁津生，陈俊勇，刘经南，等. 测绘学概论[M]. 武汉：武汉大学出版社，2005.

[11] 李青岳，陈永奇. 工程测量学[M]. 北京：测绘出版社，2008.

[12] 胡伍生，潘庆林，黄腾. 土木工程施工测量手册[M]. 北京：人民交通出版社，2005.

[13] 覃辉，等. 土木工程测量[M]. 上海：同济大学出版社，2004.

[14] 翟翊，等. 现代测量学[M]. 北京：解放军出版社，2003.

[15] 邱卫宁，陶本藻，姚宜斌，等. 测量数据处理理论与方法[M]. 武汉：武汉大学出版社，2010.